【第四版】

新 酒の商品知識

独立行政法人
酒類総合研究所【編】

法令出版

第四版「発刊に当たって」

　本書の第三版が出版されてから5年が経過し、この間に各種酒類の生産・消費数量が変化したことに加え、令和5年10月からはビール系飲料などの税率が変更され、さらに今後酒税の税率の変更も予定されるなど、お酒に関する状況も様々に変化しています。そこで、これらの新しい情報を取り入れて、第四版として出版することとなりました。
　本書が、酒類の販売にかかわる方々、お酒について詳しく知りたい方々のお役に立てることを願っております。

　令和5年12月

独立行政法人酒類総合研究所
理事長　福田　央

初版「発刊に当たって」

　平成15年の酒税法及び酒税の保全及び酒類業組合等に関する法律の一部改正によって、酒類販売管理者制度が設けられました。これは、未成年者の飲酒防止等、酒類に関する社会的な要請等に応え設けられたもので、酒類販売管理者は小売販売場ごとに選任され、法令を遵守して酒類の販売等が行われるのを助言又は指導するとされています。

　具体的な指導の業務としては、酒類と他の商品との区分陳列、未成年者飲酒の防止や適正飲酒等の注意喚起、未成年者と思われる者への年齢確認などがありますが、酒類の特性や商品知識の普及もその一つです。酒類の販売に当たっては、お客様（消費者）に商品の内容や表示事項等を適切に説明出来ることは不可欠なことです。

　そのような観点から、本書は執筆されています。従って、本書は酒類販売管理者をはじめ酒類販売業に携わる方に酒類の商品知識を深めていただくためのものですが、より詳しいお酒の知識を身につけたい一般の方にとっても役立つものです。

　また、本書の構成は、お酒の種類ごとに歴史、製造法等を記述するとともに、きき酒や表示等の内容は別項目としてまとめてあり、通して読まなくても必要なお酒の種類のところさえ読めばそのお酒についての全体が理解出来るようにしています。また、内容的には、一般の消費者の方からの質問等にも答えられるレベルを意図し、しかも、わかりやすく執筆することを心がけました。さらに、お酒は人類の歴史とともに歩んできており、その造り方には伝統的要素が強く息づいていますが、一方で、科学技術の進歩も巧みに取り入れて発展して来ています。酒類総合研究所は酒類に関する研究機関として今日に至っておりますが、これまでのお酒に関する科学的な研究成果も本書に盛り込んで、お酒の知識に深みを持たせています。

　お酒の種類は実に豊富ですが、最近は消費者の健康志向が一層高まっており、お酒の上手な飲み方やお酒と健康についても記述しています。本書によって、お客様とのコミニュケーションが一層深められ、酒類の販売成績に結びつきますとともに、消費者の皆様の酒類に関する知識の普及にもつながることを期待しております。

平成22年2月

独立行政法人酒類総合研究所

理事長　平松　順一

【第四版】新・酒の商品知識

目　次

第Ⅰ部

お酒の種類

第1章　お酒とは

1　はじめに

　お酒の小売店や、スーパーマーケット、コンビニエンスストアのお酒コーナーでは、色とりどりのラベルが貼られた多種多様なお酒が売られています。お酒について詳しくない人や、20歳になって初めてお酒を買おうとする人にとっては、何を購入したらよいか迷ってしまうほど、お酒にはさまざまな種類があります。

　お酒の種類がこれほど多いのは、例えば清酒では全国に1,000以上の製造場があり、各製造場が何種類もの清酒を出荷しているからです。

　同じように、焼酎、ビール、ワインなどもメーカーの数、メーカーごとの品揃えによって、たくさんの種類のお酒があります。

　もっと細かく見れば、容量も1.8ℓ瓶、720㎖瓶、180㎖瓶などがあり、容器もガラス瓶だけでなく、紙パックやペットボトルも増えてきました。お正月やお歳暮、お中元用の特殊なラベルやボトルの製品もあります。

　このようにたくさんの種類があるお酒ですが、容量の違いや容器の違いがあっても、中身は同じというお酒があります。商品としては、別の種類であっても、これらは同じ種類のお酒です。また、清酒製造場は全国にありますが、製造場は異なっても製造しているものは清酒です。お酒のブランド（商標）やアルコール分などに違いはあっても、同じ清酒なのです。

　お酒の種類は、容器の中身となるお酒の原料、製造方法などによって分類されています。日本では、昭和28（1953）年に定められた「酒税法」という法律によって決められています。酒税法には、酒税や酒類の製造免許や販売免許などの規定も定められています。

2　お酒の起源

　世界には色々なお酒があります。よく知られているお酒には、ビールやワイン、ウイスキーなどがありますが、果実や穀物（米、麦、トウモロコシ、イモなど）があればお酒の製造は可能です。アフリカには、穀物のお酒のほかに、椰子酒や、バナナを発酵させたお酒があります。また、南アメリカではトウモロコシを口で噛んで発酵させる「チチャ」というお酒も知られています。ただし、口噛みのチチャは一般には販売されていないようで、家族や部族の伝統として残っているようです。

　人類にとってお酒は非常に身近な飲み物ですが、いつ頃からお酒は造られはじめたのでしょう。

　世界4大文明の一つであるメソポタミア（現在のイラク）では、今から約5,000年前に麦芽を用いたビール造りが行われていたことが、古代バビロニアの遺跡から発掘された板碑から明らかになっているそうです。

　また、古代エジプトでは、約4,500年前にはビール造りが行われていたという証拠があり、壁画にもビール造りの様子が描かれています。

　キリンビールでは、2004年に古代エジプトのビール造りを再現していますが、それによれば、現在のビールの原料である二条大麦という種類は当時栽培されておらず、今ではほとんど栽培されていない「エンマーコムギ」が使われていたと考えられ、この小麦を現代に蘇らせて製造し、味を再現したとしています。

　ビールと並び多く生産されているワインは、ブドウを原料として造られますが、ビールよりも古くから造られていたようです。その理由は、ビールでは、原料の大麦に含まれるデンプンを糖化する技術が必要であるのに対し、ワインでは、ブドウの果実の中に糖分があり、酵母によって容易に発酵できるためです。ブドウはコーカサス地方が原産といわれています。メソポタミアや古代エジプトでは、ワインの記録や製造の壁画が見つかっています。旧約聖書の中にもワインの記述があります。旧約聖書の創世記にあるノアの方舟の話の中で、ノアは大洪水の水が引き方舟を出た後、ブドウを栽培したことやワインを飲んで寝てしまうことが書かれています。

　アジアでは、中国が世界4大文明の一つに数えられますが、その中国でも古くからお酒が造られていたようです。

　紀元前の春秋戦国時代の書物である「戦国策」には、「昔、帝の女、儀狄をして酒を作らしめ…」とあり、この昔とは紀元前1600年頃〜1046年に栄えた「殷」の前に存在したとされる王朝「夏」の初代帝「禹」の時代とされています。さらに古い神話時代である「黄帝」や「堯」の時代のお酒に関する記述も、後代の書物に見られます。

　「酒池肉林」は、酒や肉が豊富で豪奢な酒宴という意味ですが、これは司馬遷によって編纂された中国の歴史書『史記』の中にあり、「殷」の最後の皇帝 紂 王の故事からきています。

　北宋時代（960年〜1127年）に書かれた『北山酒経』（1116年頃）は、麹の造り方や酒造工程を詳しく記したものですが、その中に「煮酒」があり、お酒の火入れの方法が詳しく書かれています。これは、日本の記録よりさらに400年も古いものです。

　日本でお酒が造られたのは、いつ頃でしょうか。

　弥生時代には、すでに米を用いたお酒が造られていたと考えられています。

　奈良時代の和銅5（712）年に編纂された『古事記』には、有名な「八塩折の酒」の話が載っています。これは、神話時代の八岐大蛇の話です。高天原に住んでいた天照大御神の弟の速須佐之男命は、姉の田んぼを荒らすなどの罪から、高天原を追放されます。そして、降り立った出雲の国（島根県）の肥の河上（現在の島根県斐伊川の上流）で、泣いている老夫婦と童女に会い、身は一つで八つの頭と八つの尾をもった八岐大蛇が童女を食らいに来ると聞きます。そこで、八塩折の酒を老夫婦に造らせ、大蛇に飲ませ、酔って寝たところを退治したというものです。

　また、古事記の応神天皇の項には、「酒を醸むことを知れる人、名前は仁番または名を須須許理」が朝鮮から渡ってきて、天皇に大神酒を献上したと記されていて、応神天皇はたいそう浮き浮きして、

「須須許理が　醸みし御酒に　我酔いにけり　事無酒笑酒に　我酔いにけり」

と歌を詠んでいます。日本の歴史とともにお酒は存在したと思われます。

　今日、日本では清酒や焼酎、中国では紹興酒や白酒、フランスではワインやブランデー、イギリスではウイスキー、ドイツではビールが伝統酒として知られていますが、お酒は、非常に古くから人類とともに歩んできたものであり、今日に至っているものと考えられます。

3　お酒の原料

　お酒の原料には、どのようなものがあるでしょうか。

　お酒には色々な種類がありますが、お酒であるためにはアルコール（エチルアルコール）が含まれていることが必要です。日本では、アルコール分1度以上の飲料が酒類であると酒税法で決められています。そのため、主に発酵させてアルコールを造ることができるものが原料になります。それは、糖質原料とデンプン質原料に分けられます。栄養学的には、炭水化物を含むものです。

　糖質原料には、ブドウ、リンゴ、ナシ、ブルーベリーなどの果物、サトウキビやテキーラの原料である竜舌蘭などの植物、蜂蜜、乳などがあります。これらには、ブドウ糖、果糖、砂糖、乳糖などが含まれていて、発酵してアルコールができます。

　蜂蜜から造られるお酒は「ミード」といわれるものです。また、乳から造られるお酒は日本ではなじみがありませんが、中央アジアやモンゴルなどでは乳酒として飲まれています。

【図表1-1-1】世界の穀物の生産量

(2020年、単位：千トン)

米（もみ）		とうもろこし		大麦	
中華人民共和国	211,860	アメリカ合衆国	360,252	ロシア	20,939
インド	178,305	中華人民共和国	260,670	スペイン	11,465
バングラディシュ	54,906	ブラジル	103,964	ドイツ	10,769
インドネシア	54,649	アルゼンチン	58,396	カナダ	10,741
ベトナム	42,759	ウクライナ	30,290	フランス	10,274
タイ	30,231	インド	30,160	オーストラリア	10,127
ミャンマー	25,100	メキシコ	27,425	トルコ	8,300
フィリピン	19,295	インドネシア	22,500	英国	8,117
ブラジル	11,091	南アフリカ共和国	15,300	ウクライナ	7,636
カンボジア	10,960	ロシア	13,879	アルゼンチン	4,483
アメリカ合衆国	10,323	カナダ	13,563	デンマーク	4,157
日本	9,706	フランス	13,419	カザフスタン	3,659
世界計	659,185	世界計	949,818	世界計	110,667

農林水産省ＨＰ・海外農業情報（FAO「FAOSTAT」資料）

　デンプン質原料には、米、大麦、ライ麦、トウモロコシなどの穀類やサツマイモ、ジャガイモなどのイモ類があります。これらは、ブドウ糖がたくさんつながったデンプンを主成分とした作物です。

　タピオカデンプンになるキャッサバは、アフリカのナイジェリアやブラジル、タイなどの熱帯地域で栽培されていますが、ブラジルではバイオエタノールの原料にもなっています。バイオエタノールは、自動車ガソリンの代替エネルギーとして最近注目されていますが、アメリカでは主にトウモロコシを原料としているのに対し、ブラジルではイモ類のキャッサバが用いられています。

　お酒の中には、蒸留酒などに種々のものを加えて造るリキュールがあります。この種々のものには、植物の葉、根、茎、皮、種子、花などがあり、卵など動物性のものも使われます。

　これらは、発酵させてアルコールに変えるという原料ではなく、香りや味付けの目的で用いられるものです。果実の梅は、発酵させれば梅ワインになりますが、梅酒の場合はアルコールに砂糖とともに漬け込んで、香りと味を引き出しています。

世界中に様々な種類のお酒があるのは、各国の気候、風土が異なっていて、生産される食物が異なることが大きいと思います。米のとれる国では米を利用し、ブドウの多くとれる国ではワインが造られます。サトウキビのとれたカリブ海では、ラムが生まれています。メキシコでは、竜舌蘭の茎に貯められたデンプンを利用してテキーラを造っていますし、モンゴルの遊牧の人々は、馬の乳から造った馬乳酒を飲んでいます。

文化的な違いも大きく影響すると思いますが、お酒の種類もそれぞれの地域の生産物による特徴が大きく表れています。

4　お酒の造り方

お酒には色々な原料が使われることが分かりましたが、造り方を科学の面から見ると、原理的に非常にすっきりと分けることができます。

お酒の原料である糖質原料やデンプン質原料は、「酵母」という微生物によって発酵されてお酒になります。このお酒を「醸造酒」といいます。

一方、発酵した後に蒸留操作を行い、蒸気を冷やして液体にしたものが「蒸留酒」です。

さらに、「3　お酒の原料」の項でも説明したように、お酒に色々なものを加えて造るお酒もあります。醸造酒や蒸留酒に薬草やハーブなどを漬け込んだり、蜂蜜や砂糖などを加えたりして造るものは、混ぜて造る意味から「混成酒」といいます。

色々なお酒も、基本的にはこの3種類に大別されます。

また、発酵に伴って、アルコールとともに炭酸ガスができます。多くのお酒では、これは空気中に放出してしまいますが、ビールなどでは、ビール中に溶かし込んで利用しています。後で説明する現在の酒税法によるお酒の分類では、炭酸ガスを含むお酒を別に「発泡性酒類」として分けています。

（1）発酵とは

お酒造りの原理をもう少し詳しく見てみます。

発酵を行う酵母は、大きさが10ミクロン程度の普通では目に見えない微生物です。英語ではサッカロマイセス・セレビシエ（*Saccharomyces cerevisiae*）といいます。

この酵母は、砂糖やブドウ糖などの糖分をエサとして生きています。人間もご飯を食べてエネルギーを得ていますが、人間がご飯の中のデンプンを最終的に水と炭酸ガスにまで分解するのに対して、酵母はエチルアルコールと炭酸ガスにしていま

す。このアルコールを我々はお酒として飲んでいるのです。

　酵母の体内では、糖分の一つであるブドウ糖1個から2個のアルコールと2個の炭酸ガスをつくり出し、この時に得られるエネルギーを利用しています。この変化を化学式で表すと、次のようになります。

$$C_6H_{12}O_6 \rightarrow 2C_2H_5OH + 2CO_2 + エネルギー$$

　　　ブドウ糖　　　　アルコール　　　炭酸ガス
　　　（180g）　　　　（46g）

　180gのブドウ糖からは、理論上、2×46g＝92gのアルコールがつくられます。これは、アルコール分16％のお酒720mℓに当たります。実際の発酵では、お酒の甘みとして残ったり、酵母の増殖に使われたりするので、このように効率良くはできません。

　また、人間が生きていくためには、炭水化物のほかにタンパク質や脂質、ビタミンなどが必要ですが、酵母も同様に、窒素成分や、リン酸、カリウムなどの成分が必要です。純粋な糖分やデンプンに酵母を加えても、発酵はできません。適度な栄養が含まれる穀類や果物であって、発酵が可能なのです。

（2）糖化とは

　発酵を行う酵母は、お酒の原料に含まれるデンプンを直接エサとして利用できません。人間は体の中にデンプンを糖分に変える消化酵素を持っているのに対し、酵母はその酵素がないためできないのです。そのため、お酒のデンプン質原料である米や麦などの穀類では、含まれるデンプンを糖化してやることが必要になります。

　デンプンは、ブドウ糖がネックレスのチェーンのようにたくさんつながったものです。このチェーンをバラバラに切ってブドウ糖にするのが、「糖化」です（次ページ【図表1-1-2】参照）。

　ヨーロッパと東洋では、この糖化の方法が異なります。ヨーロッパでは、発芽させた大麦にデンプンを糖化する力があることを発見し、使用しています。麦芽です。詳しくは「第6章　ビール」のところで説明しますが、麦芽は、大麦を発芽させた後、脱根、乾燥したものです。この麦芽の中にはデンプンを糖化する酵素が多量に含まれているのです。

　一方、東洋では、カビを利用した糖化方法が考えられました。甘酒は、酒粕に砂糖を加えて造る方法もありますが、麹から造ったものもあります。この麹は、蒸した米に黄麹菌というカビを生やしたものです。麹には黄麹菌がつくる糖化酵素がたくさん含まれ、デンプンを糖化することができます。また、糖化酵素以外のタンパ

ク質を分解する酵素などもつくります。味噌や醤油を造る時にもこの麹が使われますが、味噌や醤油では、大豆に含まれるタンパク質を分解するため、タンパク質分解酵素の力が強い麹を使用します。中国、朝鮮、東南アジアの国々も麹と同じようなもので糖化します。ちなみに、日本の麹に当たるものを、中国では曲（キョク）、朝鮮では누룩（ヌルク）、タイではRUKUPAN（ルクパン）といいます。また、麹菌は、学名をアスペルギルス・オリゼー（*Aspergillus oryzae*）といいます。

　東洋と西洋のお酒造りの比較をすると、糖化の方法が、東洋はカビ、西洋は麦芽と大きな違いがあるのは、興味深いことです。東洋の先人は微生物を巧みにお酒の製造に利用していたのです。

【図表１－１－２】糖化の模式図

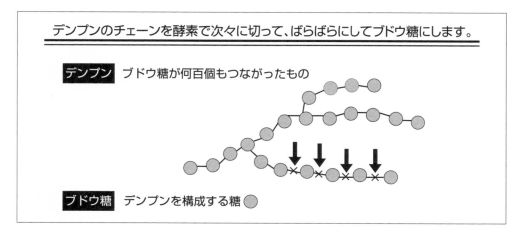

（3）蒸留とは

　お酒を加熱すると沸騰します。沸騰して蒸気となった水やアルコールなどを冷却してやると元の液体に戻ります。こうして得られるのが蒸留酒で、この操作を「蒸留」といいます。

　蒸留では、水とアルコールのほか、原料に含まれる香りや、発酵でできた香気成分が一緒に出てきます。そのため、色々な蒸留酒ができるのです。蒸留の歴史としては、紀元前にギリシャの哲学者アリストテレスが蒸留に関して記述したものがありますが、直接の蒸留酒の技術は中東で生まれ、東西に伝播しました。

　西へ向かった蒸留技術は、中世のヨーロッパにおける錬金術の中で研究され、蒸留酒が生まれてきたと考えられています。また、東に向かった技術は、日本へは15世紀に沖縄（琉球王朝時代）に伝えられます。

　蒸留にはいくつかの特徴があります。蒸留すると、アルコール分の高い液体が得られます。これは、アルコールの方が水より蒸気になりやすいためです。醸造酒では、世界で最も高いアルコール分を達成できる清酒でも、20％程度が限度です。発酵を行う酵母がアルコールの作用に耐えられず死んでしまうからです。

　また、蒸留の方法には、単式と連続式の二つがあります。

　単式は、発酵した醪や醸造酒を蒸留釜に入れ加熱して蒸留するもので、風味豊かな蒸留酒となり、本格焼酎、モルトウイスキー、ブランデーなどの製造に用いられます。

　一方、連続式は、単式の蒸留原理を何十段にも重ねた構造の蒸留塔に、発酵した醪や醸造酒を連続的に供給して蒸留する方法で、製造されるお酒は風味が少ない代わりに非常にきれいな蒸留酒になります。

　モルトウイスキーやブランデーなどの製造に用いられる単式蒸留機を、「pot still（ポットスチル）」といいます。また、連続式蒸留機は、1826年にロバート・スタインによって発明され、1830年（1831年説もあります）にアイルランド人のイーニアス・コフィが改良して特許（パテント）をとったことから、「パテントスチル」ともいわれています。

　蒸留したお酒は、普通は無色透明です。しかし、ウイスキーやブランデーは琥珀色をしています。なぜでしょうか。

　それは、蒸留後、樫樽などに貯蔵することによって、樽からの色や風味が加わるためです。

5　酒税法によるお酒の分類

　日本のお酒の種類は、酒税法で決められています。平成18（2006）年5月1日の同法の改正によって、現在、お酒は大きく四つに分類され、17品目に分けられています。詳しくは、次ページの【図表1−1−3】を参照してください。

　お酒の品目は、歴史的な流れも含め、お酒の原料や製造方法を基に、アルコール分、エキス分等の規定も用いて、品目が重複しないように分けられています。【図表1−1−3】の定義欄に記載していることは概要ですので、注意が必要です。例えば、清酒の欄では「政令で定める物品を原料として発酵させてこしたもの」とありますが、いくらでも原料として加えて良いというわけではなく、制限があります。他の品目についても、記載以外の決まりがありますのでご注意ください。

　また、ビール、発泡酒以外の品目のお酒であっても、アルコール分が10％未満で発泡性（炭酸ガスを含むために泡が出ます）のあるお酒は、発泡性酒類に分けられます。

（1）醸造酒類

　原料をそのままもしくは糖化してから発酵させたお酒で、清酒、果実酒、その他の醸造酒があります。

　なお、酒税法には定められていませんが、醸造酒類は糖化の有無等で細かく三つに分けられます。

　一つは、「単発酵酒」と呼ばれるお酒で、糖分を含む果実などをそのまま発酵させたものです。果実酒などが、これです。

　二つ目は、原料を糖化した後に発酵を行うお酒で、「単行複発酵酒」といいます。大麦を糖化した後に発酵させて造るビールなどが、これに当たります。（なお、酒税法上はビールは「発泡性酒類」に分類されます。）

　三つ目は、原料の糖化と発酵を同時に行うお酒で、「並行複発酵酒」といいます。清酒がこれに該当します。

【図表１－１－３】酒税法における酒類の分類及び定義

	種　類	内訳（酒税法第3条第3号から第6号まで）
酒　類（アルコール分1度以上の飲料（酒税法第2条））	発泡性酒類	ビール、発泡酒、その他の発泡性酒類（ビール及び発泡酒以外の酒類のうちアルコール分が11度未満で発泡性を有するもの）
	醸造酒類(注)	清酒、果実酒、その他の醸造酒
	蒸留酒類(注)	連続式蒸留焼酎、単式蒸留焼酎、ウイスキー、ブランデー、原料用アルコール、スピリッツ
	混成酒類(注)	合成清酒、みりん、甘味果実酒、リキュール、粉末酒、雑酒

（注）　その他の発泡性酒類に該当するものは除かれます。

（2）蒸留酒類

　アルコール発酵させたものを蒸留して造ったお酒で、焼酎、ウイスキー、ブランデーなどがあります。醸造酒や醸造副産物（酒粕）の蒸留によっても造られます。例えば、ブドウを発酵させたものをすぐに蒸留しても、発酵させてワインにして蒸留しても、できる蒸留酒はブランデーです。

（3）混成酒類

　醸造酒や蒸留酒などをもとにして、混合したり、糖類や香料などを加えたり、草根木皮などを漬けたりして造るお酒で、合成清酒、みりん、リキュールなどがあります。

品目区分	定義の概要
清酒	＊　米、米こうじ、水を原料として発酵させてこしたもの（アルコール分が22度未満のもの） ＊　米、米こうじ、水及び清酒かすその他政令で定める物品を原料として発酵させてこしたもの（アルコール分が22度未満のもの）
合成清酒	＊　アルコール、焼酎又は清酒とぶどう糖その他政令で定める物品を原料として製造した酒類で清酒に類似するもの（アルコール分が16度未満でエキス分が5度以上等のもの）
連続式蒸留焼酎	＊　アルコール含有物を連続式蒸留機により蒸留したもの（アルコール分が36度未満のもの）
単式蒸留焼酎	＊　アルコール含有物を連続式蒸留機以外の蒸留機により蒸留したもの（アルコール分が45度以下のもの）
みりん	＊　米、米こうじに焼酎又はアルコール、その他政令で定める物品を加えてこしたもの（アルコール分が15度未満でエキス分が40度以上等のもの）
ビール	＊　麦芽、ホップ、水を原料として発酵させたもの（アルコール分が20度未満のもの） ＊　麦芽、ホップ、水、麦その他政令で定める物品を原料として発酵させたもので、下記の条件を満たすもの（アルコール分が20度未満のもの） ＊　上記に掲げるビールにホップ又は政令で定める物品を加え発酵させたもので、下記の条件を満たすもの（アルコール分が20度未満のもの） （条件）麦芽比率が100分の50以上であること並びに使用した果実（乾燥したもの、煮詰めたもの又は濃縮した果汁を含む。）及び一定の香味料の重量が麦芽の重量の100分の5を超えない（使用していないものを含む。）こと

品目区分	定義の概要
果実酒	＊　果実を原料として発酵させたもの（アルコール分が20度未満のもの） ＊　果実、糖類を原料として発酵させたもの（アルコール分が15度未満のもの） ＊　上記に掲げる果実酒にオーク（チップ状又は小片状のもの）を浸してその成分を浸出させたもの
甘味果実酒	＊　果実酒に糖類、ブランデー等を混和したもの
ウイスキー	＊　発芽させた穀類、水を原料として糖化させて発酵させたアルコール含有物を蒸留したもの
ブランデー	＊　果実、水を原料として発酵させたアルコール含有物を蒸留したもの ＊　果実酒にオーク（チップ状又は小片状のもの）を浸してその成分を浸出させたものを蒸留したもの
原料用アルコール	＊　アルコール含有物を蒸留したもの（アルコール分が45度を超えるもの）
発泡酒	＊　麦芽又は麦を原料の一部とした酒類で発泡性を有するもの（アルコール分が20度未満のもの） ＊　ホップ又は苦味料を原料の一部とした酒類で発泡性を有するもの（アルコール分が20度未満のもの） ＊　香味、色沢その他の性状がビールに類似する酒類で発泡性を有するもの（アルコール分が20度未満のもの）
その他の醸造酒	＊　穀類、糖類等を原料として発酵させたもの（アルコール分が20度未満でエキス分が2度以上等のもの）
スピリッツ	＊　上記のいずれにも該当しない酒類でエキス分が2度未満のもの
リキュール	＊　酒類と糖類等を原料とした酒類でエキス分が2度以上のもの
粉末酒	＊　溶解してアルコール分1度以上の飲料とすることができる粉末状のもの
雑酒	＊　上記のいずれにも該当しない酒類

第2章　清　酒

1　清酒造りの歴史

　清酒を、日本のお酒あるいは米のお酒の歴史として見れば、その起源は、我が国で稲の栽培が始まった時代にまで遡ることができるかもしれません。

　では、稲の栽培はいつ頃から始まったのでしょうか。今から約2,400 〜 2,500年前の弥生時代の遺跡から、水田の遺構が見つかっています。この頃から水稲の栽培が始まり、清酒の原型が生まれていたと推定されます。

　文字の記録として最古の日本の酒の記述は、3世紀頃の中国の歴史書「三国志」の「魏志倭人伝」にあります。その中で日本人は酒を嗜み、喪に際しては人が集まって酒を飲む習慣があったことなどが記されています。

　日本の文献としては、「古事記」(713年)、「日本書紀」(720年)、それらと相前後して編集された「播磨国風土記」などの「風土記」があります。記紀の神話の中にはお酒の話がいくつとなく出てきますし、「播磨国風土記」にはカビを使用した酒造りの記載が見られ、米と麹による酒がどのようにしてできたのかを窺い知ることもできます。

　律令制度の官制などが書かれた「延喜式」(927年)には、古代の酒造りが詳細に記述されています。宮内省の「酒造司」が酒造りを担当し、酒殿(仕込蔵)、臼殿(精米所)、麹室などを建てて酒造りを行っています。製造していたお酒は、天皇の飲用酒や儀式に用いた「御酒」、甘口の「御井酒」や「醴酒」、新嘗の節会酒の「白酒」「黒酒」など10種類以上に及んでおり、そのほとんどが米の酒です。代表的な「御酒」は、「しおり法」といって、発酵させた醪を搾ってできたお酒に、米麹や蒸米を加えて発酵させる方法を4回繰り返して造った濃淳なお酒です。

　このように、この当時のお酒は主に朝廷で造られていました。

　平安時代から鎌倉、室町へと時代が移るにつれて、朝廷で行われた酒造りは神社や寺院で行われるようになり、室町時代には民間の専業者による商品としての本格的な酒造りが始まりました。また、この頃の特徴として、麹造りは酒屋とは独立していて、「麹座」という麹製造・販売業者の集まりがありました。麹は、酒造りだけでなく味噌、醤油、米酢、甘酒などにも使用され、その利益が莫大であったことから、この権益をめぐり麹座と酒屋座が対立した「文安の麹騒動」(1444年)が起こっています。さらに、朝廷や幕府は財源確保のために、酒屋から多額な課役を徴収するようになりました。これが酒税の始まりです。

　この時代の酒造りについては、「御酒之日記」(1489年または1355年) や

「多聞院日記」（1478〜1618年）に詳細に記録されています。前者には、「御酒」、「天野酒」、「菩提泉」、「煉貫酒」、「菊酒」等が記されています。

「延喜式」の「御酒」の製造法が「しおり法」であったのに対し、この時代の「御酒」は「酘方式」という仕込み方法です。酒母造りを独立させ、熟成した酒母に米麹、水、蒸米を仕込む方式（一段仕込み）で、今日の「段仕込み法」です。また、乳酸発酵を行わせ、乳酸の酸性により雑菌の増殖を抑えながら酵母を増殖させ、アルコール発酵させる「菩提泉」造りもこの頃生まれました。

さらに「多聞院日記」には、南都（奈良）諸白の記事（1576年）が見られます。諸白は、麹米と掛米の両方に白米を使用したお酒で、この頃誕生したと思われます。1582年、織田信長は安土に徳川家康を招いて盛大な饗応の宴を設けましたが、その時のお酒に南都諸白が用いられ、高い評価を得たとの記録があります。また、「多聞院日記」には、「酒ヲニサセ」という記述があり、これは諸白に「火入れ」が行われていたことについて、日本で初めて記されたものです。

醸造技術の進歩に関連して、15世紀中頃までに中国、朝鮮からカンナとノコギリが伝来し、木工技術の革新化により10石（1.5kℓ）の大桶がつくられるようになり、酒の大量生産が可能になったのもこの時代の特色です。

江戸時代に入ると、大阪に近い伊丹（兵庫県伊丹市）、池田（大阪府池田市）などの諸白が、京、大坂、江戸の三都、特に江戸に進出していきます。

「下り酒」と呼ばれるもので、江戸幕府の成立により政治的、社会的に優位に立った江戸も、経済的、産業的、文化的には上方に比べ後進地で、上方を当てにするほかなかったわけです。

「下り酒」は、元禄の頃には21万石（3.8万kℓ）に達します。これは武士階級を含めた江戸市民一人当たり年間三斗（54ℓ）の消費量に当たります。この大量の酒は、江戸初期には油、綿、醤油、酢などと一緒に混載されて、菱垣廻船により、後には酒荷専門の樽廻船により運ばれました。この運搬は、文化文政期には初物を好む江戸っ子の気性に乗じて「新酒番船」という江戸入港の早さを競うレースにまでエキサイトし、上方から江戸まで通常10〜30日ほどを要した運搬日数も、この時はわずか3〜4日であったそうです。200年も前に、今のボジョレー・ヌーヴォーの解禁日なみの騒ぎがあったことになります。

元禄の頃の酒造りは、「童蒙酒造記」、「本朝食鑑」、「和漢三才図会」などの記述から、1仕込みの大きさは今日の酒造りとほぼ同量の白米8.5〜15.4石（白米1.28〜2.31t）、仕込み配合もほぼ同様の三段仕込みであったことが分かっていますが、加える水の量の割合である汲水歩合が極端に低い点が、今日と大きく違う点です。こ

れは当時の人々が、粘ちょう度の高い濃厚甘口酒を愛好したためと考えられます。

　また、木灰を醪に添加して搾ることや、現在のアルコール添加に当たる醪末期に焼酎を添加する「柱焼酎」の記述も見られます。この柱焼酎の添加量は米の量の10％程度で、「風味酒として足強く候」とあり、さばけの良い、日持ちの良い（火落ちしない）諸白が得られたようです。

　江戸末期には、伊丹、池田等の酒に代わって灘五郷（兵庫県西宮市と兵庫県神戸市）の酒が発展していきます。灘酒の特色として、宮水、水車精米、寒造りへの集中化などが挙げられます。

　宮水は、桜正宗の祖、山邑太左衛門（やまむらたざえもん）により見いだされたもので、麹菌や酵母の繁殖を助けるリン酸塩やカリウムが多いので、醪での発酵力を強めるのが特徴です。また、従来の足踏み式精米から六甲山系の急流を利用した水車精米への移行は、労働生産性を上げるとともに、より高度な精米（より精白度を上げることができた）を実現し、品質向上に大きく貢献しました。

　さらに、細菌汚染が少ない冬の寒い時期に造る寒造りへの集中化により、品質的に優れた酒を安定して生産できるようになりました。「本嘉納家文書」などに記された仕込配合を見ると、汲水歩合は以前の伊丹酒等のほぼ倍量の「十水」（とみず）（総米10石（1,500kg）に対して汲水10石（1,800ℓ）、メートル法で汲水歩合120％）に増加しています。灘酒は、日本の酒造りの中心地として栄え現在に至っています。

　明治時代に入り、西洋の学者が日本に招聘され、お酒の科学的な研究が行われるようになりました。明治初年に来日したドイツ人のオスカー・コルシェルトや、イギリス人のウィリアム・アトキンソンは、日本のお酒造りにおける火入れが、パスツールの低温殺菌法より古い時代に行われていたことに驚嘆し、報告書に書き残しています。

　また、明治37（1904）年には、国立醸造試験所（現「独立行政法人酒類総合研究所」）が設立され、その後の酒類醸造の発展に貢献しました。特に明治42（1909）年、生もとを改良した「山廃もと」（やまはい）と、乳酸を利用した「速醸もと」（そくじょう）の発明は、清酒製造の安定化、合理化に寄与しており、速醸もとは現在の酒母造りの主流となっています。明治期には技術の向上を図るための品質審査会も行われるようになり、明治44（1911）年には第1回の全国新酒鑑評会が開催され今日に至っています。

　明治から大正、昭和にかけての醸造技術の流れは、発酵化学の解明、微生物の合理的な利用、防腐剤の使用による火落ちの防止等を経て、高度精白を可能にした精米機の出現、木桶からホーロータンクへの移行、瓶詰めによる出荷等目まぐるしい

ものがあります。さらに、第2次世界大戦中から戦後にかけて、アルコール添加や増醸法の採用など思い切った製造法の変化がありました。 昭和39（1964）年には近代化五カ年計画に沿って新しく企業の構造を集約化するなどの措置がとられていますが、製造工程の近代化のため、連続蒸米機、自動製麴機、自動圧搾機など機械の導入による合理化とスケールメリットの追求が顕著になっています。昭和48（1973）年には、明治以来清酒の防腐を目的に使用されていたサリチル酸の使用が廃止されました。さらに、平成4（1992）年には、昭和18（1943）年から続いていた級別制度が廃止されるとともに、平成元（1989）年に制定された清酒の表示法（清酒の製法品質表示基準）に沿った表示が消費者の方々にも認知され、現在に至っています。

　現在の清酒の状況としては、地方の見直しや「地産地消」という新しい流れの中で、各地で新しい酒米の開発が行われています。また、発酵を行う清酒酵母も各県の研究センターで独自に開発されています。さらに、最近は清酒の輸出が増えており、海外市場へ目を向けつつあります。清酒は、地域で生産された米と水を原料に、その地の風土に育まれて生まれたお酒です。今後も、それを大事にするとともに、世界に向けて発展することも期待されます。

2　清酒の原料

（1）水

　清酒製造場のあるところは、たいていおいしい水のあるところです。そうでないところは、苦労しています。お酒中に占める水の割合は、アルコール分よりも多く、水は酒造りに大変重要です。

　また、原料に使われるだけでなく、酒造りの道具の洗浄、洗瓶などにも使用するため、豊富に利用できることも重要です。酒造りには、原料の白米重量の25倍の水が必要といわれています。酒造りに適した水の条件は、【図表1-2-1】のとおりです。水道水の基準より、ずっと厳しいものになっています。

　良い水の第一条件は、鉄分が少ないことです。鉄分が多いと清酒を褐色に着色させ、著しく香味を損なうからです。鉄と清酒中の物質（「デフェリフェリクリシン」といいます）が反応して、着色物質（「フェリクリシン」といいます）をつくるためです。

　マンガンという金属物質も嫌われます。マンガンが多いと、清酒が日光などの光に当たったとき、着色を促進し酒質を劣化させるからです。この着色を「日光着色」と呼んでいます。

　また、清酒は食品ですから、有機物、亜硝酸性窒素、アンモニア性窒素がなく、大腸菌やその他の雑菌に汚染されていない清らかな水が良い水です。

　さらに、上表には必要条件しか示していませんが、酵母菌などの酒造りに働く微生物の増殖を助けるカリウム、リン酸、カルシウム、マグネシウム等の成分が適度に含まれていることも良い水の条件です。

【図表１－２－１】用水の基準

	醸造用水	水道水
色沢	無色透明であること	５度以下であること
臭・味	異常のないこと	異常のないこと
pH	中性または微アルカリ性	5.8以上8.6以下であること
鉄	0.02mg／ℓ以下であること	0.3mg／ℓ以下であること
マンガン	0.02mg／ℓ以下であること	0.05mg／ℓ以下であること
亜硝酸性窒素	不検出	0.05mg／ℓ以下であること
アンモニア性窒素	不検出	
細菌酸度	0.5mℓ以下	
生酸性菌群	不検出	
大腸菌群	不検出	検出されないこと

（２）米

　清酒の主な原料は米です。米には、有名な魚沼産のコシヒカリやひとめぼれ、あきたこまち、西日本で多く栽培されているヒノヒカリなどの品種があります。これらは主にご飯として食べられています（飯米）が、各地にはさらに多くの品種が栽培されています。

　清酒の原料には、これらの米も使用しますが、酒造りに適した米があります。それを「酒造好適米」といいます（【図表１－２－３】（22ページ）参照）。

　酒造好適米は、大粒で心白（米の中心に白色の不透明部分のあるもの）があって、タンパク質含量が少ないという特長があります。大粒かどうかは、米1,000粒の重量を量り、それが通常26g以上かどうかで決められています。

　清酒造りに適した米は、原料処理で吸水しやすく、蒸米にするとふっくらと弾力があって麹を造りやすく、醪においても溶けやすく、タンパク質が少ないのが特徴です。酒造好適米は、これらの性質を備えています。

　農林水産省の米の規格では、酒造好適米は「醸造用玄米」と呼ばれ、産地ごとに品種が指定されています。酒造好適米は、飯米よりも高い価格で取引されており、代表的な品種として従来からの山田錦、五百万石、美山錦、雄町などのほか、最近は、千本錦（広島）、越淡麗（新潟）、秋田酒こまち（秋田）などの新しい酒造好適米が開発されてきています。

　新しい品種は、栽培しやすく精米も容易で、各地の酒質の独自性を生み出す原動力と期待されています。普及に伴って、酒類総合研究所が行う全国新酒鑑評会で優秀な成績を収めるものもあります。

　主に飯米となる米は、酒造りの世界では「一般米」と呼ばれて利用されています。令和２酒造年度（令和２年７月～３年６月）では、清酒の製造に約12万t（白米として）の米が使用され、そのうち酒造好適米は４万t弱です（【図表１－２－２】参照）。清酒の原料としては、一般米が主体です。一般米では、食味の良いコシヒカリの特長を活かした製品や、赤米の色素を利用した製品など、酒質の多様化に貢献しているものもあります。

【図表１－２－２】清酒の製造に使用される原料米量（令和２酒造年度）

（単位：トン）

	白米使用数量	うち酒造好適米使用数量
特定名称酒向	60,952	33,320
特定名称酒以外 （普通酒）向	54,390	3,858
全　体	115,342	37,178

国税庁課税部鑑定企画官室：令和２酒造年度清酒製造状況等調査集（令和４年２月）

㊟　四捨五入の関係で、各項目の和と全体が一致しない場合がある。

【図表１−２−３】都道府県別酒造好適米（醸造用玄米）栽培品種

産地品種銘柄の指定告示（平成13年２月28日　農林水産省告示第244号）（令和４年３月最終改正）による

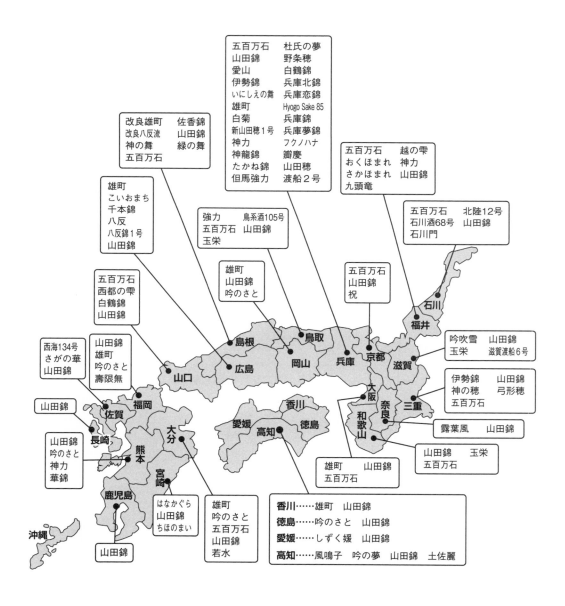

五百万石　　　杜氏の夢
山田錦　　　　野条穂
愛山　　　　　白鶴錦
伊勢錦　　　　兵庫北錦
いにしえの舞　兵庫恋錦
雄町　　　　　Hyogo Sake 85
白菊　　　　　兵庫錦
新山田穂１号　兵庫夢錦
神力　　　　　フクノハナ
神龍錦　　　　瓣慶
たかね錦　　　山田穂
但馬強力　　　渡船２号

改良雄町　　　佐香錦
改良八反流　　山田錦
神の舞　　　　緑の舞
五百万石

五百万石　　　越の雫
おくほまれ　　神力
さかほまれ　　山田錦
九頭竜

雄町
こいおまち
千本錦
八反
八反錦１号
山田錦

強力　　　　鳥系酒105号
五百万石　　山田錦
玉栄

五百万石　　　北陸12号
石川酒68号　　山田錦
石川門

五百万石
西都の雫
白鶴錦
山田錦

雄町
山田錦
吟のさと

五百万石
山田錦
祝

西海134号
さがの華
山田錦

山田錦
雄町
吟のさと
壽限無

吟吹雪　　　山田錦
玉栄　　　　滋賀渡船６号

山田錦

伊勢錦　　　山田錦
神の穂　　　弓形穂
五百万石

山田錦
吟のさと
神力
華錦

露葉風　　　山田錦

山田錦　　　玉栄
五百万石

はなかぐら
山田錦
ちほのまい

雄町
吟のさと
五百万石
山田錦
若水

雄町　　　　山田錦
五百万石

山田錦

香川……雄町　　山田錦
徳島……吟のさと　　山田錦
愛媛……しずく媛　　山田錦
高知……風鳴子　　吟の夢　　山田錦　　土佐麗

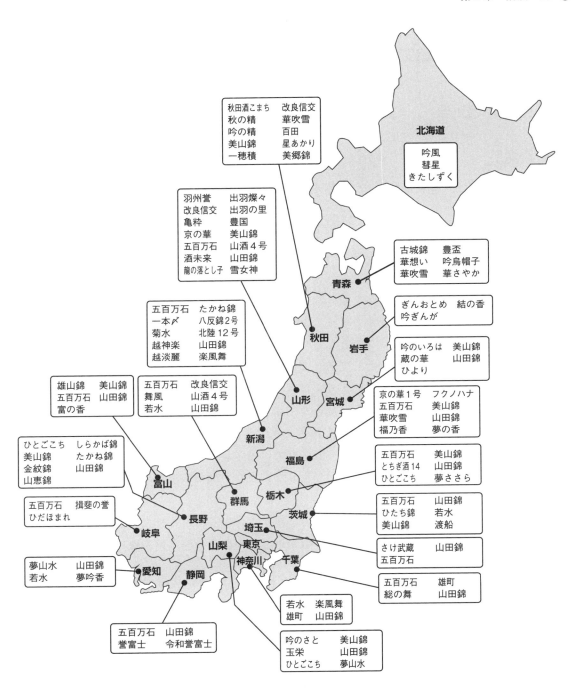

北海道

吟風
彗星
きたしずく

秋田酒こまち　改良信交
秋の精　　　　華吹雪
吟の精　　　　百田
美山錦　　　　星あかり
一穂積　　　　美郷錦

羽州誉　　　　出羽燦々
改良信交　　　出羽の里
亀粋　　　　　豊国
京の華　　　　美山錦
五百万石　　　山酒4号
酒未来　　　　山田錦
龍の落とし子　雪女神

青森

古城錦　　　　豊盃
華想い　　　　吟烏帽子
華吹雪　　　　華さやか

秋田　**岩手**

ぎんおとめ　結の香
吟ぎんが

五百万石　　　たかね錦
一本〆　　　　八反錦2号
菊水　　　　　北陸12号
越神楽　　　　山田錦
越淡麗　　　　楽風舞

吟のいろは　　美山錦
蔵の華　　　　山田錦
ひより

山形　**宮城**

京の華1号　　フクノハナ
五百万石　　　美山錦
華吹雪　　　　山田錦
福乃香　　　　夢の香

雄山錦　　　　美山錦
五百万石　　　山田錦
富の香

五百万石　　　改良信交
舞風　　　　　山酒4号
若水　　　　　山田錦

新潟

福島

五百万石　　　美山錦
とちぎ酒14　　山田錦
ひとごこち　　夢ささら

ひとごこち　　しらかば錦
美山錦　　　　たかね錦
金紋錦　　　　山田錦
山恵錦

富山

群馬　**栃木**

五百万石　　　山田錦
ひたち錦　　　若水
美山錦　　　　渡船

茨城

五百万石　　　揖斐の誉
ひだほまれ

長野

岐阜　**埼玉**

山梨　**東京**

さけ武蔵　　　山田錦
五百万石

夢山水　　　　山田錦
若水　　　　　夢吟香

愛知　**静岡**　**神奈川**　**千葉**

五百万石　　　雄町
総の舞　　　　山田錦

若水　　　楽風舞
雄町　　　山田錦

五百万石　　　山田錦
誉富士　　　　令和誉富士

吟のさと　　　美山錦
玉栄　　　　　山田錦
ひとごこち　　夢山水

3　清酒の製造工程

（1）原料処理

① 精米

　原料の米は、精米して白米にします。

　米には、主要成分のデンプンのほかに、玄米の表層部や胚芽にたんぱく質、脂肪、ミネラル、ビタミン等の栄養成分がたくさん含まれています。これらの栄養成分は麹菌や酵母の増殖にとって大事な栄養ですが、多すぎると発酵が旺盛になりすぎ、発酵のバランスを崩すなど清酒の色や香り、味に良くありません。

　そのため、原料の米は胚芽を取り除くことはもちろん、玄米の表層部を削り取り、たんぱく質、脂肪、ミネラル、ビタミン等の成分を少なくしています。

　これを「精米」といい、ご飯として食べる米に比べ、よりたくさん削り取ります。削り取る程度は、精米歩合として表しています。精米歩合は、精米した白米の元の玄米に対する重量比率です。例えば、ご飯用の白米では、八分搗きといって、玄米の８％の重量分の胚芽と糠を取り除いた白米（精米歩合では92％と表します）ですが、清酒用の原料では玄米の外側30％を除き、精米歩合70％程度の白米を使用します。また、胚芽や糠の値段は米に比べて安いため、精米歩合の数字が低いほど白米の原価は高くなりますが、香りが高く口当たりが柔らかい調和のとれた清酒ができるといわれています。

　吟醸酒はこのような特徴を持つ清酒で、精米歩合が30％という大吟醸酒もあります。なお、清酒用の原料の精米には、飯米用とは異なる「竪型精米機」という特別な精米機が使用されます。

【写真１−２−１】精米歩合

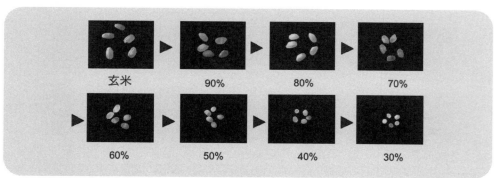

【図表1−2−4】清酒の製造工程

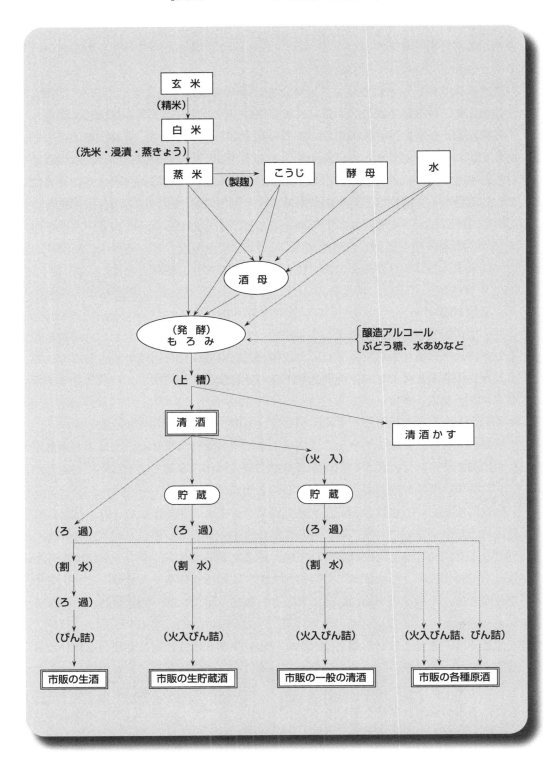

②　洗米・浸漬

精米した白米は、洗米と浸漬をします。

洗米は、白米に付着している糠を取り除くために行います。白米に糠が付いていると、蒸した後で蒸米同士がくっついてしまいます。蒸米はバラバラな方が良いのです。これを「さばけ」の良い蒸米といっています。

洗米後はきれいな水に浸けて、必要なだけの水を吸水させます。これを「浸漬」といいます。浸漬時の水の吸水量は、蒸し後の蒸米の性質に大きく影響し、麹造りや発酵経過、ひいてはできあがった清酒の品質を左右するので、重要なポイントになります。いったん吸水した浸漬米中の水分は、取り除くのが困難ですから失敗は許されません。浸漬の時間は、白米の品種、精米歩合、洗米前の白米水分含量等によって数分から10時間以上の違いがあります。浸漬時間が短い場合は、洗米を含めてストップウォッチを使って時間を決めるなど、手作業で行う場合が多い大変な作業です。吸水時間を制限する浸漬法のことを、「限定吸水」といいます。浸漬後の白米は水切りし、水分が全体に均一になるようにして蒸しを待ちます。

③　蒸し・放冷

続いて、吸水させた白米を蒸します。生の米のデンプンは、規則正しい構造をしており、人間は消化吸収できませんが、同様に麹菌の生育も困難です。そこで、吸水した白米を蒸してデンプンの構造をバラバラにほぐすのです。この状態を「α化デンプン」といいます。

こうすると麹菌が生育しやすく、デンプンも酵素で分解されやすくなります。

清酒の場合は米粒のまま蒸し、ご飯のように炊いたりしません。大量の米を焦がさずに加熱するには、蒸すのが一番簡単で、後の操作の冷却で効率良く冷やすため、ほぐれやすい蒸米が便利だったのかもしれません。

伝統的な蒸しの方法は、和釜と木製の甑で行います。和釜に水を入れ、加熱して発生した蒸気を甑の中の米の層に通して蒸します。蒸しは、蒸気が通り全体がよく蒸せるように50分～1時間程度行います。蒸し上がった米は、熱いうちに甑から掘り出して薄く広げ、外気に当てて冷却します。この冷却作業を「放冷」といいます。冷却温度は、その後の用途に応じて異なり、麹造り用では35～40℃で麹室へ運びます。

最近では、蒸しに用いる蒸気はボイラーで発生させたり、甑は金属製を用いたり、浸漬米をコンベア状の装置の上に乗せ連続的に蒸気で蒸す連続蒸米機を使用することなどが多くなっています。連続蒸米機は、蒸し時間が30分程度に短縮されるとともに、蒸米の掘出し作業も必要なくなり省力化できます。同様に、放冷の作業にコンベアを利用する連続放冷機も普及しています。

【写真 1 - 2 - 2】
甑（左）と連続蒸米機・放冷機

（2）麹

> ㊟　麹には「麴」の字が使われることもありますが、本書では簡易慣用字体の「麹」を使用します。

　麹菌が生産する各種の栄養成分と酵素のバランスが、醪の並行複発酵の進行を左右することから、製造する清酒の品質に応じた麹を造ることが大切です。

　伝統的には酵素バランス等は知られていなかったために、できあがった麹の見かけや味・香りで麹の品質を分類して「総破精」（麹菌が米粒の表面から内部までよく生えている）、「突破精」（麹菌が米粒の表面に部分的に生えそこから内部へ深く入り込んでいる）、「塗り破精」（麹菌が米粒の表面だけ生えている）、「バカ破精」（総破精が進みすぎて麹がつぶれやすくなった状態）等と称して麹の品質を区別します。破精というのは、麹の米粒の中で麹菌が繁殖して透明感がなくなり、白っぽく見える部分のことをいいます。

　このような麹の品質は、製麹管理によって形作られることから、伝統的な製麹工程では、夜間の操作も厭わずに丁寧な作業が行われます。

　麹菌は36℃近辺でもっとも元気に活動し、45℃以上になると活動できません。また、麹菌は活動を始めるとかなりの勢いで発熱し、放置しておくと45℃を超えて死滅することもあります。

　そこで、麹造りは適温よりやや低い32℃付近から開始します。

　「種麹」（玄米で麹菌を育てて乾燥させたもので、全体に麹菌の胞子がついていて黄緑色をしています）と呼ばれる麹菌の胞子を蒸米にまんべんなく振りかけて、最初は温度が下がらないように保温します。その後1日ほど経って麹菌が増えてくると、発熱が盛んになり、温度が上がり始めます。

　その後は40℃程度の温度を保つよう、熱を逃がす工夫をし、全部で約2日間かけて麹ができあがります。

　熱を逃がすためには麹を小分けして容器に移し、場合によっては風を当てて冷却します。この時に使用する容器によって製麹方法を区別し、伝統的な「麹蓋」（蓋麹法）、やや大型にして底面に通気用の隙間を設けた「麹箱」（箱麹法）、底面を金網にした大型の「麹床」（床麹法）等があります。

　麹床のように大型になると、通風設備を付けて自動的に温度管理をする機械製麹法もあります。

　製麹は一部の機械製麹法を除いて「麹室」と呼ばれる保温された室で行います。

酒造の最盛期は厳寒期ですが、この時期にも麹室は20℃後半から40℃近くまでに設定した温度に保つ必要があります。

　また、製麹では麹を徐々に乾燥させることが重要で、麹から蒸発した水分を麹室の外に逃がす換気も不可欠です。製麹中の麹の水分は麹の品質に大いに関係があります。このため、白米の浸漬から始まって製麹が終了するまで、米の水分量には細心の注意を払って管理されます。

　次に、伝統的な蓋麹法を例にとって、製麹操作を説明します。

【蓋麹法による製麹操作】

①　引き込み

　放冷作業後の蒸米を麹室に入れます。これを「引き込み」といいます。この時の蒸米温度は、次の床もみ後の温度より高い35℃程度です。

②　床もみ

　引き込んだ蒸米は、温度を均一にするためによく混ぜてから布を張った台（床）の上に薄く広げます。これに種麹の胞子をまきます。胞子が蒸米に均一に付くように、上下左右よく混ぜ合わせます。これを「床もみ」といい、終わった蒸米は1カ所にまとめて布や布団で包み、床の上に置いておきます。

③　切返し

　床もみ後、蒸米は徐々に硬くなり、互いにくっつき合って固まった状態になっていきます。肉眼では分かりませんが、麹菌の活動も始まり、床もみ後約10時間程度で、固まりの内側では温度が上がり始めます。そこで、固まりをほぐして混ぜ合わせて、温度ムラをなくすとともに酸素の供給も行います。この作業を「切返し」といいます。麹菌は呼吸をしているので、酸素が必要なのです。切返しの作業が終わったら、元のように蒸米を包んでおきます。

④　盛り

　床もみ後約22時間程度で、麹菌の生育が活発になり、麹菌が生えた部分が肉眼で白い斑点として見えるようになります。この白い斑点のことを「破精」といいます。

　これ以降は麹菌の生育が旺盛になり発熱量が多くなるので、温度が上がりすぎないように、「盛り」の作業を行います。盛りは、これまでまとめてあった蒸米をできるだけバラバラになるようにほぐし、麹蓋と呼ばれる小さな容器に小分けする作

業です。一つの麹蓋に約1.5kg（元の白米の重量換算で）程度です。また、盛りの目安は、破精でいうと１〜２割見える状態です。この時に使用する麹蓋は、木製容器です。

　盛り後は麹蓋を積み重ね、さらに保温と保湿を兼ねて周りを布で覆います。麹蓋は旧来の温度調節機能が充分でない麹室の中で、微妙な手加減をしながら麹の生育温度を制御するのに都合がよい容器です。麹蓋での麹菌の育成は、１枚の麹蓋に入れる麹の量、麹の入れ方（高く盛る、薄く広げる）、麹蓋の重ね方、布のかけ方等を調節して行います。

⑤　仕事／積替え

　盛り後、麹の品温は少しずつ上がっていき、最終的に40℃前後で麹ができあがります。この間に、麹菌の生育状態に合わせて麹の手入れによる調節をします。この作業を「仕事」といい、７時間程度の間隔で「仲仕事」と「仕舞仕事」の２回行います。また、その途中で温度調節のため麹蓋の重ね方等を調節する「積替え」という作業も数回行います。

⑥　出麹

　蒸米に種麹をまいてから46時間程度で、麹菌が蒸米に充分に繁殖して麹ができあがります。できあがったら麹を麹室から出すことから、麹造りの終わりを「出麹」といいます。出麹された麹は、乾燥させながら冷却して仕込みに備えます。

　蒸米の表面に、破精が一面につき、真っ白で麹特有の芳香を発する麹を「総破精麹」といいます。また、麹は非常に栄養分に富み、湿った状態では雑菌が繁殖しやすくなり、場合によってはお酒の腐造の原因ともなります。

　蓋麹法は、人手がかかる方法ですが、今でも吟醸酒などの製造には多く用いられています。

　蓋麹法以外の製麹方法でも、引き込み・盛り・仕事という考え方は同じですが、容器を工夫したり、機械化することで、より簡便に麹ができるようになっています。

【写真1－2－3】麹蓋を用いた麹造り

麹蓋を用いた麹造りでは、仲仕事、
仕舞仕事で麹を手早く撹拌し、温
度を調節します。

（3）酒母

　酒母とは、アルコール発酵を行う酵母が大量に培養されたものです。

　古来の醸造では、酵母は清酒製造場に住み着いている酵母が自然に育ってくるのを待っていましたが、現代の醸造では、ほとんどの場合、優良な清酒酵母を添加しています。

　しかし、いずれの場合も最初は酵母の数が少ないので、酵母の数を増やす必要があります。酵母が増えれば、酵母が造ったアルコールの殺菌作用などで雑菌の繁殖は防止できますが、酵母が少ないうちは、そのままでは雑菌も増殖してしまいます。

　そこで、雑菌の増殖を抑え、酵母のみを純粋に大量に培養する仕組みが必要でした。それが酒母です。

　酒母では、雑菌の増殖を抑える方法として、乳酸を利用します。乳酸の酸性の力で雑菌の増殖を抑えています。酵母は、雑菌に比べて酸性には強いのです。

　この乳酸の造り方で、酒母は2系統に分けられます。伝統的な「生もと」系酒母では、乳酸菌を巧みに培養し乳酸を造っています。これに対し、「速醸」系酒母では生もとの原理を発見し、純粋な乳酸を加えることで代替しています。生もと系酒母では、乳酸が増えるまでに時間と手間がかかります。現在では、速醸系酒母が多く使われています。

　また、「山廃」の表示がある清酒があります。この山廃とは、山廃酒母で造ったという意味で、生もと酒母の工程のうち「山卸」という手間のかかる作業を廃止したことから山卸廃止もと、略して山廃となったものです。

　酒母工程の一例として、ここでは「速醸酒母」を説明します。

　まず、麹1に対して蒸米2、水3程度を混ぜ合わせ乳酸を加えます。ここに酵母を添加して仕込みが終了します。仕込温度は20℃が標準です。

　この後、【図表1-2-5】のような温度経過をたどることで、目的に叶った良い酒母ができあがります。

　酒母工程は、雑菌の汚染に一番気を付けなければいけない期間です。目に見えない微生物が相手ですので、殺菌の行き届いた酒母室で清潔な環境に気を使って製造されます。酒母には、このほかに速醸酒母の仕込温度を25℃程度に上げて育成する「中温速醸酒母」や、蒸米、麹、水を加えて55℃から60℃で糖化させた後、冷却し、乳酸と酵母を加え育成する「高温糖化酒母」などがあります。

【図表１－２－５】速醸酒母の温度経過

日順		1		2	3	4	5	6	7	8	9		14
操作	水麹・酵母添加	仕込み	荒櫂	櫂入・検温	暖気入れ		ふくれ	湧付	湧付休み		分け		使用・添卸
ボーメ度				14.5	15.5		16.5		13.0	11.0	8.0		6.0
酸度				3.0	3.0		3.2		5.2		7.0		7.0
アルコール分											10.0		12.0
アミノ酸度					2.4		2.7		2.1				2.1
直糖（%）				18.0			25.8		17.1				8.5

温度（°）目盛：30°, 25°, 20°, 15°, 10°, 5°

（４）醪

　醪は、酒母に蒸米と麹と水を加えて発酵させる工程で、「並行複発酵」で行われます。並行複発酵では、糖化とアルコール発酵が同時進行しているので、そのバランスがお酒の味に影響します。糖化と発酵のバランスは、蒸米と麹と水の配合割合（「仕込配合」といいます）や発酵温度などで調節されます（次ページ【図表１－２－６】参照）。

　清酒醪の特徴として並行複発酵とともによくいわれるのは、「３段仕込み」です。仕込みを３回に分けて行うことから、３段仕込みといわれています（次ページ【図

表1－2－6】参照）。3回の仕込みを4日かけて行います。3段仕込みは、一度の大量仕込みで酵母の数が薄まって雑菌に負けて腐造することを防いでいます。3回に分けて行うことにより、仕込みの最中に酵母の数を増やすことができるためです。【図表1－2－7】中の初添、仲添、留添分が、1回目、2回目、3回目分に当たります。

【図表1－2－6】三段仕込み

1日目【1段】	酒母に1回目分の蒸米、麹、水を加えます。 「初添」あるいは「添仕込み」といい、全体の約2割がタンクに仕込まれます。
（2日目）	この日は仕込みを行いません。 この日は「踊り」といわれ、酵母の増殖を盛んにして、次の仲添仕込みに備えます。
3日目【2段】	2回目分の蒸米、麹、水を加えます。 「仲添」あるいは「仲仕込み」といい、全体の約半分がタンクに仕込まれます。
4日目【3段】	3回目分の蒸米、麹、水を加えます。 「留添」あるいは「留仕込み」といい、これで全体が仕込まれて仕込みが終了します。

【図表1－2－7】仕込配合（アルコール添加酒の例）

区　　分	酒母	初添	仲添	留添	4段	アル添	合計
総　米（kg）	70	150	280	440	60		1,000
蒸　米（kg）	50	110	220	330	60		770
麹　米（kg）	20	40	60	110			230
汲　水（ℓ）	90	170	360	600	90		1,310
アルコール（30%）（ℓ）						37	37

　醪の発酵温度経過はどうなるのでしょうか。発酵に伴って、酵母は発酵熱を出します。このために、醪温度は発酵が旺盛になるに従って上昇し、アルコール濃度が高くなり、発酵原料の糖分が少なくなると、発酵が弱まり温度も低下する、なだらかな山型の経過をたどります。

　一般に、発酵温度が高いと発酵期間は短くなりますが、酵母が弱りやすいため、

管理に失敗するとお酒の味を損なうことになります。反対に、発酵温度が低いと発酵期間は長くなりますが、淡麗で香りの良いお酒が造れます。ただし、低すぎると酵母が充分に増殖、発酵できず、発酵不良にもなります。

　一般的なお酒の場合、発酵の最高温度は15～18℃程度で、発酵期間は留添の日から20日間前後です。吟醸酒は低温発酵を特徴としており、10℃程度の最高温度で発酵期間も30日間を超えることも多いようです。醪の発酵温度経過は、目的とするお酒のタイプに応じて設定しています。

　次に、仕込みから搾るまでの状況を見てみましょう。仕込まれた醪は、半日もすると、蒸米が水を吸ってしまい水気がほとんどなくなります。発酵が進むにつれて米が溶け、液状の部分が増えるとともに、発酵による炭酸ガスの泡が発生します。清酒酵母には泡にくっつく性質があり、泡にはたくさんの酵母が付いてどんどん嵩が高くなっていきます。このままではタンクから大量の泡が溢れ出てしまいます。昔は、これを避けるために、数時間おきに泡をかき回して消す作業をしていました。現在では、泡消機という便利な装置が泡を消してくれています。

　この泡は、発酵がさらに進んでアルコール分が高くなっていくと、自然と消えていきます。

　泡が消えた後の醪の表面の様子は、お酒の種類によって異なります。醪の表面が、何も浮かばずきれいな鏡のような場合もあれば、溶け残った麹が表面を蓋のように厚く覆うこともあります。

　お酒造りの責任者である杜氏さんは、醪の泡の様子や発酵後期の醪表面の様子を観察し、管理に役立ててきました。

　アルコール分が18～20%になると酵母の発酵は緩やかになり、醪は熟成してきます。この最後の段階で、アルコール添加や甘み付けを行うことがあります。

　アルコール添加は、純米酒の表示がないほとんどのお酒に行われているもので、品質的には清酒の味を軽くして風味を引き立たせるために使用しています。また、甘み付けは、蒸米を糖化し加えるもので、甘辛の調節（甘くする）のために行います。

　この工程は、仕込みの一種とみられるので「4段仕込み」や「4段」といいます。熟成した醪は、搾る工程に移ります。

（5）上槽、ろ過、調合

　熟成した醪を搾ることを「上槽」といいます。上槽は、伝統的方法では布製の酒袋に醪を入れ、圧力をかけて清酒を搾り取ります。このときに、酒袋に残った固形分が「酒粕」です。

　酒袋には5ℓ程度の醪を入れ、これを槽と呼ばれる箱形の容器の中に積み重ね、上から圧力をかけます。圧力が均等に加わるように酒袋の位置を調節しながら、2日間で搾り取ります。

　上槽後の清酒は、酒袋の布目を通して酵母などが一部漏れ出てくるため、少し濁っています。これをタンクに低温で貯蔵すると、濁りはオリとなって沈殿します。上澄み液を別のタンクに移して新酒ができあがります。

　新酒は、さらに細かい濁りを取り除くため、目の細かいフィルターなどでろ過します。この時、香りと味を調整するため、必要に応じて活性炭素処理を行います。新酒は単独貯蔵のものを除き、品質を揃えるために調合します。

　タンクに残ったオリ混じりのお酒は「オリ酒」といい、別にろ過等の手段で清澄させますが、そのままオリ酒として出荷する場合もあります。オリは主に栄養豊富な酵母で、味に独特のコクがあります。

　このオリ酒と似たお酒に、「にごり酒」あるいは「活性清酒」がありますが、これらは醪の固形分が濁りとなっています。活性清酒は、加熱殺菌をしていないので酵母が活きています。

　酒粕には、お酒にならなかった蒸米や麹、酵母のほか、お酒も半分程度含まれており、栄養・風味ともに優れた食品素材です。家庭では板粕を甘酒・粕汁などに使用します。業務用としては、粕漬け、粕取り焼酎、お酢の原料などに利用されますが、漬物用は酒粕をタンクに集めて熟成させたものを使います。この粕を「ふみこみ粕」といっています。

（6）火入れ、貯蔵、出荷

　新酒には麹の酵素が溶け込んでいて働くため、生のままだと味が変化するおそれがあります。新酒を生のまま貯蔵しておくと、「生老香」という独特な香りが付く場合もあります。また、新酒のアルコール濃度にも耐える乳酸菌（「火落菌」といいます）などの雑菌も、ゆっくりとですが増殖をねらっています。

　これを防止するために、新酒を65℃で15分程度加熱して、酵素の働きを止めるとともに殺菌を行います。これを「火入れ」といいます。火落菌という名前は、この火入れの失敗を意味する火落ちに由来します。清酒は、アルコールによる殺菌効果をもっていますが、防腐剤や保存料を一切使用していませんので、火入れが唯一の殺菌手段です。

　火入れ後のお酒は貯蔵タンクに入れて貯蔵します。貯蔵タンクの中では静かに熟成が進み、やがて新酒とは違った旨味やまろやかさが造られていきます。安定した熟成を行うためには、貯蔵タンクの温度変化が少ないことが必要です。

　貯蔵庫のお酒は、通常は半年から1年程度の熟成期間を経て最終的な調合とろ過を行い、所定のアルコール分に割水（加水すること）して瓶詰めします。瓶詰めは、火入れ時と同じように加温した熱いお酒を瓶に直接詰めて栓をします。これを「熱酒瓶詰め」といっています。熱酒瓶詰めでは、瓶容器と中身の清酒が殺菌されると同時に、お酒の蒸気で空気が瓶の空隙部分から追い出され、酸素が減少します。これによって雑菌汚染とお酒の酸化劣化を防ぐことができます。瓶詰めが終了すれば、ラベルを貼って商品の清酒が完成します。

　なお、瓶詰め後も、お酒は変化を続けます。タンク内での熟成と違い、瓶では光が大きく影響します。光は通常の熟成よりも強烈に作用し香味を劣化させます。清酒の香味維持には、光を遮断した低温での保管が不可欠です。

4　特定名称等の清酒

　清酒には、原材料と製造工程の違いによって多くの種類があります。また、発酵終了後の搾りから瓶詰めの段階での処理の仕方によっても、味わいの違う多くの製品が造り出されます。色々な種類の清酒があると、同じ呼び方をしても内容が異なってしまっては混乱します。

　国税庁では、消費者の商品選択の基準となるように、平成元（1989）年に清酒の製法や品質についての表示のルール「清酒の製法品質表示基準」（国税庁告示第8号）を定めています。この表示基準は、平成2（1990）年4月から適用されています。この中に種類についての決まりも設けられています。以下は、この表示基準に沿って説明します。

（1）特定名称の清酒

　表示基準には、特定名称の清酒が決められています。「吟醸酒」「純米酒」「本醸造酒」を「特定名称のお酒」といい、これらと「大」、「特別」という表示を組み合わせた8種類に分類されます（次ページ【図表1-2-8】参照）。

　これらの基準は、使用原料、米の精米歩合、製造法などに基づき定められ、「香味の優れた品質レベルを保つ」とともに、消費者の商品選択のよりどころになることを目的として設けられています。

　精米歩合の基準は、純米酒には適用されませんが、本醸造酒は70％以下、吟醸酒は60％以下と定められています。

　吟醸酒と本醸造酒には、醸造アルコールの使用が認められていますが、これは白米の重量の10％未満に制限されており、名称に「純米」が入る清酒には使用できません。吟醸酒のうち、精米歩合50％以下の吟醸酒は「大吟醸酒」と表示できます。また、純米酒と本醸造酒のうち、精米歩合が60％以下もしくは特別な製造方法を説明表示でき香味等が特に良好であれば、特別を付けることができます。

（2）任意表示基準がある清酒の種類

　表示基準には、基準に該当すれば表示できるお酒の種類が決められています（次ページ【図表1-2-9】参照）。

【図表1-2-8】特定名称酒

特定名称	使用原料	精米歩合	麹米使用割合	香味などの要件
吟醸酒	米、米麹、醸造アルコール	60%以下	15%以上	吟醸造り、固有の香味、色沢が良好
大吟醸酒	米、米麹、醸造アルコール	50%以下	15%以上	吟醸造り、固有の香味、色沢が特に良好
純米酒	米、米麹	―	15%以上	香味、色沢が良好
純米吟醸酒	米、米麹	60%以下	15%以上	吟醸造り　固有の香味、色沢が良好
純米大吟醸酒	米、米麹	50%以下	15%以上	吟醸造り　固有の香味、色沢が特に良好
特別純米酒	米、米麹	60%以下又は特別な製造方法（要説明表示）	15%以上	香味、色沢が特に良好
本醸造酒	米、米麹、醸造アルコール	70%以下	15%以上	香味、色沢が良好
特別本醸造酒	米、米麹、醸造アルコール	60%以下又は特別な製造方法（要説明表示）	15%以上	香味、色沢が特に良好

【図表1-2-9】任意表示基準のある清酒

原酒	上槽後、水を加えない清酒です。通常の清酒は、製品の規格に調整するために加水してあります。原酒のアルコール度数は18～20%くらいが普通ですが、飲みやすくするために、製造方法の工夫によってアルコール度数を下げたものもあります。
生酒	火入れを全く行わない清酒です。火入れは酵素や雑菌による酒質の変化を防止するために行いますが、生酒はこれを行わない代わりに、通常、低温貯蔵や特殊なろ過で酒質の変化を避けています。加熱を行わないため、フレッシュな風味が楽しめます。
生貯蔵酒	低温貯蔵の生酒は、出荷後の取扱いで酒質が変わってしまいます。そこで、瓶詰め時に1回だけ火入れを行い、生酒の風味を損なわずに安定した香味を楽しめるようにした清酒です。
生一本	ひとつの製造場だけで醸造した純米酒です。他の製造場に製造を依頼したものには表示できません。
樽酒	木製の樽に貯蔵して、木の香りを活かした清酒です。樽の材料としては杉、なかでも吉野杉が最高といわれています。販売する時点で木製の容器である必要はありません。

（3）表示基準が定めていない清酒の種類

清酒には、表示基準に定められているもののほかに、次のようなお酒もあります。

【図表1-2-10】表示基準が定めていない清酒

生詰酒	火入れ貯蔵した清酒を、火入れせずに瓶詰めしたものです。
オリ酒	上槽の項で説明したお酒です。活きた酵母が入っている生酒ですので、保管状態によっては温度が上がり発酵して炭酸ガスが発生します。 そのため、火入れをしてあるものもあります。
にごり酒・活性清酒	お酒を搾る上槽時に、目の粗い布や網でこすと、酵母はもちろん細かな蒸米や麹の破片もこされた方に入ってしまいます。そのため、活性清酒は醪と同様の風味が楽しめます。 火入れをしていないものを活性清酒、火入れしたものは、一般ににごり酒といっています。 活性清酒は、普通はオリ酒よりもたくさんの活きた酵母が入っているので、暖まるとより激しく発酵し、大量の炭酸ガスを発生することがありますので、保管には充分な注意が必要です。
貴醸酒	仕込水の半分程度を清酒にして仕込んだ清酒です。 清酒には当然米からの成分が溶けていますから、貴醸酒は成分が濃くなります。 また、最初からアルコールがある状態で発酵しますから、発酵が穏やかで米からの自然な甘味の強いお酒になります。このため、食前酒・乾杯用・寝酒等、少量ずつ楽しむ酒として開発されました。
あかい酒	紅麹という真っ赤な麹菌を使用して造った清酒で、新潟県で開発されました。 「あかい酒」という名前は紅麹を使用した清酒の固有の名前ですが、これ以外にも赤い色の清酒はあります。古代米の一種である黒米（色素は赤く着色します）を使用するものや赤い色の清酒酵母を使用するものが有名です。それぞれに色調や味に違いがありますので比較してください。
発泡酒	炭酸ガスを吹き込んだり、瓶の中でさらに酵母の発酵により炭酸ガスを溶け込ませたりした清酒です。 口当たりの良さと見た目の美しさが特徴です。一般に、特徴を活かすためにアルコール度数を低くします。
ソフト酒	アルコール度数を低くした清酒です。味のバランスを考えて甘味や酸味を強調したものが多く、ソフトな口当たりを目指しています。
高酸味酒	酸を出す能力の高い麹菌（白麹菌・リゾープス菌）や酵母を使用して酸味を強調した清酒です。
手造り	近代的な機械を使わず、昔ながらの甑や麹蓋を使用し、酒母は生もと系か普通速醸酒母により製造した特定名称の清酒のことです。

冷やおろし	昔は、清酒は寒中に仕込み、貯蔵後秋になると味が整うため、この頃に樽詰めして出荷する酒を冷やおろしと称して珍重されていました。これに因んで冬に仕込んだ清酒を秋口に生詰めで出荷したものを冷やおろしといいます。
長期貯蔵酒・秘蔵酒	通常の清酒は1年以内の貯蔵期間で出荷します。それ以上の貯蔵は酒質の低下を招くことも多く歓迎されていませんでしたが、最近では酒質の多様化の一環として原酒のタイプや貯蔵方法の工夫により2年以上貯蔵して味のまろやかさと深み、琥珀色の色調、特徴のある香り等、新酒にない特徴を楽しめる商品が開発されています。 秘蔵酒は特に5年以上貯蔵した清酒について表示します。

　なお、酒造場の見学においては、発酵により発生した炭酸ガスを含んだ清酒など、市販されていないお酒を試飲することが可能な場合もあります。他では味わえない格別の風味です。

5 ラベルの見方

　下の写真は、清酒のラベルを示したものです。

　これらはどんな規則に従って、どんなことが書かれているのでしょうか。図に示していないことも含めて清酒の表示について説明します。

　なお、最近は清酒の味や成分や飲み方について詳しく説明表示をしている清酒も増えています。

【図表1-2-11】清酒のラベル

❶アルコール分

❷原材料名
（水は書かないことになっている）

❸原料米の産地表示

❹品目
（原料の米に国内産米のみを使い、日本国内で製造された清酒のみ「日本酒」と書くことができる）

❺内容量

❻製造者の名称及び製造場の所在地

❼二十歳未満の者の飲酒防止の注意

❽特定名称
（吟醸、純米、本醸造など）

❾精米歩合
（特定名称を表示する場合は必須）

❿原料米の品種名
❽から⓭を表示する場合は法令等で定めるところにより、表示しなければなりません。貯蔵年数、品質が優れている印象を与える用語、地理的表示、有機等を表示する場合も同様です。

⓫産地名

⓬酒の特徴を示す語句
（原酒、生酒、生貯蔵酒、生一本、樽酒）

⓭製造時期

アルコール分
16度以上
17度未満

原材料名
米（国産）
米こうじ（国産米）
醸造アルコール

精米歩合60%

清酒
720mℓ

製造年月
2023.2

製造者：酒類総合研究所
広島県東広島市鏡山3-7-1

二十歳未満の飲酒は法律で禁止されています

本醸造

酒総研

山田錦
100%

東広島の酒
樽酒

（1）表示義務事項

　お酒に関する法律に「酒税の保全及び酒類業組合等に関する法律」があり、この中で、「製造者の氏名（又は名称）」「製造場の所在地」、「内容量」、「酒類の品目」、「アルコール分」については全ての酒類について表示が義務付けられています（発泡酒とその他の発泡性酒類には、これ以外の表示義務もあります）。

　したがって、清酒の容器または包装には、必ず「清酒」又は「日本酒」と書かれています。一般的には、ラベルに記載されていることが多いのですが、包装部分の場合もあります。

（2）清酒の製法品質表示基準

　清酒は購入時に開封して中身を調べることができませんし、容器の外から中身を見ても商品の判断はできません。

　そのため、消費者にとっては商品のラベル等に記載されている事項が重要な情報となります。

　ラベルに記載される表示は、「4　特定名称等の清酒」の項で説明した「清酒の製法品質表示基準」に基づいています。この表示基準では、特定名称のお酒等の表示のほか、①必要記載事項（必ず表示しなければならない事項）、②任意記載事項（要件に該当すれば表示して良い事項）、③表示禁止事項が定められています。

①　必要記載事項

【原材料名】

　使用した原材料名を使用量の多い順に記載します。特定名称を表示する清酒については、原材料名の表示の近接する場所に精米歩合を併せて表示しています。

【保存または飲用上の注意】

　生酒のように製成後一切加熱をしないで出荷する清酒は、保存または飲用上の注意事項を記載します。

【原産国】

　輸入酒の場合に記載します。

【外国産清酒を使用したものの表示】

　国内において、国内産清酒と外国産清酒の両方を使用して製造した清酒について

は、その外国産清酒の原産国名及び使用割合を記載します。使用割合は10％幅でも認められています。

②　任意記載事項

　原酒、生酒、生貯蔵酒、生一本、樽酒は、種類の項に記した要件を満たせば記載できます。生原酒、生貯蔵原酒など複合表示とすることもできます。

　それ以外に、次のような事項が記載可能です。

【原料米の品種名】

　表示しようとする原料米の使用割合が50％を超えている場合に、使用割合と併せて記載できます。例えば、原料米のうち、山田錦を60％使用して製造した清酒には、山田錦60％と表示できます。

【清酒の産地名】

　その清酒の全部がその産地で醸造されたものである場合に表示できます。

　したがって、産地が異なるものをブレンドした清酒は産地名を表示できません。

【製造時期】

　製造時期を表示しています。輸入酒類などで製造時期が不明なものは、輸入年月を「輸入年月」の文字の後に記載できます。

【貯蔵年数】

　1年以上貯蔵した清酒には、1年未満の端数を切り捨てた貯蔵年数を表示することができます。

【「最高」「第一」「代表」等、品質が優れている印象を与える用語】

　自社に同一の種別または銘柄の清酒が複数ある場合に、品質が優れているものに表示することができます（使用原材料等から客観的に説明できる場合に限ります。）。

　これらの用語は、自社の清酒のランク付けとして使用できるもので、他社の清酒と比較するために使用することはできません。

　昔は級別制度により特級、一級、二級というクラス分けがありましたが、現在では廃止されています。各酒造場は自社の清酒のクラス分けとして様々な呼称を使用していますが、一番多い例は特選、上撰、佳撰というクラス分けです。

【そのほか】

　上記以外の事項については、事実に基づいて別途説明表示をする場合に限って表示することができます。

③　表示禁止事項
【品質が優れている印象を与える用語】

　「極上」「優良」「最高級」など、清酒の製法や品質が業界で最上級を意味する用語は使用できません。

【受賞記述に係る誤認表示またはこれに類似する用語】

　「品評会等で受賞したものであるかのように誤認させる用語」及び「官公庁が推奨しているかのように誤認させる用語」についても表示することはできません。

【特定名称酒以外の清酒について特定名称に類似する用語】

　純米酒の製法品質の要件に該当しない清酒に、純米酒に類似する用語（例：「米だけの酒」）を表示することはできません。

　ただし、この用語の表示の近接した場所に、特定名称の清酒に該当しないことが、文字の大きさも含めて明確に分かる説明表示がされている場合は、表示しても構いません。例えば「米だけの酒」と表示して「純米酒ではありません」と説明表示する場合です。

6　清酒の税率

　日本の酒税法においては、清酒は「醸造酒類」に分類されていますが、平成29年度税制改正において、醸造酒類については、清酒と果実酒間の税率格差を解消することとし、令和5年10月に、税率を1kℓ当たり100,000円に一本化することとされました。

　税率の見直しは2段階に分けて行うこととされ、1kℓ当たりの税率は、令和2年10月に110,000円、令和5年10月に100,000円となり、同じ醸造酒である果実酒（ワイン）と同じ税率となります（【図表1-2-12】参照）。

【図表1-2-12】醸造酒類の税率構造の見直し

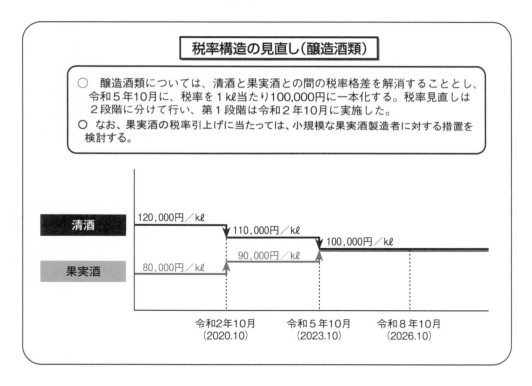

第3章　合成清酒

　合成清酒とは、アルコールに糖類、有機酸、アミノ酸などを加えて、清酒のような香味にしたお酒です。清酒に比べて価格が安いことから、清酒の代用としてまたは料理用などに使われています。

1　合成清酒の歴史

　ビタミンB₁を発見した理化学研究所の鈴木梅太郎博士が、大正年間の米価の高騰による米騒動を契機として、米を全く使わずに清酒に類似した香味の酒を製造する研究を開始しました。

　鈴木博士は、糖類にアミノ酸を加えて酵母で発酵させると、清酒に類似した香味が得られることを見い出して特許を得ました。この成果をもとに、大正10（1921）年、理化学研究所が「理研酒」の製造を始めたのが合成酒の始まりとされています。

　理研酒が製造開始されてから日中戦争が始まるころまでの十数年の間に、様々な異なる製造方法が開発され、理研式製造法によらない合成清酒も多数製造販売されるようになりました。

　その後、戦争が拡大するにつれて食糧事情が悪化し、その結果、米を原料として使用する清酒の製造量は減少しましたが、米を使用しない合成清酒の製造量は逆に増大しました（【図表1－3－1】参照）。

　しかし、戦後の経済発展によって生活が豊かになると、合成清酒の製造量は減少に転じました。

　戦前から戦後にかけての数年間は、合成清酒の品質はあまり良いものではありませんでしたが、その後しだいに原料の品質が向上し、昭和26（1951）年からは「香味液」と呼ばれる米で造った酒を加えることができるようになったので、合成清酒の品質は急速に向上しました。

　現在では、合成清酒の香味は大変清酒に近くなっており、価格が安いこともあって一定の需要があります。

【図表1-3-1】合成清酒の製成数量の推移

年度	製成数量（千kℓ）	年度	製成数量（千kℓ）
昭和15	59	昭和55	18
17	72	60	18
20	22	平成5	36
25	**70**	10	39
30	**103**	15	34
35	**113**	20	50
40	58	25	37
45	32	28	32
50	18	令和2	20

2　合成清酒の原料

　合成清酒の原料の主なものは以下のとおりです。
① アルコール……原料用アルコール
② 酒類……清酒、焼酎
③ 糖類……ブドウ糖、ブドウ糖以外の糖類、デンプン質物分解物
④ 水
⑤ 穀類……米、麦、トウモロコシ
⑥ アミノ酸類……グルタミン酸ナトリウム、グリシン、アラニン等
⑦ 酸類……乳酸、コハク酸、クエン酸等
⑧ 無機塩類……食塩、リン酸カルシウム等
⑨ 粘ちょう剤……グリセリン、ソルビトール、デキストリン等
⑩ その他……タンパク質、色素、香料、酒類の粕、ビタミン類、核酸分解物等

　合成清酒の原料としては、米の使用量について制限があり、使用した米の重量がアルコール分20%に換算した場合の合成清酒の重量の５％を超えないように定められています。

3　合成清酒の製造工程

合成清酒の製造法には、次のような方法があります。

（1）純合成法

清酒の各種成分物質を一つひとつ混合して、清酒と類似の香味を持つ酒を製造する方法です。アルコールまたは焼酎に糖類や酸類、アミノ酸類等各種の原料物質を混合して製造することになります。

（2）醸造物混和法

アルコールまたは焼酎に、清酒醪または清酒粕などの醸造物とその他の調味原料を混和して、清酒と類似の香味を持つ酒を製造する方法です。

（3）発酵法

清酒粕、みりん粕、砕米、白ぬか、ブドウ糖その他の糖類、デンプン質物分解物、タンパク質物またはその分解物、酸類、塩類、色素または香料等の単独物、またはこれらの混合物を発酵させて、清酒類似の香味を生成させ（香味液）、これにアルコールを添加して製造する方法です。

以上の3種類の製造法のうち、現在一般に利用されているのは、（2）または（3）、あるいはそれらの中間的な方法です。

【図表1－3－2】合成清酒の製造工程

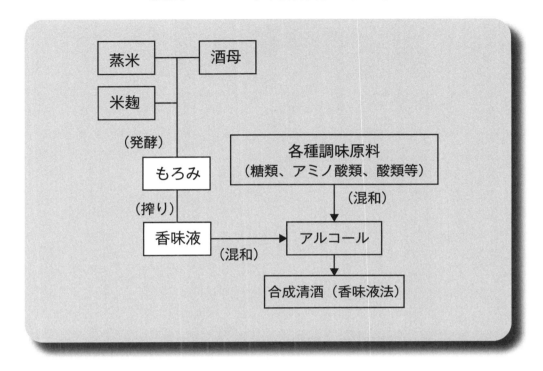

第4章 焼 酎

　焼酎は蒸留酒で、酒税法上では「連続式蒸留焼酎」と「単式蒸留焼酎」に区分されています。

　前者は、連続式蒸留機により蒸留したアルコール分36度未満の酒類です。後者は、単式蒸留機により蒸留したアルコール分45度以下の酒類で、清酒と同様に日本の伝統的なお酒であり、「本格焼酎」とも呼ばれています。

1　本格焼酎（単式蒸留焼酎）

　単式蒸留機では、アルコール、水とともに、高級アルコールや各種のエステル類等が留出してくるため、本格焼酎の酒質は一般的には香味が複雑で「こく」のあるものになります。

　また、原料に由来する香味の特徴が製品に現れます。沖縄県の「泡盛」、熊本県球磨地方の「米焼酎」、長崎県壱岐や大分県の「麦焼酎」、鹿児島県や宮崎県南部の「芋焼酎」、宮崎県高千穂地方の「そば焼酎」、鹿児島県奄美地方の「黒糖焼酎」などがよく知られています。

　最近では、蔵元で長期間貯蔵、熟成させた長期貯蔵酒、かめで貯蔵、熟成させたかめ貯蔵酒、ウイスキーやブランデーのように樫樽で長期間貯蔵し、熟成させた製品も広まっています。

（1）焼酎の伝来

　焼酎は、13 〜 14世紀頃には、すでに中国大陸や南海諸国で製造されていたようで、日本への焼酎の伝来経路については、次の三つの説が有力です。

①　琉球経路

　14世紀頃の琉球（現在の沖縄県）は、日本をはじめ、明国（中国）、朝鮮（韓国）、南海諸国などとの海上貿易の拠点として栄えていました。琉球を通じて、種々の東洋の蒸留酒（焼酎）が日本にもたらされたと考えられます。薩摩（現在の鹿児島県）島津家に残る1575年の記録によると、「あや船」という交易船で訪れた琉球からの使者が、唐焼酎1甕、老酒1甕、焼酎1甕を携え、「60年前と同じ贈り物を持ってきました」と語った、とのことです。

②　南海諸国経路

　14 〜 15世紀頃、倭寇と称する日本の武装商船団（海賊）は朝鮮半島や中国大陸

沿岸、さらには南洋に至る広範囲な海上に進出していました。海上取引品の一つとして焼酎を含む外来酒（総称して南蛮酒という）が日本に運ばれたと考えられます。

③　朝鮮半島経路

　15世紀の日本では琉球、南海諸国のほか朝鮮などと交易が行われていました。交易品の中には当然それぞれの国の酒類も含まれており、特に朝鮮産の焼酎（高麗酒）が対馬を経て我が国に入ってきたと考えられます。1404年に朝鮮の李朝・太宗から対馬に焼酎を届けた記録が残されています。

（2）焼酎の製法の伝来

　焼酎の製造方法は、東南アジア、特に14世紀頃に琉球王国と交易が盛んだったシャム国（現在のタイ王国）から琉球王国に伝来したというのが定説です。琉球から奄美諸島（当時は琉球王国の領内）を経て16世紀頃に薩摩へ上陸し、さらに北上して日向（宮崎県）、球磨地方（熊本県）へと伝播したといわれています。

　薩摩への技術の伝来は、蒸留法が伝達されたのみで、泡盛の製造上の特徴である黒麹菌（くろこうじ）の使用が鹿児島以北で行われた記録はありません。鹿児島以北では、清酒に用いられる黄麹菌（きこうじ）を用いて焼酎を造っていたものと考えられます。

　宮崎県北部（当時の日向地方）から山間部の高千穂地方にかけては、17世紀中頃に広がったと云われていますが、当時の南九州では、米は日常庶民の口には入らないほど貴重であったことから考えて、主にひえ、あわ、きび等の雑穀を主体とした焼酎が造られていたものと推測されます。

　また、甘藷（サツマイモ）が鹿児島へ伝わったのは17世紀に入ってからで、芋焼酎が鹿児島で造られるようになったのは17世紀中頃以降であったと推定されます。したがって、それまでは南九州では雑穀を主体とする穀類焼酎が定着していたものと考えられます。

　明治時代になり、黒麹菌がクエン酸をたくさん造るという優れた特性をもっていることを知り、南九州では明治末期にそれまで使われていた黄麹菌に代わって黒麹菌を使用するようになりました。

　これにより醪（もろみ）の健全な発酵が可能となり、品質が向上し収量も増加したといわれています。大正年間に黒麹菌の突然変異菌である白麹菌が分離され、第2次世界大戦後は徐々に白麹菌に代わりましたが、最近では、黒麹菌を用いた焼酎の特徴が見直され、芋焼酎を中心に泡盛以外でも黒麹菌を使用した製品（いわゆる「「黒○○」）が増えています。

　近年になってからの体験的考証としては、沖縄県の歴史研究家である東恩納寛 惇（ひがしおんな かんじゅん）氏が戦前（1945年以前）、タイ王国の焼酎醸造場を訪れた際、そこで見た「ラオ・ロン」という米から造った蒸留酒の風味が沖縄の泡盛と実によく似ていたという事実と、使用されていたカメや蒸留機なども当時の沖縄の泡盛のものとよく似ていたと報告しています。

　また、中尾佐助（なかお さすけ）・大阪府立大学名誉教授や、小崎道雄（こざきみちお）・東京農業大学名誉教授らは、それぞれ別々に東南アジアを学術調査した際にも、かつて日本で使用されていた型の蒸留機の原型がみられたと報告しています。

（3）焼酎に関する記録

　焼酎は室町時代の後期に日本に伝えられましたが、次ページ【図表1－4－1】にその主な記録を示します。

　永禄2（1559）年の郡山八幡（こおりやまはちまん）の木札は、昭和29（1954）年に鹿児島県大口市（現・伊佐市）の郡山八幡神社の社殿改築の際に発見されました。

　そこには、永禄2年8月11日署名入りで「其時座主ハ大キナこすてをちやりて一度も焼酎ヲ被下候」（工事の時、施主が大変けちだったので一度も焼酎を振る舞ってくれなかった）という落書きがしてありました。この頃、すでに焼酎が飲まれていたことが分かります。

　江戸時代の初めには、薩摩の島津家が琉球酒を徳川家に献上する記事が多く見られます。また、寛永15（1638）年の松江重頼（まつえ しげより）「毛吹草（けふきぐさ）」、元禄8（1695）年の平野必大（ひらの ひつだい）「本朝食鑑（ほんちょうしょっかん）」、享保4（1719）年の新井白石（あらい はくせき）「南島誌（なんとうし）」などに焼酎、泡盛に関する記述が見受けられます。

【図表１－４－１】焼酎関連の古記録

年　代	記録の内容
永禄２（1559）年	郡山八幡の木札
天正６（1578）年	琉球使節が島津へ「唐焼酒、老酒、焼酒」を献上
慶長元（1596）年	船頭の父親宅で「勝酒を相共に喫了」（藤原窩惺：薩摩行日記）
慶長２（1597）年	三重の酒ということあり、酒を煎じそのいきの雫を受けとめてそれを三度煎じたるをいう（よだれかけ草紙）
慶長17（1612）年	島津家久琉球酒二壺を献ず（徳川実紀・駿府記）
元和２（1615）年	家康の形見わけのリストのなかに「一、十四貫目、しやうちゆう萱壺」という記述がある
寛永11（1634）年	島津家久中山王をつれ琉球焼酎５瓶を献上（徳川実紀・吉良日記）
寛永15（1638）年	各地の名産として山城の味淋酎、消酎、薩摩のアワモリ酒（松江重頼：毛吹草）
天保２（1645）年	島津光久を介し中山王より焼酎３壷を献上（徳川実紀・吉良日記）
慶安２（1649）年	焼酎を名酒のなかに数える（松井貞徳・貞徳文集）
元禄８（1695）年	焼酎一俗二訓ス志也宇知宇ト・・泡盛ハ多ク薩侯ノ家ニ出ツ…又火酒ト云フ者有前肥侯ノ家ニ出ツ…附方小水通ワザルハ焼酎或泡盛ヲ冷水三和シ而之ヲ飲スルトキハ則験アリ（平野必大・本朝食鑑）
元禄11（1698）年	琉球王から甘藷苗が種子島領主島津久基に贈られる
宝永６（1709）年	薩州粟盛古来之れ有り（貝原益軒・大和本草）
享保４（1719）年	泡盛の製造法を記す（新井白石：南島誌）
安永６（1777）年	酒にあらきというは本草焼酎の下に阿剌木とみえたり蛮語なるべし（谷川士清・倭訓栞）
寛政４（1792）年	阿久根焼酎名品なり　大阪江戸に出る（薩州産物考）

2　本格焼酎の原料

　本格焼酎の原料は、麹原料と主原料に分けられます。麹原料は、米を主に使用していましたが、麦100％の焼酎では麹も大麦で造られています。主原料は、米、大麦、甘藷（サツマイモ）、そば、黒糖、酒粕などですが、原料の多様化が進み、栗、胡麻、ジャガイモ、ニンジン、緑茶など数多くの原料が使われています（【図表1－4－2】参照）。

　また、九州、沖縄地方が中心であった焼酎の製造は、全国で広く行われるようになり、各地の特産物を使った焼酎も増えています。

【図表1－4－2】本格焼酎と表示することができる原料

　あしたば、あずき、あまちゃづる、アロエ、ウーロン茶、梅の種、えのきたけ、おたねにんじん、かぼちゃ、牛乳、ぎんなん、くず粉、くまざさ、くり、グリーンピース、こならの実、ごま、こんぶ、サフラン、サボテン、しいたけ、しそ、大根、脱脂粉乳、たまねぎ、つのまた、つるつる、とちのきの実、トマト、なつめやしの実、にんじん、ねぎ、のり、ピーマン、ひしの実、ひまわりの種、ふきのとう、べにばな、ホエイパウダー、ほていあおい、またたび、抹茶、まてばしいの実、ゆりね、よもぎ、落花生、緑茶、れんこん、わかめ

　次に、主な原料の特徴をみてみましょう。

（1）米

　米は、米焼酎の麹米、主原料として利用されるほか、泡盛の麹米としても利用されます。さらに、他の本格焼酎の麹原料としても利用されます。

　米は、ジャポニカ種とインディカ種の2つに大別されます。

　ジャポニカ種は、短くて丸みのある形状で炊くと粘り気やつやが出るのが特徴です。インディカ種に比べ寒い気候を好み、日本、韓国、中国（東北地域等）、台湾などの東アジアのほか、アメリカ（カリフォルニア）、オーストラリア南東部などでも

生産されています。

　インディカ種は、ジャポニカ種に比べ細くて長い形状をしており炊くとパサパサしているのが特徴です。世界的はインディカ種の方が多く生産されています。ジャポニカ種に比べ暑い気候を好み、主な生産地域は、インド、中国（南部地域等）やタイ、ベトナム等の東南アジアなどアジア地域ですが、アメリカ南部、ブラジルなどでも生産されています。

　焼酎の原料としては、ジャポニカ種である国産の粳米（うるちまい）を約90％の精米歩合の白米とし、さらに食品加工用としてロールで破砕したものを使用しています。

　ただし、沖縄の泡盛製造では、インディカ種のタイ産米が使用されています。いつからタイ産米の使用が始まったかは明らかではありませんが、大正の末にタイ産米の使用が始まり、昭和以降にタイ産米の使用が定着したと考えられています。沖縄返還に際して、これまで使用してきたタイ産米に代え、国産米を使用するか問題となりました。国税庁醸造試験所（現酒類総合研究所）の指導の下、泡盛製造場において国産米による試験醸造が実施されましたが、泡盛本来の風味が得られないという結論が導き出され、沖縄返還後もタイ産米の使用が特別に認められました。

（2）大麦

　大麦は、昭和50年代まではオーストラリア産の大麦が使用されていましたが、昭和60年頃から日本産大麦の生産量が増加したため、国内産大麦の使用も増えています。

　大麦には六条大麦、二条大麦（ビール麦とも呼ばれる）などがありますが、大粒の二条大麦が主に使用されます。大麦は、清酒で玄米の外層を糠として削り白米とするように、外層をフスマとして除く「精麦（せいばく）」を行ってから用います。

　焼酎の原料大麦では、精麦歩合60〜65％の丸麦が一般に使用されていますが、一部は精麦後に溶解性向上のため圧扁（あっぺん）処理を行った「押麦（おしむぎ）」も使用されています。

　輸入大麦と日本産大麦とを比較すると、輸入大麦は外観が黄味を帯びていて、日本産大麦に比べ水分が少なく、デンプン価が高く、アルコール収得量が多い傾向にあります。また、粒度・品質は揃っていて、原料処理はしやすい傾向にあります。

　一方、日本産大麦は、外観が白っぽく、柔らかく精麦しやすい等の特徴がありますが、アルコール収得量は少ない傾向にあります。

（3）甘藷（サツマイモ）

　芋焼酎の原料であるサツマイモは、ヒルガオ科の植物で、根の一部にデンプンが蓄積して塊根となったものです。原産地は、中央アメリカであるといわれています。

　日本へは17世紀初め頃琉球に伝わり、その後平戸（長崎県）、薩摩、そして江戸へと伝えられました。江戸時代、やせた土地でも良く育ち、飢饉の時に人々を救う作物として、幕府が青木昆陽に命じ、元文2（1737）年に試験栽培させ、以後、広く全国に普及しました。

　現在では、広く全国で栽培されていますが、主産地は南九州と関東です。なかでも、鹿児島は全国生産量の約3割を占め、都道府県別でもっとも生産されています。

　焼酎の原料として最も使用されているのは、皮色が白味を帯びた品種であるコガネセンガンです。一方、最近では様々な品種が使用されるようになりバラエティが豊かになりました。コガネセンガンと同様、皮色が白味を帯びた白系の品種として、シロユタカ、ジョイホワイト、シロサツマ、農林2号等が、皮色が赤紫色を帯びた紅系の品種として、ベニサツマ、ベニアズマ、なると金時、高系14号等が、肉色が紫色を帯びアントシアニンという紫色の色素を豊富に含む紫系の品種として、エイムラサキ、ムラサキマサリ、アヤムラサキ等が、肉色が橙色を帯びカロチンを多く含む橙系の品種として、安納芋、タマアカネ、ハマコマチ等が使用されています。白系のジョイホワイトから造られる焼酎は、柑橘類や花の香りの成分が特に多く、すっきりした香味になります。紫系の甘藷から造られる焼酎は、赤ワインやヨーグルトのような香味になります。橙系の甘藷から造られる焼酎は、茹でたニンジンやカボチャ、パパイヤなど南国の果物のような香味になります。

　サツマイモは、掘った後は傷みやすく、そのままでは米や麦のように長期に貯蔵することが難しいことから、掘った芋はすぐに焼酎製造場に運ばれ処理されるのが一般的です。そのため、生の芋を使う焼酎の製造は、サツマイモが収穫される8月から11月頃までに限定されます。

（4）その他

①　そば

　そばは、殻が硬く水を吸い難いので、脱殻した後にそのままもしくは破砕した挽き割りそばにして使用します。

②　黒糖

　黒糖は、サトウキビの搾り汁を煮詰めた黒褐色のもので、糖分（砂糖）が90％弱あります。黒糖の使用時には水に溶解し加温して殺菌します。

③　酒粕

　酒粕は、そのまま蒸籠で蒸留する場合と、水と混ぜて再発酵させた後に蒸留する方法で使用されます。

3　本格焼酎の製造工程

　本格焼酎の製造法は、64ページの【図表１－４－３】に示すとおりです。

　清酒の製造と異なるのは、蒸留工程があることと、清酒の酒母、醪工程が焼酎では一次醪、二次醪になっていることです。発酵の形式は清酒と同様に並行複発酵です。

　まず、麹造りからみてみましょう。

（１）麹

　米、大麦等のデンプン質原料を蒸し、これに麹菌を増殖させたものが麹です。清酒の製造に用いられる麹と同様に、焼酎麹の役割は、麹菌の生産する糖化酵素が醪中でデンプンを酵母が発酵しうる糖質に分解することです。

　焼酎麹では、清酒麹にないもう一つの特徴があります。それは、麹菌の生産する多量のクエン酸を含んでいることです。焼酎醪も、雑菌に汚染されない健全な発酵を行わせるためには醪の酸性を強くする必要があり、そのための酸を焼酎麹から得ています。

　そのため、麹菌といっても、焼酎麹は清酒麹に使われる「黄麹菌」（アスペルギルス・オリゼー）ではなく、クエン酸を多量に生産する「黒麹菌」（アスペルギルス・リューキューエンシス）や「白麹菌」（アスペルギルス・カワチ）を使用して麹を造っています（なお、最近まで黒麹菌は「アスペルギルス・アワモリ」と呼ばれていました）。

　ところで、黒麹菌とか黄麹菌という呼び方は、麹菌の胞子の色からきています。白麹菌は黒麹菌が突然変異（色変わり）したもので、実際の胞子の色は茶色ですが、白麹菌といっています。白麹菌は、親株の黒麹菌のように麹を造る作業時に人の衣服を黒く汚すことがないため、泡盛以外では広く使われています。

　麹の造り方には、蓋麹法（在来法）、箱麹法、床麹法、機械製麹法等があり、清酒の場合と同様です。麹造りに要する時間は約40時間で、清酒の場合よりやや短いくらいです。

　焼酎麹造りの特徴は、清酒と全く異なり、温度操作として前半は高く（40～42℃）、後半は低く（30～35℃）することです。こうすることによって、麹菌の増殖を促すとともに、クエン酸を大量に生産させます。なお、後半の温度を下げない場合はクエン酸の生産は少なくなります。

　麹の原料は米または大麦で、麦焼酎以外では主として米麹が使われています。麦焼酎では麦麹が使われますが、精麦歩合60〜65%の大麦は、吸水速度が速く水をよく吸収するため、洗麦、浸漬、水切りなどの原料処理に注意が必要なこと、また、大麦は米に比べて栄養分が多いので、増殖しやすく、温度管理がやや難しいなどの特徴があります。

（2）一次醪

　一次醪は、清酒の製造工程の酒母のようなもので、麹と水に酵母または先に造った一次醪の少量を添加して仕込みます。これを3〜8日間発酵させると、二次醪の発酵に充分な優良な酵母が多量に増殖します。
　一次醪の酒母的要素として、①元気の良い優良酵母が純粋でたくさんいること、②雑菌による腐造防止のためのクエン酸やアルコールが充分であること、の2点が必要です。標準的な発酵経過は、25℃で仕込むと醪の最高品温は30℃くらいになり、約一週間でアルコール分が13〜15%になり発酵は終了します。麹の酸度が低く、一次醪の酸度が不足する場合は、酸度16以上に補酸します。

　沖縄で造られる泡盛は、一次仕込みだけで蒸留する製造法を行っています。泡盛醪の発酵は、終了までに15〜20日間、アルコール分は18%くらいになります。泡盛は、麹と水と酵母のみで発酵する特徴があります。

（3）二次醪

　熟成した一次醪に、蒸して冷却した主原料と水を加えて二次仕込みを行います。二次仕込みでは、麹は添加しません。主原料の違いによって、製造法は多少異なりますが、サツマイモの場合、仕込みの翌日から温度が急昇して最高温度は32〜35℃となり、醪が反転して盛んに発酵し、10日間ほどで終了します。米や大麦の場合は、もう少し穏やかな発酵経過をたどり、終了までに15日間ほどを要します。発酵終了時の醪のアルコール分は、サツマイモで13%、米・麦で17〜18%、黒糖で15%程度です。

　仕込容器は、ステンレスや琺瑯（ほうろう）のタンクが多いのですが、土中に埋め込んだカメを使用しているところもあります。

【図表１－４－３】本格焼酎の製造工程

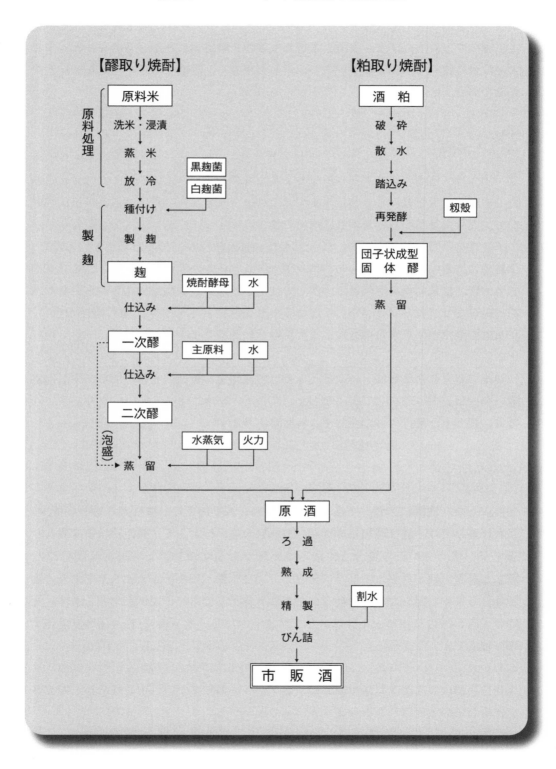

（4）蒸留

　二次醪の発酵が終了すると、蒸留工程に移ります。本格焼酎の蒸留は、単式蒸留機で行われます。従来は、常圧（大気圧）で蒸留されていました（「常圧蒸留法」）が、風味を柔らげる目的で「減圧蒸留法」も普及しています。

　蒸留前の二次醪のアルコール分は、原料によって異なり、およそ13〜18％程度ですが、蒸留により30〜45％のアルコール分の蒸留液すなわち本格焼酎を得ることができます。

　次に、常圧蒸留法と減圧蒸留法について、もう少し詳しく見てみましょう。

① 常圧蒸留法

　二次醪は、次ページ【図表1－4－4】のような蒸留機の蒸留缶に入れられ、蒸気が吹き込まれます。

　加熱されて沸騰すると、蒸気は「ワタリ」と呼ばれる筒状の管を通って冷却器で冷やされ、液体に戻ります。本格焼酎のできあがりです。水の沸点は100℃、純粋アルコールの沸点は約78℃です。アルコールを含む醪は100℃よりやや低い温度で沸騰し、蒸留の終わりには蒸留缶内の温度が100℃前後になります。蒸留では、水とアルコールのほかに多くの種類の微量成分が留出してきます。これが、本格焼酎に複雑な香味を与え、酒質を構成する主要成分になります。

　蒸留によって出てくる液体を「留液」といいますが、留出してくる時期により、初留、中留、後留と呼んで区分しています。

　アルコール分は初留が高く、後留になるほど低くなります。アルコールとともに留出する微量成分は、初留区分では高濃度のアルコールに溶けやすいフーゼル油や、アルデヒド、エステルなどの低沸点成分が多く、後留区分では水に溶けやすい酸や蒸留時の加熱によって生成される焦げ臭い成分（主としてフルフラール）が多くなっています。中留区分はアルコール分が25〜55％ですが、最も品質の良い区分とされています。

　蒸留機の構造や操作法は、製品の狙いとする品質目標によって変わってきます。場合によっては、経済性や物理学上の理論と相容れないこともあるようです。

　蒸留機には、醪を加熱する方法の違いによって直火焚き、スチーム吹き込み、スチームによる間接加熱及びスチーム間接・吹き込み併用等があります。粕取り焼酎では、酒粕に籾殻を混和して蒸して蒸留する「セイロ型蒸留機」が使用されます。この方法は、中国の白酒の製造に用いる固型醪の蒸留法とほぼ同じものです。

【図表１−４−４】常圧蒸留機

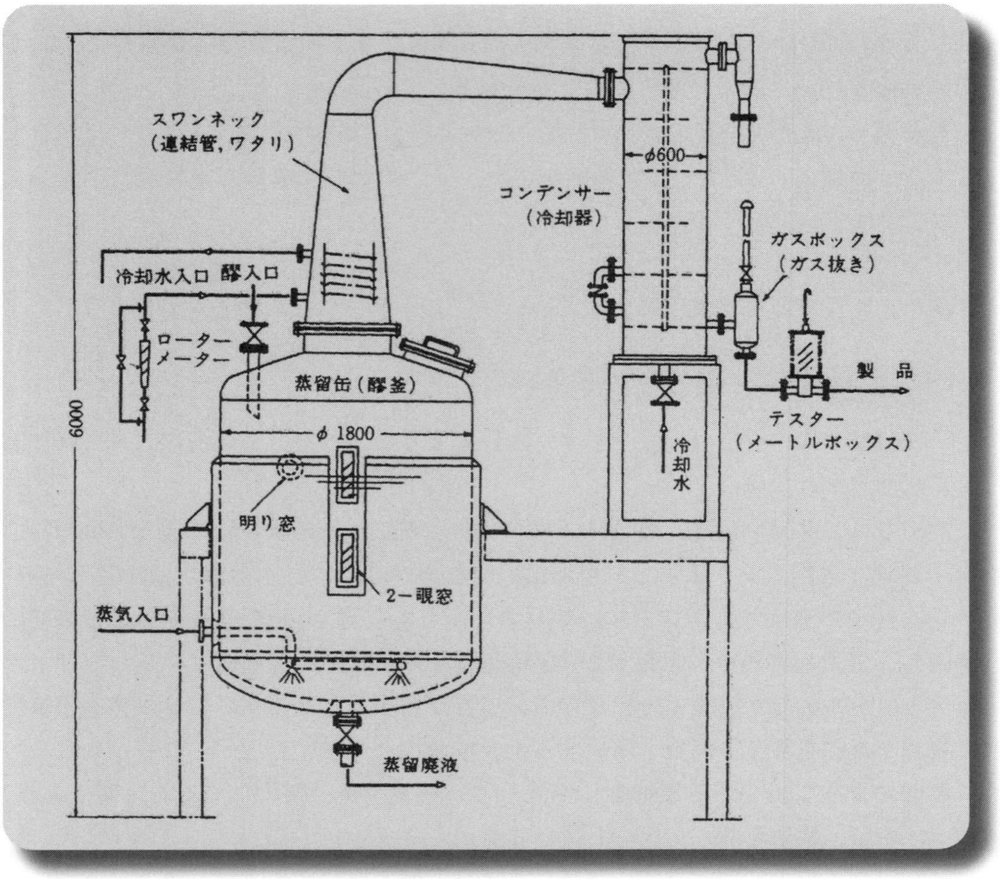

②　減圧蒸留法

　富士山の山頂のような気圧が低い所では、水は100℃よりも低い温度で沸騰します。この原理を応用したのが減圧蒸留法です。

　蒸留機を密閉し、中の空気を抜いて減圧してから加熱することによって、蒸留缶の醪は40〜60℃で沸騰し、その蒸気を冷却することで留液が得られます。沸騰で蒸気になることと、冷やされて液体になることがバランスして、減圧状態が保たれます。常圧蒸留では、約100℃という蒸留温度中に種々の化学反応が起こり、後留区分に焦げ臭い成分が留出しますが、減圧蒸留では蒸留温度が低いためこのような反応が少なく、香味とも非常にマイルドな焼酎となります。

　減圧蒸留法では、蒸留缶内の減圧度を維持するため、加熱の方法が間接加熱になります。直接、蒸気を吹き込む加熱はしません。

　蒸留後に蒸留缶に残ったものを「蒸留粕」と呼びますが、減圧蒸留では、蒸留前の蒸留缶の醪の量から本格焼酎として製品化された量を引いたものが蒸留粕量となります。一方、常圧蒸留では、蒸気を吹き込んで加熱するため、蒸留粕は元の量の20％程度増えてしまいます。蒸留粕には、クエン酸などの成分が含まれていて、有効利用することができます。

　減圧蒸留法は昭和50年代に導入され、ソフトタイプの製品として高い評価を受け、10年間ほどで本格焼酎の主流となっています。減圧蒸留の製品は、高沸点成分量が著しく少なくなり、味の濃醇さは減少しますが、きれいで軽快な酒質を示します。

【図表１－４－５】減圧蒸留機

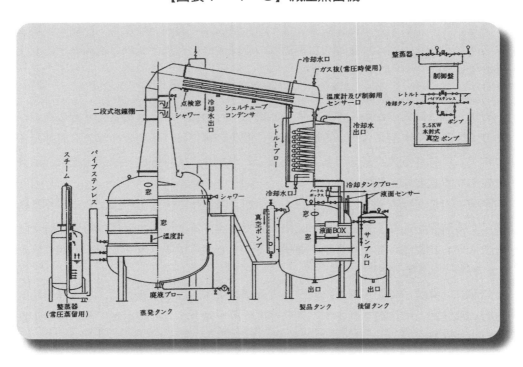

（5）貯蔵・熟成

　蒸留された本格焼酎は、ろ過等の精製を行った後、香味の調和を整えるためタンクなどに貯蔵し、熟成させます。蒸留直後のお酒は、刺激的な匂いと荒々しいピリピリした味がして非常に飲みにくいものです。貯蔵によりこれら香味の欠点が除かれ、きめ細かく丸くなり飲みやすくなります。このような酒質の変化を「熟成」といっています。

　本格焼酎の熟成変化は、初期の低沸点成分が急激に変化する段階、次の脂肪成分が酸化分解する段階、さらに香味成分が安定し、かつ濃縮される段階に分けられます。

　すなわち、蒸留後3〜6ヵ月間の初期段階では、低沸点のイオウ化合物、カルボニル化合物が主として揮散により消失し、刺激臭が減少します。続いて、3年までの中期段階ではカルボニル化合物の縮重合、不飽和脂肪酸エステル類等の脂肪成分の酸化分解による変化が起こります。

　さらに、3年以上の古酒化段階では不揮発性成分の濃縮、酸類とアルコール類によるエステル化、バニリン等の古酒固有の香味成分の形成、丸みの増加などの変化が営まれます。

　貯蔵管理は時間のかかる作業ですが、適切に行わないと品質を劣化させる場合があります。本格焼酎に含まれる脂肪成分の酸化分解では、脂肪分の調節を間違えると油臭と呼ばれる欠点臭を出してしまうことがあります。貯蔵・熟成工程は、品質を左右する重要な工程です。

　蒸留した焼酎はろ過等の精製を行いますが、精製する方法の一つにイオン交換樹脂による精製があります。イオン交換樹脂で処理すると、イオン性の物質が除かれることから、風味が変わります。煙様の香りを有するフルフラールなども取り除かれ、軽快で淡麗な焼酎になります。

　一般に、蒸留してから初期の低沸点成分が減少する段階を経れば、ろ過等の精製を行い瓶詰めして出荷されます。長期熟成焼酎を除き多くの焼酎は、蒸留後1年以内に出荷されます。

4　本格焼酎の種類

　本格焼酎の原料は麹原料と主原料に分けられますが、焼酎の種類は主原料によって決められています。ただし、沖縄の泡盛は原料が米麹のみで造られていることもあり、泡盛として分けています。

　その味わいについては、同じ米焼酎でもかなり違うものがあります。それは、蒸留法が常圧蒸留か減圧蒸留かによる差、イオン交換樹脂処理などの精製による差が大きいからです。伝統的な風味を重んじる製品では、多くは常圧蒸留の単独製品として出荷されますが、米、大麦等の穀類製のものでは、減圧蒸留したソフトタイプの製品が多くなっています。

（1）泡盛

　泡盛は、沖縄県特産の米焼酎です。タイ国産の砕米等を原料として、黒麹菌を使用します。黒麹と水に泡盛酵母を加えて仕込んだ一次醪を直接蒸留している特徴があります。他の焼酎に比べ香味が濃醇な傾向があります。また、アルコール分45％以下の原酒を南蛮がめ等で3年以上貯蔵、熟成させた古酒（クース）は特有の香味があり珍重されています。

　焼酎が初めに日本に伝来したのは沖縄で、15世紀中頃には定着したと考えられます。したがって、泡盛は我が国の焼酎の元祖であるともいえます。

（2）米焼酎

　米焼酎は米を主原料とした焼酎です。一般には熊本県球磨郡及び人吉市で生産される「球磨焼酎」が有名です。

　米焼酎の製造法は、白麹菌を用いた米麹と焼酎酵母を添加した一次醪を約6日間発酵させた後、蒸米と水を加えて2次醪を仕込みます。二次醪の仕込み後12～14日間発酵させ蒸留します。

　伝統的な常圧蒸留法による米焼酎は、濃醇で丸い味が特徴ですが、最近では減圧蒸留法が広く用いられ、製品の香りが高く軽快な米焼酎が多くなっています。

（3）麦焼酎

　麦焼酎には、麹に米を使う場合と、大麦を使う場合があります。前者は長崎県の壱岐島などで行われ、後者は大分県をはじめ全国で広く行われています。最近では、麦の香りが調和した常圧蒸留製品のほか、減圧蒸留法やイオン交換樹脂処理が採用され、香味が軽快で飲みやすいタイプの製品が増えています。

　長崎県壱岐島で麦焼酎が造られ始めたのは、江戸時代の末期（19世紀初め頃）であろうと言い伝えられています。壱岐島は米作の豊かな島であり、元来は清酒が造られていましたが、幕府の参勤交替制が施かれてから藩の財政が逼迫し、米の供出が厳しくなったため、清酒の不足分を麦焼酎で補うようになり、現在では麦焼酎が島の主産品になっています。

（4）芋焼酎

　芋焼酎は、甘藷（かんしょ）（サツマイモ）の主産地である鹿児島県、宮崎県及び東京都下の伊豆諸島などで造られています。

　サツマイモは、水分が多くデンプン価が低いので、仕込みに加える水の量を米や麦などの焼酎と比べ少なくするのが芋焼酎の製造法の特徴です。また、サツマイモの傷み、黒斑病等の原料由来の異臭や苦味による酒質の低下を防止するため、原料処理の段階でサツマイモの両端部及び病痕部などの切除を人の手で行っています。

　芋焼酎は、蒸し焼きにしたサツマイモの芳香とサツマイモ特有のソフトな甘味があり、水または湯と焼酎をどのような割合で混ぜても、風味のバランスがくずれないのが特徴です。

　東京都下の伊豆諸島でも芋焼酎が造られています。その歴史は、江戸時代末期、ペリーが黒船に乗って日本に来たころに、鹿児島県の阿久根出身の貿易商、丹宗庄右衛門（たんそうしょうえもん）が八丈島に流罪となり、同地で栽培されていた甘藷を見て、故郷の鹿児島から焼酎の製造設備一式を取り寄せ、芋焼酎の製造法を島民に伝えたのがその始まりです。

（5）そば焼酎

　そば焼酎は、宮崎県の高千穂地方が主産地ですが、最近では長野県等の各地でも造られています。

　そば焼酎の風味は、そば特有の香りと軽快な味であり、若者に好まれるタイプです。

（6）黒糖焼酎

　黒糖焼酎は鹿児島県の奄美諸島のみで造られている焼酎です。特産の甘蔗（サトウキビ）の搾汁を濃縮した黒糖の最上級品を原料としています。第２次世界大戦下の物資の不足時代に奄美諸島で焼酎の原料として使用され、誕生しています。黒糖特有の甘い香りが特徴です。

　黒糖焼酎は米麹で一次醪を仕込み、一次醪に加熱溶解した黒糖液を冷却して加え、二次醪とします。黒糖は糖分ですので酵母によって直接発酵できますが、黒糖のみを発酵させてできるラム酒と区別するため、麹を使用しています。

　奄美諸島が昭和28（1953）年に本土復帰した際に、それまでの実績が尊重され、島民の酒である黒糖焼酎は、酒税法上、ラム（スピリッツ）に分類されずに本格焼酎の仲間入りをしています。

（7）酒粕焼酎（粕取り焼酎）

　清酒の副産物である酒粕から造られることから、清酒メーカーで多く造られています。伝統的な製法の粕取り焼酎は、籾殻の香りのある強烈な風味があります。一方、水を加えて再発酵させた後、減圧蒸留したものはソフトで芳香のある風味になっています。

　伝統的な粕取り焼酎は、北九州の清酒どころである福岡県を中心に17世紀頃から造られていたといわれています。当時、粕取り焼酎は農民にとって稲作に欠かせない諸行事の祝い酒として、また、蒸留後の粕は貴重な肥料とされていました。田植えの終わったお祝いのお酒として、「早苗饗焼酎」とも呼ばれていました。また、九州の方言では晩酌のことを「だりやみ」（疲れをいやすという意味）といいますが、いずれの呼称も農業に密着した実感がにじみ出ています。

5　地理的表示

　地理的表示制度とは、酒類の確立した品質や社会的評価がその酒類の産地として本質的な繋がりがある（主として帰せられる）場合において、その産地名を「地理的表示」として独占的に名乗ることができる制度です。酒類への地理的表示の使用は、単に正しい産地であるかを示すだけではなく、その品質についても一定の基準を満たした信頼できるものであることを示すことになります。

　世界的に有名な地理的表示としては、蒸留酒ではブランデーの「コニャック」や「アルマニヤック」、ウイスキーの「スコッチ」、などがあります。

　我が国においては、焼酎では「壱岐」（長崎県壱岐市）、「球磨」（熊本県球磨郡及び人吉市）、「琉球」（沖縄県）、「薩摩」（鹿児島県（奄美市及び大島郡を除く））が地理的表示として指定されています。

　「壱岐」は、地名を冠することを国際的に認められた麦焼酎の産地です。米こうじ及び長崎県壱岐市の地下水を使い、長崎県壱岐市において単式蒸留機で蒸留し、容器に詰めたものに限り、「壱岐」と表示することが許されています。

　「球磨」は、地名を冠することを国際的に認められた米焼酎の産地です。国内産の米、米こうじ及び球磨川の伏流水である地下水を使い、熊本県球磨郡又は人吉市において単式蒸留機で蒸留し、容器に詰めたものに限り、「球磨」と表示することが許されています。

　「琉球」は、地名を冠することを国際的に認められた泡盛の産地です。米こうじ（黒麹菌を用いたものに限る）を原料として、沖縄県内において単式蒸留機で蒸留し、容器に詰めたものに限り、「琉球」と表示することが許されています。「泡盛」の表示と組み合わせて「琉球泡盛」と表示されることが多いです。

　「薩摩」は、地名を冠することを国際的に認められた甘藷焼酎の産地です。米こうじ又は鹿児島県産の甘藷を用いたこうじ及び鹿児島県産の甘藷を原料として、鹿児島県内（奄美市及び大島郡を除く）において単式蒸留機で蒸留し、容器に詰めたものに限り、「薩摩」と表示することが許されています。

【図表1-4-6】地理的表示の指定（焼酎）

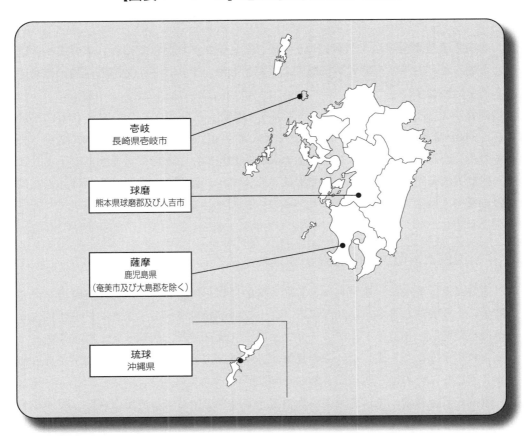

6　連続式蒸留焼酎（焼酎甲類）

　連続式蒸留焼酎とは、一般には、「ホワイトリカー」として知られています。前にも述べたとおり、連続式蒸留機により蒸留した、アルコール分36％未満の酒類のことをいいます。

　酒税法上、従来は「焼酎（しょうちゅう）甲類」と分類されていましたが、平成18（2006）年の改正によって、「連続式蒸留焼酎（しょうちゅう）」の名称に変更されました。ただし、現在でも焼酎甲類の名称を使用することはできます。

　連続式蒸留焼酎は、そのままでも飲まれますが、梅酒などの果実を漬け込んだ酒の原料や、最近では種々のチューハイのベースとして飲まれています。

（1）連続式蒸留焼酎の歴史

　連続式蒸留焼酎は、蒸留方法として連続的に醪を供給し、連続的に蒸留酒を得る方法により製造します。1826年にスコットランドのロバート・スタインが連続式蒸留機を発明し、1831年イニアス・カフェにより改良され、グレーン・ウイスキーが造られるようになりました。この装置が日本に導入され、連続式蒸留焼酎が造られるようになったのは、明治33（1900）年頃といわれています。

　連続式蒸留機は、単式蒸留機に比べアルコールを精留する能力が高く、純粋なアルコールを得ることができるのが特徴です。

（2）連続式蒸留焼酎の原料

　連続式蒸留焼酎は、デンプン質または糖質を原料とします。現在は、糖蜜（サトウキビから砂糖をつくる際に副生する、糖を多く含んだ粘調で黒褐色の液体）を原料とするものが大部分で、その他、純アルコールの単純な風味を補うため、大麦、米、トウモロコシ、タピオカ（熱帯、亜熱帯地方で栽培されているキャッサバからとれるデンプン）などが使用されています。

　日本では、以前は糖蜜を輸入し発酵させて連続式蒸留焼酎を製造していましたが、発酵蒸留残渣等の処理の負担を軽減させるため、糖蜜原産国で発酵させ、簡単な蒸留を行った粗留アルコール（原料由来の揮発成分やフーゼル油など種々の成分を含む）を輸入し、それを原料として連続式蒸留機による精留を行うようになりました。

7　連続式蒸留焼酎の製造工程

　連続式蒸留焼酎の造り方は、次ページの【図表１－４－７】のとおりです。

　まず糖蜜に水を加え、酵母が生育しやすい濃度まで希釈し、加熱して殺菌し冷却します。このうち約10％を酒母用に、残りを醪用に使用します。酒母は健全な酵母の増殖を目的とし、通気により酵母を短時間で増殖させ、これを醪用の糖蜜に加え、数日間発酵させます。

　この発酵醪を連続式蒸留機で蒸留します。連続式蒸留機の蒸留塔の内部は、数十段の水平棚で構成されています（76ページ【図表１－４－８】参照）。塔の中間付近の棚に連続的にアルコールを含む醪液を注入し、最下段から蒸気を吹き込みます。投入された液は棚からあふれ順次下段へ流れ落ち、その間に、アルコールを含む蒸気は上方の棚に上がり、上段の棚にたまっているアルコール分留液の中に溶け込みながら、蒸発蒸気としてさらに上段に昇ります。

　このように各棚で凝縮と沸騰を繰り返すことで、棚の上段ほどアルコール成分が濃縮されて行きます。

　現在、連続式蒸留焼酎のほとんどは、「スーパーアロスパス式連続蒸留機」が用いられています。通常の蒸留では、アルコールと沸点の近い不純成分（フーゼル油と呼ばれる）はアルコールと共沸状態となり、沸点の差だけでフーゼル油を分離することは困難です。そこで、フーゼル油を含むアルコールに温水を加え、いったんアルコール濃度を下げて蒸留すると、フーゼル油に比べ水との親和性の強いアルコールは揮発しにくくなり、フーゼル油との間に揮発度の差が生じることでアルコールからフーゼル油を分離することが可能となります。

　スーパーアロスパス式の蒸留塔の中では、このような揮発度や沸点の差に応じ、各種成分が蒸留塔の別々の棚に濃縮していきます。そして、適当な棚からアルコール濃度の高い蒸気を取り出し、続く複数の蒸留塔を通して、濃度96％のほぼ純粋なアルコールが精製されます。

　このようにして得られたアルコールは、雑味や不純物のないニュートラルな酒質になり、ロックや水割りはもちろん、チューハイのベースに適しています。

　一方、そのまま酒として飲むには物足りないこともあり、風味付けとして大麦、トウモロコシ、米、清酒粕などを原料に風味が残るように工夫して連続蒸留したものをブレンドする場合もあります。さらに、樫樽貯蔵を行い、樽香と味に丸みをもたせたものをブレンドする方法も行われています。

【図表１－４－７】連続式蒸留焼酎の製造工程

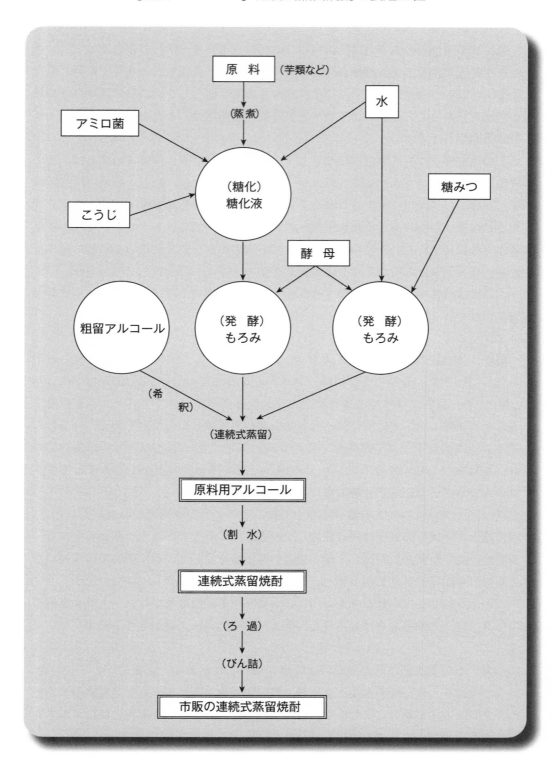

【図表1-4-8】連続式蒸留機の蒸留塔

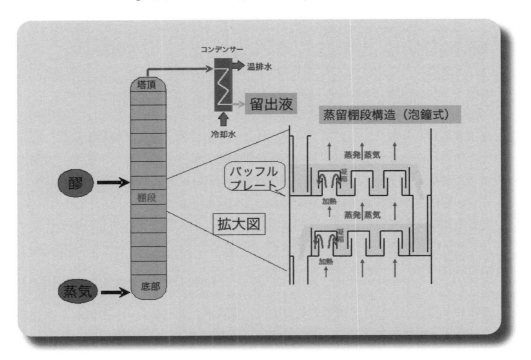

8　連続式蒸留焼酎の種類

　連続式蒸留焼酎は、チューハイなどのベースや、リキュールの材料、カクテルづくり、家庭での果実酒のベースなどに用いられるピュアなアルコールですので、本格焼酎のような種類というものはありません。

　先にも述べたとおり、酒税法では、アルコール含有物を連続蒸留機で蒸留したもので、アルコール分36度未満のものが連続式蒸留焼酎と定義されています。連続式蒸留機で蒸留したものであっても、アルコール分36度以上45度以下のものはスピリッツ、45度超の場合は原料アルコールとして区別されます。

　市販の連続式蒸留焼酎のアルコール度数には20、25、30、35度のものがあります。また、4〜8度の缶入りチューハイ（チューハイの中には、リキュールや雑酒に該当するものもあります）が広く飲まれています。

　香味の多様化を目的に、連続式蒸留焼酎と単式蒸留焼酎を混和した製品がありますが、単式蒸留焼酎のブレンド割合が5％以下のものは、単に連続式蒸留焼酎の表示だけですませることができます。5％を超える場合は、「連続式・単式蒸留焼酎混和」または「焼酎甲類乙類混和」と表示されます。

第5章　みりん

　日本の伝統的な酒類であるみりんは、主に料理に使われています。

　料理用に使われる酒類には、みりんのほかに酒税法では「リキュール」に分類される灰持酒（赤酒、地酒、地伝酒）があります。

　また、酒税法上の酒類には該当しませんが、発酵調味料やみりん風調味料などもあります。

1　みりんの歴史

　みりんが造られるようになったのは室町時代と考えられています。その発生起源については諸説ありますが、その代表的な説は中国伝来説と日本発生説です。

　中国伝来説は、中国清明の時代の『湖雅巻八造醸』という書に「蜜淋（ミイリン）」と呼ばれる甘い酒があったという記述があります。この蜜淋が、日本の戦国時代に中国から渡来したという説です。

　また、日本発生説は、もともと甘口酒の製造法として、お酒にもち米や麹を仕込む方法があり、できた酒は「練酒」などと呼ばれて貴重品でした。しかし、アルコール度数が低いと製造の途中で変敗することがあったと思われ、アルコール度数を高くして腐敗を防止する技術として焼酎が加えられ、保存性の良い、甘味の強いみりんができるようになったという説です。

　いずれにしろ、みりんは原料に蒸留酒である焼酎を使うので、日本に蒸留技術が伝来してから製造が始まったことになりますが、日本独特の酒です。

　江戸時代に入ると甘口の酒として広く愛飲されました。初めは甘口の焼酎のようなものでしたが、次第に糖分が多くなり、現在のみりんのタイプに変わっていきました。それと同時に料理にも使われるようになり、江戸時代後期には本格的に使用され、特に関東地方で好まれ、そばのつゆ、うなぎのたれなどになくてはならないものになりました。

　明治以降は、飲用よりも料理用として使用されることが多くなり、現在では家庭での調味料の一つとして広く使われています。

2　みりんの原料

　もち米、米麹（粳米）、焼酎が伝統的な仕込みの原料です。もち米を使うのは、粳米より溶解糖化が良く、エキス分の多い、香味の良好な製品ができるからです。米麹には種々の酵素が含まれ、もち米のデンプン、タンパク質などを分解して糖分、アミノ酸その他の香りや味の成分を造り出します。

　焼酎は、仕込んだ醪や製品が腐るのを防ぐほか、香りの形成に役立っています。焼酎には連続式蒸留焼酎と単式蒸留焼酎（本格焼酎）を使う場合があります。連続式蒸留焼酎（またはアルコール）を使うのが大部分ですが、本格焼酎を使うと香味が複雑になります。連続式蒸留焼酎を使ったものを新式みりん、本格焼酎を使ったものを旧式みりんと呼ぶことがあります。焼酎またはアルコールは、アルコール度数35〜40％程度のものを使います。このほかに、醸造用糖類（ブドウ糖、水あめ）などの原料も使います。

3　みりんの製造法

　みりんは、清酒のように酵母によるアルコール発酵を行うのではなく、麹のもつ酵素力を利用して造ります。そのため、みりんの品質は麹の品質に大きく影響されます。麹は精米歩合80〜85％程度の粳米を使い、清酒と同じ方法で造りますが、製麹時間は少し長くなります。

　もち米も同程度の精米歩合のものを洗米、浸漬してから蒸しますが、多くの製造場では圧力をかけて蒸す方法を採用しています。

　みりんを貯蔵しておいたり、料理に使う時、煮立てると混濁することがあります（「煮切り混濁」といいます。）が、これを防ぐためです。

　仕込配合の一例をあげると次のとおりです。

```
　もち米2,500kg　麹米500kg　40％アルコール1,800ℓ
　（麹歩合20％、アルコール歩合60％）
```

　(注)　みりんの場合、麹歩合はもち米に対する麹米の割合を、アルコール歩合は総米重量に対するアルコール量の割合を表します。

　もち米、米麹はアルコールと一緒に仕込タンクに投入し、よく撹拌(かくはん)します。仕込温度は20〜30℃くらいで、醪日数は40〜60日間程度です。みりんの醪は、初めからアルコール度数が高く、アルコール発酵は行われませんので、米麹の作用でできる糖類やアミノ酸などは醪の中に蓄積され、非常に濃厚になり、また、この間にみりん独特の香りがつくられます。

　醪が熟成すると圧搾機で搾って、みりんとみりん粕に分離します。その後、おり引き、ろ過、調合、熱殺菌してタンクに貯蔵します。瓶に詰める直前にも熱殺菌して商品にします。みりんは、高い糖分濃度とアルコールのため腐敗しにくいので、原則として熱殺菌は不要ですが、最近では一層の品質の安定をはかるために熱殺菌が行われています。

　みりん粕は、漬物（奈良漬など）に使われるほか、「こぼれ梅」といって食用にする地方もあります。

4　みりんの種類

　みりんには、昔は「本みりん」と「本直し」がありました。本直しは飲用のみりんで、本みりんにアルコールや焼酎が加えられたものです。現在、一般に市販されているみりんというのは本みりんのことで、その成分は下表のとおりです（成分名の詳細については「第Ⅲ部　お酒のQ＆A」のQ5（356ページ）を参照してください。）。

成分名	
ボーメ	19〜20度
アルコール分	13.5〜14.4%
糖分	37〜42%
エキス分	45〜48度
酸度	0.3前後
アミノ酸度	1.6前後

　本みりんの糖分は、デンプンが分解してできるブドウ糖が主体で、このほかにブドウ糖がいくつか結合した糖が色々と含まれています。これらの成分がやわらかな甘味や、料理のテリを良くする働きをします。また、本みりんの中には各種のアミノ酸、有機酸、香気成分などが含まれ、うま味、こく、香りなど複雑で微妙な調味効果を発揮します。

　なお、みりんは料理用に使われるのがほとんどですが、みりんに屠蘇袋を浸して
お正月に屠蘇として飲むこともあります。

5　灰持酒

　主に料理に使われる酒類として、みりんのほかに「灰持酒」と呼ばれるお酒があ
ります。これは、清酒の醪に木灰を添加してから搾ったお酒です。木灰を添加する
ことで、お酒が腐りにくくなるので灰持酒と呼ばれています。これに対して、清
酒は火入れ殺菌により保存性を高めていることから火持酒とも呼ばれていました。
灰持酒には、肥後（熊本県）の赤酒、薩摩（鹿児島県）の地酒、出雲（島根県）の
地伝酒があります。

　赤酒は、木灰の添加により清酒に含まれる有機酸が中和され、糖類とアミノ酸が
反応して（カラメル反応、メイラード反応またはアミノカルボニル反応といいます。）赤褐
色になることからその名があります。
　みりんが、焼酎またはアルコール中でもち米を麹で糖化させるだけであるのに対
して、灰持酒は酵母によるアルコール発酵が行われます。灰持酒には、グリセリン
という成分が多いためとろりとしていますが、すっきりした甘味と強い旨味があり
ます。

　灰持酒にはグルコースとアミノ酸が多く、また木灰由来のミネラル成分も多く含
まれています。これらの成分はかまぼこなど魚肉の品質改良にも有効な成分で、グ
ルコースとアミノ酸は魚肉の旨味を増し、しかも焼き上げたときの色つやを良くし、
香ばしい香りを付与します。また、弱アルカリ性であることから、魚の生臭さの原
因物質であるアミン類を揮発させる効果があり、カリウム、ナトリウム、リン酸類
などのミネラル成分は、魚、肉タンパクの保水性を良くし粘弾性（コシの強さ）を
増す効果があります。
　灰持酒は、料理店や加工食品用などの業務用として、みりんの代わりに使用され
てもいます。みりんとの違いは、アルカリ性のため肉や魚の身が固くしまらない、
アクのある野菜を煮ても色が変わらずきれいに仕上がるなどの特長があります。

6　発酵調味料

　料理用にみりんのように使われるものに「発酵調味料」があります。アルコール分は１％以上ですが、アルコール度数によって決められた量の食塩が加えられており、酒類ではありません。これを不可飲措置といい、食塩濃度は通常２％前後です。

　穀類原料（米、雑穀など）、果実原料（干しブドウなど）、糖質原料（水あめなど）などの原料に食塩を加え、醪を発酵させて搾ったものに、糖類、アルコールなどを加えて製造します。醪をアルコール発酵させる点や原料、製造方法などが違うので、本みりんとは香味に差があります。

　また、食塩を含むので料理に使う場合には塩分を控える必要があります。主に食品加工用に使われますが、家庭用も販売されています。

7　みりん風調味料

　料理に使われる調味料には、みりん、発酵調味料のほかにみりん風調味料があります。アルコール度数が１％未満なので酒類ではありません。糖類、アミノ酸、有機酸、香料などを混和して製造します。本みりんのように長い日数をかけた糖化熟成は行っていません。また、アルコール分が１％未満なので、みりんほど保存性は高くありません。

第6章　ビール

1　ビールの歴史

（1）古代

——ビールの誕生は古代メソポタミアから—　農耕文明の発展と糖化の発見

　ビール誕生の前提として、人類が定住して農耕文明を営み、原料の麦類が野生から栽培植物（デンプンが多く、酵素力の強い種類）にされたこと、麦に含まれるデンプンを糖分に変える方法（糖化）の発見が必要です。ビールの誕生については諸説ありますが、紀元前5000年頃の古代メソポタミアでは、ビールを造って飲用していたと推定されています。

　ビール醸造の最古の記録は、古代メソポタミアのシュメール遺跡から出土した紀元前3000年頃のものとされるモニュマンブルーという粘土板です。

　当時のビール（シカル）は、麦類を発芽させて粉にした後に水で練ってパン（ビールブレッド）を造り、そのパンに水を加えた粥状醪を自然に発酵させたものであり、ストローを使って上澄みが飲まれていました。

　紀元前1700年頃に制定された、世界最古の法典であるハンムラビ法典にも、ビール醸造の記録を見ることができます。この頃には各所に醸造所が建設され、今日のビアホールに当たる店も出現していたようです。エジプトにもビール醸造の記録として、供物の牛やビール等が美しく描かれているサッカラ墓の壁画（紀元前1500年頃、エジプト第5王朝）があります。古代エジプトでは、ピラミッドの建設で働いた労働者に、ビールが報酬として支給されていました。喉の乾きを癒してくれる栄養価の高いビールは、巨大ピラミッドの建設には不可欠だったのかもしれません。

　ビール醸造は、アフリカの北岸を経てイベリア半島からヨーロッパへ伝わったとされていますが、ブドウからワインを造っていたギリシャ、ローマ文明の諸国にはあまり普及せずに、主に現在のドイツ、フランス、イギリスなどで造られていました。

（2）中世

—中世のビール造りは修道院から—

　中世のヨーロッパでは、教会や修道院が広大な所有地を持っていましたが、キリスト教では「ビールは液体のパン」「パンはキリストの肉」と考えられていて、修道士たちによるビール醸造が発展しました。

　当時の知識人であった修道士は、良質の原料を自ら栽培し、研究熱心で醸造技術の水準は高く、当時としては優れた品質のビールを醸造していたといわれています。
　修道士は、各種薬草や香草をミックスした「グルート」を使って、栄養補給や医療にも利用するビールを造っていました。修道士の造ったビールは品質的にも優れていたので、次第に醸造量は増え、広く一般の人にも飲まれるほどになりました。

―グルートからホップへ―　ビール品質の向上と普及

　ホップがいつ頃からビールに使われたかは、定説がありません。
　また、ホップの原産地も正確には不明ですが、紀元前1000年頃にコーカサスの民族によって、ホップが初めてビールに使用されたとする説が有力です。そして、ホップは、原産地である西アジアの高原地帯からヨーロッパへ伝播したものと考えられています。
　栽培されたホップのビールへの使用は、12世紀頃からドイツで始まったと記録から推定されていますが、本格的に使われ出したのはビールの輸出が活発になった14世紀からです。グルートに代えてホップを使用した方が、ビール品質は飛躍的に向上する上、ビールが長持ちすることが確認されたためです。

――ビール純粋令の公布―　南ドイツのビール品質の向上、現在も受け継がれるドイツのビール造り

　1516年に、バイエルン（南ドイツ）の領主ウィルヘルム４世によって、「ビールは大麦、ホップ、及び水だけを使って醸造せよ。」という有名なビール純粋令（Reinheitsgebot ラインハイツゲボート）が発令されました。ビールの使用原料を定めることによって、南ドイツのビールの品質は飛躍的に向上しました。
　ビール純粋令は、現在ではドイツの法律となり受け継がれていますが、EC（欧州共同体）発足に際しては、非関税障壁として問題となりました。結局、1987年に、ビール純粋令は、ドイツ国内のビール醸造業者によって製造されるドイツ国内向けのビールのみを対象とし、ドイツ国外への輸出ビールやドイツ国内への輸入ビールには適用されなくなりました。

――下面発酵ラガービールの出現―　上面発酵ビールを衰退させるビールの歴史の転換点

　夏の気温が高い大陸型気候のバイエルンでは、ビールを夏に造ろうとしても巧くいかないことから、15世紀後半、冬にミュンヘンで仕込んだビールを、アルプスの山に掘った冷たい穴に貯蔵して、夏期の需要に備える方法が採られました。

　夏まで低温で貯蔵したビールは、予想外にも高品質でした。こうして、下面発酵酵母（【図表1-6-5】（96ページ）参照）を使用し、低温でじっくり時間をかけて発酵と貯蔵を行う「ラガービール」が誕生したのです。

―ピルスナービールの誕生―　世界の主流となるビールの誕生

　現在、世界で最も多く醸造され広く飲まれている下面発酵の「ピルスナービール」は、1842年にチェコ・ボヘミア地方の一都市、ピルゼンで誕生しました。

　美しく張りのあるピルゼン産大麦と、優れた香りを持つザーツ産ホップ、それにバイエルンから取り寄せた下面発酵酵母、そして地元エーゲル水系の井戸水（軟水）を用いて醸造したビールは、「雪のように白い豊かな泡立ちを持ち、すっきりした黄金色のビール」と称され、強いが快い苦味、優れたホップの香り、切れ味の良さと飲みやすさなど、全ての点で、これまでピルゼンで造られたビールとは比較にならない素晴らしさを持っていました。

　このビールは、後にピルスナー・ウルケル（Pilsner Urquell：ピルスナーの元祖）と名付けられ、海外へ輸出されて名声を博しました。

（3）近代〜現代

―ビール醸造の近代化―　醸造技術の3大発明

　18世紀後半から19世紀にかけて起こった産業革命は、ビール醸造にも大きな恩恵をもたらしました。

　蒸気機関は、用水ポンプ、麦芽粉砕機、麦汁攪拌機などの動力として利用され、ビールの生産性向上に寄与しました。特に、フランスのルイ・パスツールの低温殺菌法の発明（1866年）、ドイツのカール・リンデによるアンモニア式冷凍機の発明（1873年）、デンマークのエミール・ハンセンによる酵母の純粋培養法の確立（1883年）は、「ビール醸造技術の3大発明」といわれています。

　これらの3大発明は、特に冷却装置の普及とともに、低温発酵のピルスナービールが世界中に広がる契機となり、下面発酵酵母を用いたビール醸造技術はチェコ、デンマーク、オランダ、さらにアメリカ、日本へと伝えられ、下面発酵の淡色ビールが世界のビールの主流を占める現在の形態を造りました。

　また、この時期が日本のビールの黎明期と合致し、日本において品質と技術の高いラガービールが選択される要因ともなりました。

―CAMRAの誕生と発展―　イギリスのリアルエール運動から

　1970年代、イギリスの伝統と歴史あるエールの醸造所が消えていく状況に対して、ロンドンのジャーナリストが危機感を抱き、「伝統的な樽熟成した熱処理をしていないリアルエールをパブで飲もう。」と訴えて1971年に結成した組織が、CAMRA（Campaign for Real Ale）です。

　CAMRAの理念は多くのイギリス市民の共感を得て、英国全土の市民運動へと発展し、この運動における消費者の強い要望によって、中小の醸造所はリアルエールを精力的に造り続けることができました。

　CAMRAは北米にも波及して、世界的なクラフトビールのブーム、マイクロブルワリーの発展に繋がっていき、CAMRAは世界で最も成功した消費者運動の一つといわれています。

―アメリカのクラフトビール運動―

　CAMRAは、アンホイザー・ブッシュ社などの大手ビール会社が市場を占有するアメリカへも波及して、1980年代後半からパブブルワリーやマイクロブルワリーが出現し、世界的なクラフトビールのブームになりました。

　なお、パブブルワリーとは、レストランを併設して、ビール醸造と飲食が結びついたブルワリーのことをいいます。

　こうして個性的なビールが多くのブルワリーで造られるようになりましたが、最近は、品質等によって淘汰される傾向にあります。

（4）日本におけるビールの歩み

―明治時代に始まったビール醸造―　イギリス式からドイツ式へ

　日本で初めてのビールの試醸は、ペリーが来航した嘉永6（1853）年に、幕末の蘭学医である川本幸民が、自宅に炉を築いて行ったものとされています。

　明治3（1870）年には、ノルウェー生まれのアメリカ人であるウィリアム・コープランドが、横浜の山手居留地に日本最初のビール醸造所である「スプリング・バレー・ブルワリー」を創設し、主に在留外人向けにビールを販売しました。

　コープランドの醸造所は、その後ジャパン・ブルワリーを経て、キリンビール株式会社に引き継がれています。

　明治9（1876）年には、開拓使による官営の開拓使麦酒醸造所（サッポロビール株

式会社の前身）が創設されました。なお、幕末から明治の初めにかけては、日本は全ての面において国力の強い英国を模範とし、ビールにおいても英国バス社の上面発酵のバートン・エールが品質目標のひとつとされていました。

　産業革命が日本にも波及した明治20年頃（1880年代後半）には、大資本を背景に近代的ビール会社が創立され、ドイツ製の冷凍機とドイツ産の原料を輸入して、日本人の嗜好にあった低温発酵のラガービールの醸造が開始されました。

　明治34（1901）年には麦酒税法が制定されて、軍備増強のためにビールにも酒税が課せられることになります。資金力の弱い小さなビール醸造所はその負担に耐えられず、品質の高いドイツ製ラガービールを選択した僅かな大企業だけが生き残ることになり、ビール産業は明治30年代から40年代にかけて再編成され、以後、合併と分割を経て現在に至っています。

―日本における地ビール製造―　規制緩和の目玉として誕生

　日本においては、規制緩和の目玉として、酒税法の一部改正（平成6年3月31日法律第24号）によりビールの製造免許に係る最低製造数量基準が2,000kℓから60kℓに引き下げられ、いわゆる「地ビール」の製造が可能となりました。

　マイクロブルワリーやレストランが付属したパブブルワリーが、次々登場することとなったのです。

　「地ビール」というのは、日本酒の「地酒」に対して付けられた名称です。地ビールメーカーは、地元の原料を使用したビールや発泡酒の製造、品質向上等に努力しています。なお、地ビールの製造場は、平成15年度から減少傾向にありましたが、近年クラフトビールブームが起こり、増加傾向に転じています（【図表1－6－1】参照）。

　また、平成30年4月からのビールの定義の拡大により、地域の特産品などを用いた様々なビールの開発が可能となりました。日本各地で特徴と個性のある地ビールが楽しめます。

（5）現在のビール業界の動向

―押し寄せる再編の荒波―

　世界の大ビールメーカーは、世界人口の増加、バイオエタノールの生産等による穀物需要増大を背景に、ビール原料である麦の安定調達と、21世紀の最大のビール市場である中国等でのシェア獲得を目的として、この十数年間でM&A（合併と買収）

【図表1－6－1】日本の地ビール製造場数の推移

年度	製造場数	年度	製造場数
平成6	6	平成20	206
7	24	21	201
8	103	22	194
9	209	23	190
10	251	24	180
11	264	25	179
12	262	26	181
13	239	27	180
14	230	28	182
15	263	29	184
16	244	30	395
17	234	令和元	400
18	223	2	405
19	211		

※　製造場数は、各年度末（3月31日）の数。

(出典) 国税庁「酒のしおり」（令和4年3月）

による国際的な再編を行ってきました。

　2002年には、南アフリカのSAB社（South African Brewery社）がアメリカのMiller社を買収し、SAB-Miller社が誕生しました。2004年には、ベルギーのトップメーカーであるInterbrew社（1989年にベルギーの1位Stella社と2位Piedboeuf社が合併）は、南米最大のAMBev社（1999年にブラジルの1位Brahma社と2位Antarctica社が合併）と合併して、InBev社となり、2008年には、アメリカのAnheuser Busch社を買収して、Anheuser Busch-InBev社となりました。

　さらに、2016年に、世界第1位のAnheuser Busch-InBev社が、同第2位のSAB-Miller社を買収し、世界シェア約3割の圧倒的な首位メーカーが誕生しました。

　また、日本の大手ビールメーカーは、少子高齢化が進む日本国内市場の縮小傾向を踏まえて、海外展開を推進しています。

2　ビールの原料

（1）ビールの定義

　各国においてビールの定義は異なりますが、日本では酒税法によって酒類の種類と品目が分類されて、使用できる原料も種類と品目ごとに決められています。

【図表１－６－２】ビールの定義及び税率

区分	ビール
酒税法の定義	次に掲げる酒類でアルコール分が20度未満のもの。 イ　麦芽、ホップ及び水を原料として発酵させたもの ロ　麦芽、ホップ、水及び麦その他の政令で定める物品（※１及び※２）を原料として発酵させたもの（その原料中麦芽の重量がホップ及び水以外の原料の重量の合計の100分の50以上のものであり、かつ、その原料中政令で定める物品（※２）の重量の合計が麦芽の重量の100分の5を超えないものに限る。） ハ　イ又はロに掲げる酒類にホップ又は政令で定める物品（※２）を加えて発酵させたもの（その原料中麦芽の重量がホップ及び水以外の原料の重量の合計の100分の50以上のものであり、かつ、その原料中政令で定める物品（※２）の重量の合計の100分の5を超えないものに限る。） ※１　政令で定める物品……麦、米、とうもろこし、こうりゃん、ばれいしょ、でん粉、糖類又は財務省令で定める苦味料若しくは着色料（カラメル） ※２　政令で定める物品……果実（果実を乾燥させ、若しくは煮つめたもの又は濃縮させた果汁を含む。）又はコリアンダーその他の財務省令で定める香味料 【財務省令で定める香味料】 ①　コリアンダー又はその種、こしょう、シナモン、クローブ、さんしょうその他の香辛料又はその原料 ②　カモミール、セージ、バジル、レモングラス、その他のハーブ ③　かんしょ、かぼちゃその他の野菜（野菜を乾燥させ、又は煮つめたものを含む。） ④　そば又はごま ⑤　蜂蜜その他の含糖質物、食塩又はみそ ⑥　花又は茶、コーヒー、ココア若しくはこれらの調整品 ⑦　かき、こんぶ、わかめ又はかつお節
税率（1kℓ当たり）	200,000円（令和2年10月1日から） 181,000円（令和5年10月1日から） 155,000円（令和8年10月1日から）

　なお、ビールに使用できる原料は、地域の特産品を用いた地ビールの開発を後押しする観点などから、平成30年4月1日より、麦芽の使用比率が67％（3分の2）以上から50％以上に引き下げられたほか、副原料として新たに果実や一定の香味料が使用できることになるなど、ビールの定義が拡大されています。

【図表1−6−3】ビールの定義の拡大

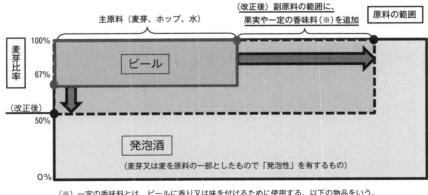

ビールの定義の拡大

○　地域の特産品を用いた地ビールの開発を後押しする観点や、外国産ビールの実態を踏まえ、平成30年4月に、麦芽比率50％以上の商品や、副原料として果実（果肉・果皮）や一定の香味料を少量用いている商品を、ビールの定義に追加する。
（注）上記の追加副原料の重量は、麦芽の重量の5％までとする。

○　現行の「ビール」の定義（＝「ビール」と表示して販売できる商品の範囲）は、麦芽比率は67％以上とされ、麦芽、ホップ及び水以外に使用できる副原料は、麦、米、とうもろこし等に限定されている。
　（多様な副原料を用いた商品や麦芽比率が若干低い商品は、「ビール」と同じ税率が適用されるが、分類上は「発泡酒」となり、「発泡酒」と表示して販売することが求められる。）

○　地域の特産品を用いた地ビールの開発を後押しする観点や、外国産ビールの実態を踏まえ、平成30年4月に、麦芽比率50％以上の商品や、副原料として果実（果肉・果皮）や一定の香味料を少量用いている商品を、ビールの定義に追加する。これにより、地域の特色を活かした魅力ある商品の開発が進み、地方創生の牽引役となることが期待される。

主原料（麦芽、ホップ、水）　　　（改正後）副原料の範囲に、果実や一定の香味料（※）を追加　　原料の範囲

麦芽比率
100%　　ビール
67%
（改正後）
50%
発泡酒
（麦芽又は麦を原料の一部としたもので「発泡性」を有するもの）
0%

（※）一定の香味料とは、ビールに香り又は味を付けるために使用する、以下の物品をいう。
①果実　②コリアンダー・その種　③香辛料（胡椒、山椒等）　④ハーブ（カモミール、バジル等）
⑤野菜　⑥そば・ごま　⑦含糖質物（蜂蜜、黒糖等）・食塩・みそ　⑧花
⑨茶・コーヒー・ココア（これらの調製品を含む）　⑩かき（牡蠣）・こんぶ・わかめ・かつお節

（資料提供：国税庁）

（2）麦芽

　ビールのコク、ボディー等の味は、麦芽（Malt）に由来します。

　麦芽は、主として「二条大麦」から造られます。二条大麦は、ビール大麦とも呼ばれています。二条大麦がビール醸造に使用される理由は、デンプン含量が多く、タンパク質含量が適正であり、麦芽の糖化が容易でエキスの発酵性が良いなど、ビール醸造における必要条件を備えているからです。

（3）ホップ

　美味しいビールには、優れたホップ（学名：*Humulus lupulus*）が不可欠です。

　ビールの原料には、ホップの雌株の球果（または毬果）が使用されます。ホップの球果（毬果）は、花の部分が丸みのある松かさに似た形をしていることから、毬花（まりはなまたはきゅうか）と呼ばれています。この毬花には、ルプリン粒と呼ばれる黄色の樹脂の粒が存在し、このルプリン粒に、ビールの香りや苦味を付与する物質が含まれます。

　ホップ品種は、ビールの品質に付与する特徴から、3種類に分けられます。

　「アロマホップ」は、苦味が温和・爽快で、上品な香りを与えます。チェコのザーツ種、ドイツのテトナンガーとシュパルト種は特に香りが良く、最高級の「ファインアロマホップ」として珍重されています。

　「ビターホップ」は、苦味の元の成分である α 酸含量がアロマホップより多く、苦味付けを目的として使用されます。ドイツでは、エーデル・ビター（Edel-Bitter：高貴な苦味）という概念があり、アロマホップを使用した爽快で穏やかな後に残らない苦味が良いとされています。

　ホップの主な栽培国は、ドイツ、アメリカ、中国、チェコであり、ドイツとアメリカは積極的に輸出しています。日本でも東北地方など冷涼な気候の地域で栽培されていますが、現在、日本のビール醸造に使用するホップの多くは、ドイツ、チェコ、アメリカなど海外から輸入されています。

（4）水

　ビールの成分の約90％は水であり、ビール醸造で使用する水（醸造用水）はビール原料の中で最大の使用比率を占め、ビールの品質に大きな影響を与えます。

　ビールのタイプ（色調、ホップ苦味、ボディー感）によって、適した水（軟水、硬水）が存在するともいわれ、一般的に淡色ビールにはカルシウム、マグネシウムイ

【図表1−6−4】世界のビール醸造地の水の組成

(単位：mg／ℓ)

	Ca^{2+} カルシウムイオン	Mg^{2+} マグネシウムイオン	HCO_3^- 重炭酸イオン	SO_4^{2-} 硫酸イオン	Cl^- 塩素イオン
ピルゼン （チェコ）	7.1	3.4	14	4.8	5
ミュンヘン （ドイツ）	109	21	171	79	36
ドルトムント （ドイツ）	237	26	174	318	56
バートン・アポン・トレント （イギリス）	268	62	280	638	36

（Manual of Good Practice, Mashing and Mash Separation, p19, European Brewery Convention, 2007）

オンや炭酸塩の含有量の比較的少ない軟水が適し、濃色ビールには硬水が良いとされています。

　世界の銘醸地の水の成分は、【図表1−6−4】に示したように、かなり異なっています。世界各地で特有の成分の水をビール醸造に使用して、特徴ある品質のビールが生まれ、チェコのピルゼン、ドイツのミュンヘンやドルトムント、イギリスのバートン・アポン・トレントなどは銘醸地となりました。

　日本の大手ビールメーカーが製造している一般的なビールは、「ピルスナータイプ」と呼ばれる下面発酵の淡色ビールであり、色は淡く明るく、ホップの苦味と香りが特徴ですが、これは日本人の嗜好が温和ですっきりした味のビールを支持したことに加えて、日本の水がチェコのピルゼンの水質と同様に軟水で、ピルスナータイプのビールを巧く醸造できたためともいわれています。

（5）副原料――米・コーンスターチ・コーングリッツ・糖類

　副原料は、ビールの味を調整して、バランスの良いものにするのに役立ちます。通常、副原料として用いられるのは、米、コーンスターチ、コーングリッツですが、糖類（砂糖、液糖）が用いられることもあります。

　副原料は、アメリカやヨーロッパ諸国（ドイツを除く）でも、消費者の嗜好に合わせたビールを醸造する手段として、広く用いられています。

　一方、副原料を使わない「オールモルトビール」は、麦芽の特徴が強く出た味わい深いビールとなります。最近は、オールモルトの味わい深い高級感のある「プレミアムビール」も好評です。

（6）ビール酵母

　ビール醸造で用いる酵母は、麦汁に最も多く含まれる麦芽糖（マルトース）を発酵する能力の高いことが必要であり、この条件等を満たし、選抜して用いられている酵母がビール酵母です。

　ビール酵母には、「上面発酵ビール酵母」と「下面発酵ビール酵母」があります（【図表1－6－5】参照）。

　上面発酵ビール酵母は、15 ～ 25℃の比較的高温で発酵し、発酵の際には炭酸ガスの気泡と共に発酵液の表面に浮かび上がった後、発酵後期にはタンクの底に沈降することから、この名が付けられています。

　一方、下面発酵ビール酵母は、5 ～ 15℃の低温で麦汁中に分散して発酵し、発酵後期には酵母同士が凝集してタンクの底に沈殿します。

　一般に、酵母の性質と発酵温度の違いから、上面発酵ビールは華やかな甘い香りを持つ味のあるビールとなる一方、下面発酵ビールは爽快なすっきりとした味のビールになります（【図表1－6－10】（106ページ）参照）。

　上面と下面発酵酵母のそれぞれに、色々な特徴を持つ酵母が存在します。酵母の選択や発酵温度等によって、さまざまな香味のビールができることになります。

【図表1－6－5】ビール酵母の発酵中の様子

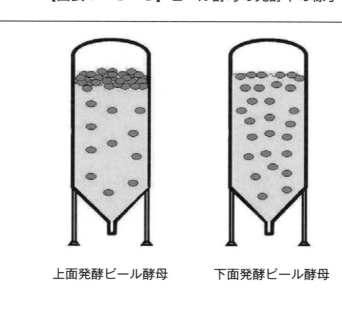

上面発酵ビール酵母　　　下面発酵ビール酵母

3　ビールの製造工程

ビールの製造工程は、次のようになります。

製麦→仕込→主発酵→後発酵（熟成）→ろ過→詰め→出荷

大手ビールメーカーにおけるビール製造のフローダイアグラムを、【図表1－6－6】に示しました。

【図表1－6－6】ビール製造のフローダイアグラム

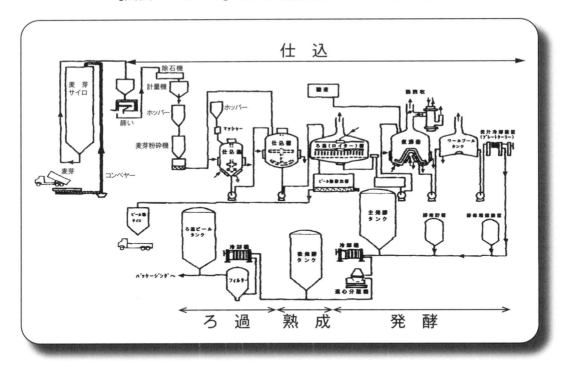

（J.S.Hough,The Biotechnology of Malting and Brewing, p.55,Cambridge University Press, 1985）

（1）製麦工程

「製麦」とは、大麦から麦芽を造ることをいい、清酒醸造の「製麴」に対応する用語です。

製麦は、①精選→②浸麦→③発芽→④焙燥→貯蔵の工程を経ます。

製麦の目的は、大麦中にデンプン分解酵素（α-アミラーゼ、β-アミラーゼ）等の酵素を生成させること、焙燥中にビールとして望ましい香気成分や色素を生成させること、ビール原料として保存性の良い状態にすることなどがあります。

①　精選（選粒）

大麦を精選機にかけて、不要物を取り除くとともに、大麦の穀粒の大きさを揃えます。

②　浸麦—発芽に必要な水分の供給

精選した大麦を浸漬槽に入れ、大麦の洗浄、発芽に必要な水分の供給（40〜45%）等を1〜2日間行います。

③　発芽—麦から緑麦芽へ

浸麦した麦芽は、発芽装置に入れて温度（13〜18℃）と湿度を調節しながら酸素を供給して、4〜6日間発芽させます。この大麦の発芽中に各種の酵素が誘導され、葉芽と根芽は成長し、大麦は緑麦芽（green malt）となります（【図表1−6−7】）。

この緑麦芽は、水分が多いため保存性はなく、青臭い匂いがします。

【図表1−6−7】大麦発芽中の葉芽と根芽の伸張

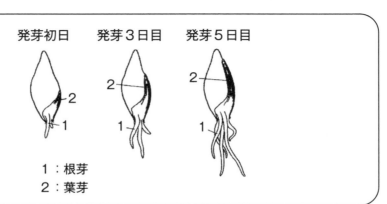

④　焙燥―乾燥と焙焦

　緑麦芽は、焙燥室（Kiln^{キルン}）に入れて熱風を用いて、最初は30℃くらいの低い温度で10時間程度乾燥させ、水分が約10％以下となったら徐々に温度を上げていきます。その後、淡色ビールに使用される淡色麦芽では、最終的に約80℃として３時間程度ロースト（焙焦）して、水分含量を４％程度とします（【図表１－６－８】参照）。

　この乾燥と焙焦の工程を、焙燥（Kilning^{キルニング}）といいます。焙燥を行うことにより、大麦の発芽は停止して香ばしい香りと色が付き、保存性が与えられます。発芽中に成長した根はビールの渋味や雑味の原因になるので、焙燥後、除根機にかけて取り除きます。その後１ヵ月程度、麦芽はサイロで貯蔵してから使用します。

【図表１－６－８】製麦の焙燥工程における温度経過（淡色麦芽）

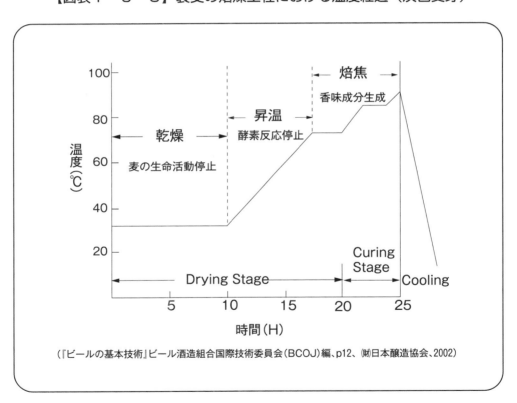

（『ビールの基本技術』ビール酒造組合国際技術委員会（BCOJ）編、p12、㈶日本醸造協会、2002）

　一方、ミュンヘン麦芽やウィーン麦芽等の濃色麦芽では、焙燥時の温度を淡色麦芽より高い85〜115℃まで最終的に高めて、メラノイジンやカラメルを多く生成させます。

　カラメル麦芽（クリスタル麦芽）は、緑麦芽を、「蒸らし」（Stewing）といわれる工程で、60〜80℃の温度で約1時間保持して糖分とアミノ酸を生成させた後に、ロースター（焙焦機）を用いて135〜180℃まで温度を上げ、ロースト（焙焦）して造られます。

　カラメル麦芽は、ビールに味の厚みやカラメル香を付与すると同時に、還元性物質に富むので、ビールの香味安定性の向上に寄与するとされています。

　チョコレート麦芽やブラック麦芽（黒麦芽）等のロースト麦芽は、通常の焙燥によってできあがった麦芽をロースターに入れて、最終的に220〜230℃まで温度を上げてローストします。このローストによって刺激性の焦げ味、苦味と焦げ臭（焙焦香）が付きます。ロースト麦芽は、麦芽表面が多少炭化していて、色度は濃色麦芽の中で最も高く、ビールに濃い色を付けますが、高温の焙焦のため酵素と発酵性のエキス分はほとんど含まれていないので、仕込工程において多く配合するベースモルトとしては使用できません。

　次ページの【図表1−6−9】は、製麦の方法と各種麦芽についてまとめたものです。このように、麦芽にはビールに色々な香味を与えるものが存在し、これらの麦芽を用いることによってビールに芳醇な香りや豊かな色、フレーバー、深い味わいを醸し出し、多種多様のビールが醸造されます。

【図表１−６−９】各種麦芽の製造法

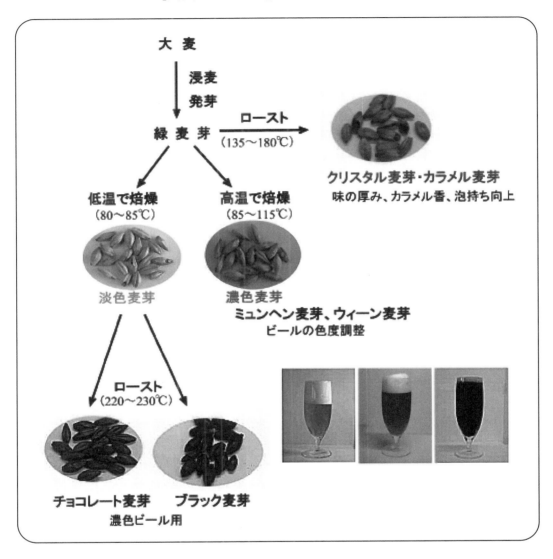

（2）仕込工程

　仕込工程では、①麦芽粉砕→②糖化→③麦汁ろ過→④麦汁煮沸→⑤麦汁清澄化→⑤麦汁冷却の工程を経て、麦芽や副原料から麦汁を製造します。

①　麦芽粉砕

　麦芽の異物を除去した後、ローラー式のミルで麦芽を粉砕します。

②　糖化

　粉砕した麦芽をお湯とともに「仕込槽」（糖化槽）に入れて、糖化を開始します。通常、麦芽1kgに対して仕込水3～4ℓ程度の比率が標準です。糖化温度と時間は、目的とするビール品質に合った麦汁成分とするための最適な糖化温度プログラムを設定します。

　糖化においては、醪の温度を上げていきますが、醪の温度を上げる方法には、醪の一部を仕込釜で煮沸して、煮沸した醪を元の醪に戻すことによって、醪全体の温度を上げる「デコクション法」（Decoction method:煮沸法、ドイツ式）と、醪を煮沸せずに仕込槽の加熱器によって醪全体の温度を上げていく「インフュージョン法」（Infusion method:浸出法、イギリス式）の2種類があります。

　これら2種類の糖化法は、原料品質やビールタイプの違いによって伝統的に工夫されてきたものです。デコクション法では、醪の一部を煮沸することによって独特のコク等の香味がビールに付与されます。

③　麦汁ろ過

　糖化を終了した醪は、「ろ過槽」（ロイター槽）へ移動してろ過（固液分離）を行い、ビール粕を分離して清澄な麦汁を得ます。

　麦汁ろ過においては、糖化工程中に糖化されずそのまま残る穀皮をろ過層として利用する「自然ろ過」を行います（圧搾する方式もあります）。ろ過の最初に流出する濁った麦汁は、ろ過槽に戻します。しばらくすると透明な麦汁が出てくるので、この麦汁を煮沸釜に送ります。この麦汁は、「一番麦汁」と呼ばれます。

　一番麦汁を採った後も、麦芽穀皮のろ過層中にはまだエキス分が残っているので、エキス分の回収を目的としてろ過層に「撒き湯」（スパージング）を行って、更に麦汁を得ます。これが「二番麦汁」です。通常、撒き湯は数回行われて、二番麦汁も煮沸釜で一番麦汁と一緒にして煮沸されます。

④　麦汁煮沸

　糖化醪をろ過して得られた透明な麦汁を、煮沸釜（Kettle）で1〜2時間煮沸します。この麦汁煮沸中に、通常、「ホップ」を2〜3回に分けて添加して、麦汁にホップの香り（アロマ）と苦味を付与します。ホップ中に含まれる苦味成分の元である「フムロン」（α酸）は、熱によって「イソフムロン」（イソα酸）に構造が変化（異性化）して、すっきりした苦味を麦汁に付けます。

　ホップの使用量は、使用するホップの形態、α酸含量と使用方法（添加時期）によって変わりますが、ホップをペレット状にした「ホップペレット」の場合、麦芽重量の概ね1％前後です。

　ホップは麦芽と比べると使用量の少ない原料ですが、ビール香味に大きく影響します。また、麦汁煮沸中には、各種化学反応による香味成分の生成等が起こります。

⑤　麦汁清澄化

　煮沸によって、麦汁中のタンパク質の一部は凝固して「タンパク質熱凝固物」（トルーブ）となります。また、添加したホップも固形物として煮沸した麦汁中に残存しています。こうした固形物を含む煮沸終了後の麦汁は、「ワールプールタンク」（旋回分離槽）へ送られます。この際、ワールプールタンク円周の接線方向から麦汁を入れて、ワールプールタンク中で麦汁の渦をつくらせます。

　このような麦汁の移送方法により、煮沸で生成したトルーブやホップ粕はタンク底の中心部に集まってきます。30分程度静置して麦汁中のトルーブがタンク底に集まった後に、タンクの下横から清澄な麦汁を取り出します。

⑥　麦汁冷却

　ワールプールタンクで清澄化された麦汁は、温度が約90℃とまだ高いので、「プレートクーラー」（熱交換機）を使って冷却します。

　冷却温度は、発酵方式によって異なり、概ね下面発酵酵母の場合で5〜8℃、上面発酵酵母の場合で10〜15℃です。

（3）発酵工程

　発酵工程は、仕込工程で製造した麦汁に酵母を添加してビールにする工程です。
　「主発酵」では、酵母が麦汁に含まれる糖分をアルコールと炭酸ガスに分解するとともに、酵母の代謝に伴う発酵産物を生成させ、ビール香味を形成します。「後発酵」では、香味の熟成とビールの清澄化が行われます。

①　酵母添加―発酵の主役は酵母

　純粋培養したビール酵母を、冷却した麦汁に添加し、発酵を開始します。なお、酵母添加の際には、「通気」(エアレーション)を行って酵母に酸素を与えます。

　エアレーションを行う理由は、酵母が増殖に必要な成分を生合成する際に酸素を必要とするからです。麦汁中の酸素は、数時間で酵母に取り込まれます。

②　主発酵―アルコール分と香味成分の生成

　下面発酵酵母の場合は5〜10℃、上面発酵酵母の場合は15〜25℃に品温を管理しながら発酵を進めて、約1週間で「若ビール」(Young beerまたはGreen beer)となります。若ビールは、まだ香味が粗く、美味しくありません。

　主発酵に用いるタンクは、酵母の回収に便利なようにタンク下部が円錐型になった「シリンドロコニカル・タンク」(シリンドロは円筒、コニカルは円錐を意味します)が一般的に使用されています。大手ビールメーカーでは、高さ10〜20m、容量200〜500kℓの大きなシリンドロコニカル・タンクを屋外に設置して使用しています。

　主発酵終了後の若ビールは、後発酵(貯蔵・熟成)タンクへ移送されます。この移送時において、主発酵タンク底に沈んだ酵母は回収して、次回以降の主発酵の添加酵母として使用します。

③　後発酵―香味の熟成

　若ビールをさらに低温に冷却して貯蔵することによって、ビールを熟成させ香味を整えます。貯蔵期間の初期は比較的高い温度で熟成を行い、その後、0〜マイナス1℃まで冷却する過程で、炭酸ガスの溶解と混濁物質の沈殿が起こります。

(4)ろ過とパッケージング工程

　ビールのろ過工程では、熟成後のビールから酵母やタンパク質等の固形物を取り除き、透明で琥珀色に輝くビールに仕上げます。

　ろ過工程は、最終的なビール品質を保証する工程として重要です。ろ過は、通常、最初に行う「一次ろ過」と、最終の精密ろ過として「仕上げろ過」が行われます。

　ろ過後に、ビールの炭酸ガス含量を最終調整して、瓶、缶や樽に充填し、最終検査を経て出荷されます。

　なお、地ビールでは、ろ過を行わず、酵母が残存していることをセールスポイントにしている場合もあります。酵母を含んでいるビールは、保存温度が高いと再発酵したり、酵母が自己消化して雑味が付いたりしますので、低温で保管することが重要です。

4　多様で個性的な世界のビール

　ビールは、単に喉の渇きを癒す低アルコールの飲料というだけではなく、炭水化物、アミノ酸、ミネラル、ビタミンなどの栄養素をバランス良く含みます。そして、ビールは世界中の人々から愛され、最も飲用されているお酒です。

　ビールは、英語ではBeer、ドイツ語とオランダ語ではBier、フランス語ではBiereと呼ばれており、これらはラテン語で「飲む」を意味するBibereが語源とされています。日本語のビールという呼び方は、18世紀後半に江戸で盛んになった蘭学によって紹介されているので、オランダ語に由来するとされています。

　ビールには5,000年以上の長い歴史があり、世界中に多種多様なビールが存在していて、これらを分類する方法も様々です。アルコール分も３％程度の低いものから、10％を超える高いものまであります。一般的によく行われる分類は、発酵法、色調及び産地によるものです。なお、ビールの色調は、使用する麦芽の色によって決まります。

　この分類のほかにも、生・熱殺菌による分類、原料の使い方による分類（オールモルト、副原料使用、小麦使用など）、発酵度による分類（ドライビールなど）、アルコール含量による分類（ライト、ローアルコール、ノンアルコール）、カロリーによる分類（ダイエットビール）があります。

（1）発酵法・色調・産地

　ビールは、発酵の終わりに酵母が沈む下面発酵酵母を使用したビール（エール）と、発酵中に酵母が液の表面に浮かび上がる上面発酵酵母を使用したビール（ラガー）の二つに分類できます。

　下面発酵酵母ビールと、上面発酵酵母ビールの違いを、【図表１－６－10】（次ページ）にまとめました。

　また、ヨーロッパの伝統的ビールの発祥地を【図表１－６－11】（次ページ）に、世界の主なビールのタイプの発酵法・色調・産地による分類を、【図表１－６－12】（107ページ）に示しました。

【図表１−６−10】上面発酵ビールと下面発酵ビールの違い

	上面発酵ビール （エール Ale）	下面発酵ビール （ラガー Lager）
使用酵母	上面発酵ビール酵母 サッカロマイセス　セレビジェ *Saccharomyces cerevisiae*	下面発酵ビール酵母 サッカロマイセス　パストリアヌス *Saccharomyces pastorianus*
発酵中の酵母の挙動	発酵中の炭酸ガスによって生じる気泡と共に発酵麦汁の表面に浮かび、発酵終期にはタンク底に沈降します。	発酵麦汁の表面に浮かばず、発酵の旺盛な時は液中に分散し、終期に近づくと凝集してタンク底に沈降します。
発酵温度	15〜25℃ 低温では沈降し、発酵しません。	5〜15℃ 低温で良く発酵します。
仕込（糖化）方法	一般的にインフュージョン法	伝統的にはデコクション法 （現在はインフュージョン法）
醸造期間	短期間（3〜4週間）	長期間（4〜12週間） 伝統的には長期間の熟成を行います。
ビールの特徴	果実様の華やかな感じが強い。 イギリスやベルギーのタイプ。	穏やかで、すっきりした味で、しまりがあります。 ドイツやチェコのタイプ。

【図１−６−11】ヨーロッパにおける伝統的ビールの発祥地

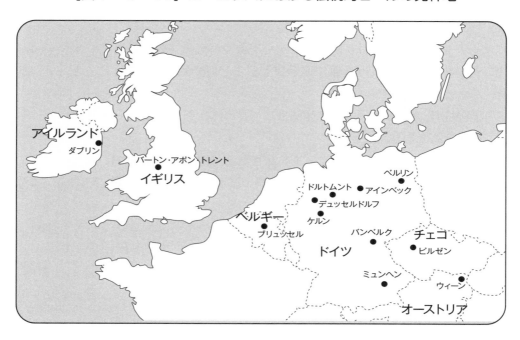

【図表1－6－12】世界の主なビールのタイプ（スタイル）

発酵	色調	産　地	特　徴
上面発酵	淡色	ペール・エール（イギリス）Pale ale	イギリスの銘醸地バートン・アポン・トレントで発祥し、バートン・エールとも呼ばれる代表的なエールビールです。ペール（淡い）は、スタウトより淡色との意味であり、ピルスナーのような琥珀色の淡色ではありません。 　ホップの香味が効いていて、上面発酵による華やかなエステル香が特徴です。ホップの添加量を多くしたインディアン・ペール・エール（IPA）は、輸出用として、長くて暑い航海にも耐えるように開発されました。
		ビター・エール（イギリス）Bitter ale	樽詰めしたペール・エールであり、バートン・エールと区別するための名称として付けられました。パブでビールと言えばビター・エールであり、ビターと呼ばれます。 　ペール・エールよりホップを利かせてドライな味にしています。
		ケルシュ（ドイツ）Kölsch	ドイツのケルン特産の淡色ビールです。製法はアルトと同様ですが、淡色麦芽だけで醸造するので、色はピルスナーと同じ位に薄くなっています。 　ケルシュは上面発酵ビールですが、ラガーのように低温熟成させます。繊細で爽快な味わいと上面発酵のエステル香が特徴です。
		ヴァイツェン（ドイツ）Weizen	ドイツのバイエルンで発展したビールで、小麦（ドイツ語で「ヴァイツェン」）麦芽を50％以上使用するので淡色ビールがほとんどですが、一部に濃色ビール（デュンケル・ヴァイツェン）もあります。 　炭酸ガス含量は高く、清涼感があります。ヴァイツェン酵母という特別な酵母を使用するため、フェノール臭という独特の香りがあります。
		ベルリナー・ヴァイス（ドイツ）Berliner Weisse	ベルリン特産のホワイトビールで、発酵時に乳酸菌を加えて、酸味を付けることが特徴です。酸味を和らげるために、キイチゴのジュースを混ぜて飲みます。 　酵母で白く濁っているので、ヴァイス（白）と付いています。
	中等色	マイルド・エール（イギリス）Mild ale	ホップの香味を抑えて、苦味は弱く、麦芽由来の穏やかな香味が特徴であり、色はペール・エールより濃くなっています。 　ビールの初心者のためのエールともいわれています。
	濃色	ブラウン・エール（イギリス）Brown ale	マイルド・エールより濃色で、豊かな風味を持ちます。主発酵終了後に糖を添加して熟成させていて、甘味が残っています。ホップ香味は弱めです。
		ポーター（イギリス）Porter	1722年にロンドンで造られ急速に発展しました。ロンドンのポーター（荷物を運搬する人）が好んで飲んだところから、この名が付いたといわれています。 　濃厚でホップの苦味の強い濃色ビールで、19世紀中頃にスタウトが現れて急激に衰退しました。

発酵	色調	産　地	特　徴
上面発酵	濃色	アルト （ドイツ） Alt	アルトは、ドイツ語で「古い」という意味です。下面発酵のラガービールが出現するまでは全て上面発酵だったので、古いビールスタイルという意味でこのように呼び、ドイツのデュッセルドルフで発展した濃色ビールです。 　濃色麦芽を使用するので赤褐色をし、低温熟成による比較的スッキリした穏やかな味わいとホップを利かせた爽やかな苦味が特徴です。
		トラピスト （ベルギー） Trappist	ベルギーとオランダのトラピスト派の修道院（シメイ、オルヴァル、ロシュフォール、ウエストマレ、ウエストフレーテレン、ラ・トラップのほか、認証を受けた修道院）で造られている伝統的なビールです。瓶中で後発酵が行われ、複雑な味わいがあります。アルコール分は高く、濃色で香味豊かなビールです。前記以外の醸造所で製造される同じタイプの修道院ビールは、アビイ・ビール（Abbey beer）と呼ばれます。 　アルコール度数が2倍高いデュベル（Dubbel）、3倍高いトリペル（Tripel）と呼ばれるものもあります。
		スタウト （イギリス） Stout	1770年代にアイルランドで生まれたエールで、ギネス社のスタウト・ポーターとしての販売が始まりです。 　広く飲まれているドライ・スタウトやストロング・スタウトのほか、スイート・スタウトと称する低発酵性の甘いスタウトも造られています。
下面発酵	淡色	ピルスナー （チェコ） Pilsner	1842年にチェコのピルゼンで生まれた傑作です。ホップの効いた爽快な香味の淡色ビールで、このタイプのビールは世界中に普及して最も飲まれています。 　日本の大手ビールメーカーの淡色ビールも、このタイプに属します。
		ヘレス （ドイツ） Helles	チェコのピルスナーに対抗するために開発された南ドイツの淡色ビールです。ヘレスとは「明るい色」の意味で、濃色なデュンケルと対をなしています。ややホップ香味は抑えられていて、柔らかい味で飲みやすいビールです。
		ドルトムンダー （ドイツ） Dortmunder	ドイツのドルトムント地方で発展した淡色ビールです。苦味は比較的弱いですが、発酵度が高く日持ちが良いため、今日の輸出ビールの先駆をなしました。エクスポート（Export）と呼ばれるビールはこのタイプです。
		ボック （ドイツ） Bock	ドイツのアインベックが発祥の地で、その後バイエルン地方で発展したビールです。元は濃色ビールでしたが、今は淡色ビールが多くなっています。ホップの香りは芳醇で、アルコール分は高く、力強い香味が特徴です。 　さらに濃くしたものが、ドッペルボック（Doppel Bock）です。
		アメリカン （アメリカ） American	アメリカで発展した軽いピルスナータイプのビールを指します。トウモロコシ等の副原料を多量に用いて、ホップの苦味を抑え、さらに炭酸ガス含量を高めて軽い香味の清涼感の強いことが特徴です。カナダ、中南米の淡色ビールもほとんどこのタイプです。

発酵	色調	産　地	特　徴
下面発酵	中等色	ウィンナー（オーストリア）Vienna	ウィーン麦芽といわれる中濃色の麦芽と硬度の高い水の使用を製造上の特徴とするウィーン地方のビールで、中等色ビールの代表でしたが、現在はほとんど姿を消しました。オクトーバーフェストで飲まれるメルツェンビールは、ウィーンビールの技術で造られています。
	濃色	デゥンケル（ドイツ）Dunkel	デゥンケルは、「濃い」「黒い」という意味。ドイツでは一般的にミュンヒナーやシュバルツを含めた下面発酵の濃色ビール（ダークラガー）を意味しますが、濃色の小麦ビール（上面発酵）を指す場合もあります。濃色で麦芽由来の濃い味が特徴です。
		ミュンヒナー（ドイツ）Münchner	ピルスナー誕生の元となったミュンヘンの濃色ビールです。中濃色のミュンヘン麦芽を使用した麦芽の香味が特徴です。
		シュバルツ（ドイツ）Schwarz	シュバルツは「黒い」の意味。色の濃い黒ビールです。麦芽の香ばしい風味があります。
		ラオホ（ドイツ）Rauch	ブナ材で燻煙したラオホ麦芽を用いて造るビールで、独特のスモーク香があります。バンベルクのものが有名です。
自然発酵	淡色	ランビック（ベルギー）Lambic	ベルギーのブリュッセルとその近郊でのみで造られる伝統的なビールです。大麦麦芽のほかに小麦も使用され、わざわざ古いホップを使います。培養酵母は用いず、空気中に浮遊している酵母や乳酸菌で、1、2年またはそれ以上自然発酵させます。特有の香りがあり、酸味が強いので、他のビールで割るか甘味料を加えて飲むのが一般的です。グーズ（Gueuze）は、できあがったランビック1/3と、1年程度自然発酵させた若いランビック2/3を混ぜて1年間発酵させた後に瓶詰めし、瓶中でさらに発酵させたもので、発泡性が強くシャンパンのような風味があります。

（2）原料

　ビールは、麦芽100%ビール（オールモルトビール）と、麦芽以外の米・コーン・スターチ等の副原料を使用したものに分けられます。小麦ビール（Wheat beer）は、小麦麦芽（20〜50%またはそれ以上）または小麦を原料として使用して、通常は上面発酵酵母で醸造したビールです。

（3）熱殺菌の有無

　微生物によるビールの品質の変化を防ぐために熱殺菌したビールと、しないビールに分けられます。日本のビールのほとんどは、熱殺菌を行っていない「生ビール」（ドラフトビール Draft beer）です。

　ラガービールの「ラガー」はドイツ語のlagern（貯蔵する）に由来し、ラガービールは貯蔵工程で低温熟成させたビールの総称であり、熱殺菌の有無とは関係がありません。

（4）一番搾りビール

　一番麦汁のみで醸造したビールです。二番以後の麦汁には、ポリフェノールやケイ素分、ビールの代表的な劣化臭である２-ノネナールを生成する成分が多いので、一般的に、一番搾りビールは穏やかで綺麗な味で、劣化臭が発生しにくい香味安定性の高いビールとなります。

（5）ドライビール（Dry beer）

　酵素力の強い麦芽を用いて造った、非発酵性糖の含量が少ない麦汁を発酵力の強い酵母を用いることによって、ビールに残存する糖分（エキス分）を少なくして、味の軽いすっきりとした辛口（ドライ）のビールを醸造します。原麦汁エキス分にもよりますが、ビールの残糖を少なくする分だけ、アルコール分はやや高くなります。通常は、炭酸ガス圧もやや高めとします。

（6）アイスビール（Ice beer）

　ビールを凍結温度以下にして部分的に凍らせると、ポリフェノールやタンパク質の一部が沈殿します。これらの沈殿物を取り除いて製造したアイスビールは、寒冷混濁し難く、味も滑らかで丸くなるといわれています。また、アルコールは凍らないので、製品のアルコール分は高くなります。1990年代にカナダのLabatt社が製品化しました。

　世界で最も強い（濃い）といわれる「アイスボック」（原麦汁エキス分約30％、アルコール分約10％）は、ビールをいったん凍らせて、凍らずに残った液部を製品化したものです。

（7）ホワイトビール（White beer）・ブロンドビール（Blond beer）・
　　　レッドビール（Red beer）

　これらのビールの呼び方は、ビールの色に由来します。淡色の小麦ビールのうち、酵母入りのものは、白濁した外観から、ホワイトビールと呼ばれます。ブロンドビールやレッドビールというビールのタイプがある訳ではありませんが、ビールの色がブロンド色（淡色）のビールをブロンドビール、赤味を帯びているときにレッドビールと呼ぶことがあります。ビールに赤い色を出すためには、クリスタル麦芽やミュンヘン麦芽等を用います。

（8）プリン体カットの発泡酒・新ジャンル製品

　「プリン体」とは、プリン環という化学構造を持っているものをいい、細胞中の核酸（DNA）の構成成分であるアデニンやグアニンがあります。核酸はあらゆる生物の細胞（組織）に含まれているので、プリン体はほとんど全ての食品に含まれています。食品では、細胞数が特に多い精巣、卵巣、内臓に多く含まれます。ビール100mℓ当たりのプリン体は他の食品と比較して多くはありませんが、1回当たりの飲酒量を考慮して、ビールはプリン体の多い飲食品に含めて考えられています。

　ビールや発泡酒に含まれるプリン体は、主に麦芽に由来します。なお、大手ビールメーカーは、製品のプリン体を活性炭等を用いて除去する技術や原料配合、酵母と発酵条件の選択などによってプリン体を減少させる技術を開発していて、従来製品に比べて50〜99％のプリン体を除去した商品が販売されています。

（9）ビールテイスト飲料

　酒税法の定義においてビールには該当しない発泡酒及び第3と第4のビール、さらに、アルコール分が1％未満であり酒類には該当しないビール風味の発泡性の飲料（一時期「ノンアルコールビール」といわれていたものです。）も含めて「ビールテイスト飲料」といわれることがあります。

　ノンアルコールビールといわれていたものは、実際にはアルコール分を0.5％程度含む製品が多かったため、子供やアルコールに弱い人が飲むと酔って自動車の運転や薬の作用に影響を与える場合があり、誤認を防ぐためにノンアルコールビールという名称は使用しないようになりました。最近では、アルコールを全く含まない製品が開発されていて、これは「ノンアルコール・ビールテイスト飲料」として市販されています。

5　ビールのおいしさ

　ドイツでは、ビールの美味しさの条件として、純粋・雑味のなさ（Rein）、豊潤
さ・コク（Vollmundigkeit）、キレ（Schneidigkeit）、炭酸ガスの快い刺激（Rezenz）、
飲み飽きしないこと（Weitertrinken、相当する英語はDrinkability）が挙げられていま
す。「ドリンカビリティ」は「たくさん飲んでも飲み飽きしないビールは、良い
ビール。」ということを意味し、多飲量性とも訳されますが、ビールの香味が調和
していて美味しく飲みやすいことは、重要で必要なビールの特性です。
　実際に飲用する際のビールの温度は、ビールを美味しく飲むために重要です。
「ビールは、冷たいほど美味い。」のは間違いで、冷やし過ぎると泡立ちが悪く
なったり、ビール本来の香味が感じられなくなったりします。日本で最も多く飲ま
れているピルスナータイプのビールが美味しく感じられる温度は、4〜8℃くらい
です。夏はやや低め、冬はやや高めが良いでしょう。ドイツやベルギーなど寒さの
厳しい地域では、清酒の熱燗のようにビールを50℃程度に温めた「ホットビール」
を飲む習慣もあります。

（1）泡立ちと泡持ち――泡もビールの一部

　ビールの泡の立ち方は、注ぐ位置の高さ、注ぐ速度、グラスの形状、炭酸ガスの
含有量によって変わります。白く盛り上がり滑らかできめの細かいものが、良い泡
の証です。
　ビールの泡は、泡立ちだけではなくて、泡持ち（泡の持続性）も重要です。泡持
ちにマイナスの作用をする物質としては、脂質や脂肪酸があります。したがって、
泡持ちを良くするために、ビールを注ぐグラスに脂質（油分）が残らないように、
綺麗に洗浄することが重要です。
　グラスに注いだビール表面を覆った泡は、ビールから炭酸ガスが揮散することを
防ぐだけではなく、ビールが空気と接触して酸化によって味が悪くなることを防ぎ
ます。また、泡には苦味成分であるイソフムロンだけではなく、脂肪酸、脂肪酸エ
ステル、ミネラル等の成分が吸着されるので、泡はビールの苦味や味の鋭さを和ら
げて香味を穏やかにする効果があります。
　実際に、泡を舐めてみると苦く感じます。キメの細かい白い泡は、ビールをいか
にも美味しそうに演出しますが、本当に泡はビールを美味しくしているのです。

（2）グラスも大切――味わいを高める名脇役

　ビールを飲むグラスにはジョッキ、タンブラー、ピルスナー、ゴブレット等があります。陶器製のビアマグは断熱が良く、ビールが温まるのを防いでくれます。グラスが綺麗でなければ、ビールの泡持ちを損ない、ビールを楽しむことはできません。缶製品のビールもグラスに注いで、泡と色沢を楽しみながら飲むと、一層美味しく感じられます。

　ビールを飲むグラスは、中性洗剤で油分を取り除いた後、洗剤が残らないように水洗いを充分に行います。食器洗いに使用しているスポンジは、料理の油分などが付着している可能性があるので、グラスを洗うスポンジはグラス専用のものとして使用します。水洗いした後のグラスは、逆さまにして吊り下げて自然乾燥することがベストです。布巾で拭いたり、布巾の上に逆さまに置いたりすると、布巾に付着している臭いや油分がグラスに付着して、洗浄したことが無駄になってしまいます。

6　ビールの税率等

（1）ビール系飲料の範囲拡大

　ビールのほか、発泡酒や新ジャンルと称される酒類を含めてビール系飲料と言われています。ビール、発泡酒（麦芽使用比率50％未満）、新ジャンルは酒税の税率が異なっており、大手ビールメーカーは、製法の工夫によって低価格でありながらも、ビールに近い味わいにすべく技術開発の努力を重ね、発泡酒や新ジャンルの商品を開発しています。

　平成29年度税制改正において、こうした類似する酒類間の税率格差が商品開発や販売数量に影響を与えている状況を改め、酒類間の税負担の公平を回復する等の観点から、ビール系飲料の税率格差を解消（税率一本化）することとされました。ビール系飲料の税率一本化に向けて、新ジャンルのほか、将来的に開発されうる類似商品も含めてその対象に取り込めるよう、ホップを原料の一部とする商品や、色度や苦味価が一定以上の商品を発泡酒の定義に追加することとし、令和5年10月から適用されることになっています（【図表1－6－13】（次ページ））。

【図表１－６－13】 ビール系飲料の範囲拡大

ビール系飲料の範囲拡大

○　ビール系飲料の税率一本化に向けて、新ジャンルのほか、将来的に開発されうる類似商品も含めてその対象に取り込めるよう、ホップを原料の一部とする商品や、色度や苦味価が一定以上の商品を発泡酒の定義に追加することとし、ビール系飲料の第２段階の税率見直しとあわせて、令和５年10月より実施する。

現　行

税率（350mℓ換算）

ビール	✔麦芽・ホップ・水・法定副原料のみ使用 ✔麦芽比率67%以上	77.00円
発泡酒	✔麦芽を使用	46.99円
新ジャンル	✔エンドウたんぱく・ホップ等を使用 ✔発泡酒（ホップ使用）に麦スピリッツを混和	28.00円
その他の発泡性酒類	✔その他（チューハイ等）	

（※1）新ジャンル以外でホップを使用する発泡性酒類の税率は、ビール並びとされている。

改革完成後　（税率は令和８年10月時点）

ビール	✔麦芽・ホップ・水・**法定副原料（一部拡大）**のみ使用 ✔麦芽比率**50%**以上	**54.25円**
発泡酒	✔麦芽を使用 ✔**ホップを使用**（※現行の新ジャンルは全て該当） ✔**その他のビール類似商品（苦味価・色度一定以上）**	**54.25円**
その他の発泡性酒類	✔その他（チューハイ等）	**35.00円**

（※2）税率見直しの第２段階では、新たに発泡酒に追加される酒類（新ジャンル以外）の税率は、ビール並びとする。

（資料提供：国税庁）

（2）税率構造の見直し

　ビール系飲料の税率格差を解消するため税率構造の見直しが行われることとなります。ビールの税率は、令和2年10月から段階的に引き下げられ、令和5年10月から155,000円になります。

　一方、発泡酒（麦芽使用比率25%未満）の税率は、新ジャンルが段階的に引き上げられ、令和8年10月からは155,000円となります。この結果、令和8年10月以降、ビール系飲料の税率は同じ税率になります（【図表1－6－14】）。

【図表1－6－14】ビール系飲料の税率構造の見直し

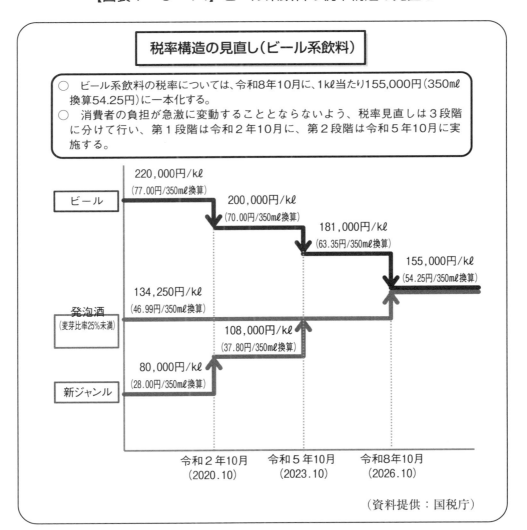

（資料提供：国税庁）

7　ビールの表示

　国産ビールの表示は、他の酒類と同様、酒類業組合法（第86条の5及び6、施行令第8条の3及び4）によって、必要とされる表示事項が決まっています。

　また、消費者の適正な商品選択を保護し、公正な競争を確保するため、昭和54（1979）年に「ビールの表示に関する公正競争規約」が公正取引委員会の認定を受けて制定され、これに加盟しているビールメーカーはこの規約に基づいて表示を行っています。

　必要な表示事項として、ビールである旨、原材料、賞味期限、保存方法、内容量、アルコール分、事業者の名称及び所在地及び取扱い上の注意等が定められています。

　特定用語の表示基準として、ラガービールについて、「貯蔵工程で熟成したビールでなければラガービールと表示してはならない。」、生ビールまたはドラフトビールについて、「熱による処理（パストリゼーション）をしないビールでなければ、生ビール又はドラフトビールと表示してはならない。」、また、『容器又は包装に生ビール又はドラフトビールと表示する場合は、「熱処理をしていない」旨を併記して表示しなければならない。』等が定められています。

　さらに、国税庁告示第9号に基づく未成年者の飲酒禁止の注意事項や妊婦の飲酒注意、鋼製またはアルミニウム製の缶であって飲料が充てんされたものの表示の標準となるべき事項を定める省令（平成3年大蔵・農林水産・通商産業省令第1号）に基づくアルミ缶とスチール缶の識別マークなどが表示されています（【図表1－6－15】【図表1－6－16】参照）。

【図表１－６－15】瓶ビールの表示

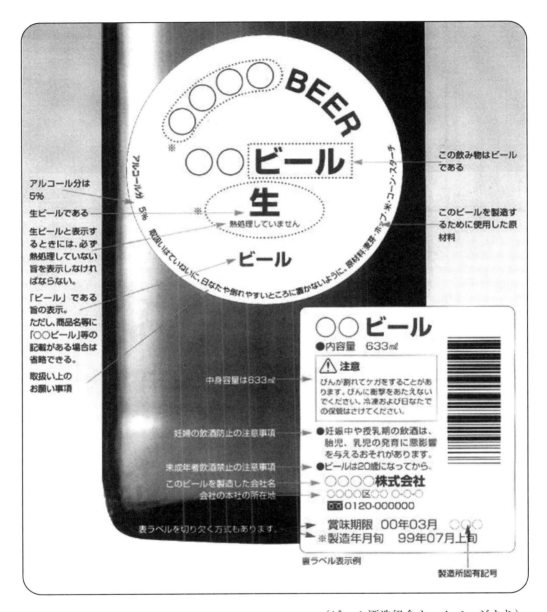

（ビール酒造組合ホームページより）

【図表1-6-16】缶ビールの表示

破損するおそれがありますので衝撃や冷凍保管を避け、直射日光のあたる車内等、高温になる場所に長時間置かないでください。

妊娠中や授乳期の飲酒は、胎児、育児の発育に悪影響を与えるおそれがあります。

生ビールである

生ビールと表示するときには、必ず熱処理していない旨を表示しなければならない。

「ビール」である旨の表示。ただし、商品名等に「○○ビール」等の記載がある場合は省略できる。

散乱防止のお願い事項

材質の識別表示マーク

缶の材質によってアルミもしくはスチールの識別マークを表示します。ビールの缶には2カ所に表示されています。

再生資源としてのお願い事項

※○○○ BEER

○○ ビール

生
※ 熱処理していません

ビール

あき缶はすてないようご協力ください

お酒

ビールは20歳になってから

原材料：麦芽・ホップ・米・コーン・スターチ

○○○株式会社

○○○区○○○

アルコール分・5%

内容量・500㎖

このビールを製造するために使用した原材料

このビールを製造した会社名

会社の本社の所在地

この飲み物はビールである

アルコール分は5%

中身容量は500㎖

清涼飲料等との誤認防止

未成年者飲酒禁止の注意事項

製造所固有記号
賞味期限
※製造年月旬

（缶底部に）

※印は任意の表示事項です。

（ビール酒造組合ホームページより）

第7章　ワイン

1　ワインの歴史

　ブドウを発酵させて造られるワインは、もっとも古くから造られていた酒類で、紀元前6000年頃に黒海とカスピ海に挟まれたコーカサス地方で初めてワインが造られたといわれています。古代エジプトでも、紀元前3000年頃、ワイン造りが始まり、ピラミッド内部にもワイン造りやブドウ栽培を描いた壁画が残されています。

　ワイン造りはその後、紀元前1000年頃にギリシャに伝わり、さらに地中海沿岸、現在のイタリア、フランス、スペインにも広まりました。古代ギリシャ人は、ワインに香辛料、水、蜂蜜などを混ぜて飲んでいましたが、これはワインの保存性を良くするためや、飲みやすくするためといわれています。つまり、当時のワインはあまり品質が良くなかったと思われます。

　ローマ時代になると、徐々に混ぜものをしないワインが飲まれるようになってきました。ギリシャ・ローマ時代には、地中海沿岸の海上貿易でワインを輸送するため、容器にアンフォラ（取手付きの底の尖った土器）が使われました。

　ローマ帝国は、ジュリアス・シーザーのガリア遠征（紀元前58年〜）によって、フランス、北イタリア、ドイツ南部、イベリア半島などを支配下に収め、ブドウ畑が開拓されました。当時は船が輸送手段として使われていたため、ローヌ、ロワール、ガロンヌ（ボルドー）、ライン、モーゼルなどの大河の流域でブドウ栽培が広まり、現在に至る名醸地となっています。また、ガリア遠征で、ケルト族のビール用大樽を持ち帰り、ワインの貯蔵に使われるようになりました。

　キリストが最後の晩餐の際に「パンはわが肉、ワインはわが血なり」と言ったことから、ワインは教会の儀式に欠かせないものになりました。ゲルマン人の大移動（5世紀〜）によって西ローマ帝国が滅亡して中世に入ると、当時はまだワイン文化を持たなかったゲルマン人の台頭やイベリア半島へのイスラム勢力の侵攻（8世紀）などによってワイン製造が縮小しましたが、教会や修道院が中心になって、ワイン造りは続けられました。

　8世紀後半、全ヨーロッパを統一したフランク王国のカール（フランス語名 シャルルマーニュ）大帝は、農業を振興し、ワインにも力を入れたため、教会や修道院が中心となって、ワイン生産は再び拡大します。彼の名は、ブルゴーニュの特級畑、コルトン・シャルルマーニュに残されています。その後、11〜14世紀には度重なる十字軍の遠征や戦乱、さらにペストの大流行でワイン造りは一時減少しますが、

14 〜 16世紀、ルネッサンス時代には、料理と娯楽としての飲酒が発展しました。

　15 〜 17世紀の大航海時代とその後の植民地獲得の時代には、ブドウ栽培とワイン醸造は南北アメリカ、南アフリカ、オーストラリアに広がりました。

　17 〜 18世紀には、ガラス瓶とコルク栓がワインの貯蔵に使用されるようになり、ワインの品質向上に大きな役割を果たしました。また、瓶内二次発酵によるシャンパンの製造も18世紀初めに始まったとされています。さらに、蒸留酒が造られるようになると、ワインスピリッツを添加するシェリーやポートのような酒精強化ワインも造られるようになりました。
　ところが19世紀、ヨーロッパのワイン造りに大ピンチが訪れます。べと病、うどんこ病と、ブドウの害虫であるフィロキセラ（ブドウ根アブラムシ）です。アメリカから取り寄せた苗木についていたこれらの病気と害虫はヨーロッパ中のブドウ畑に広がり、壊滅状態となります。ヨーロッパのブドウ栽培は、この危機をボルドー液などの農薬の開発とフィロキセラに抵抗性のあるアメリカ系ブドウを台木にして接ぎ木をすることで克服し、立ち直ることができました。
　1866年、フランスの生化学者であったパスツールが「ワインの研究」を著し、ワイン醸造に近代的な微生物学の知識がもたらされました。20世紀になると、種々の醸造設備の改良が進み、1960年代にほぼ現在のワイン造りの形態が定着したといえます。

　現在の主要なワイン生産国（次ページ【図表1−7−1】）を見ると、イタリア、フランス、スペインに、新世界のワインと呼ばれるアメリカやオーストラリア、チリ、アルゼンチンなどが上位に入っています。

　また、国民一人当たりの消費数量は、【図表1−7−2】（次ページ）のとおりです。
　1位はルクセンブルクですが、この国は近隣諸国よりも消費税率が低いことから国境を越えた買い物客が多く、その影響も大きいといわれています。
　フランス人の年間47.7ℓの消費量は、750㎖瓶で約64本、1ヵ月に5本強になります。大変多く感じられますが、1982年の消費量は86ℓでしたから、大幅に減少していることになります。

上段：【図表１－７－１】ワインの国別生産量（2021年）

下段：【図表１－７－２】国民一人当たり年間ワイン消費量（2021年）

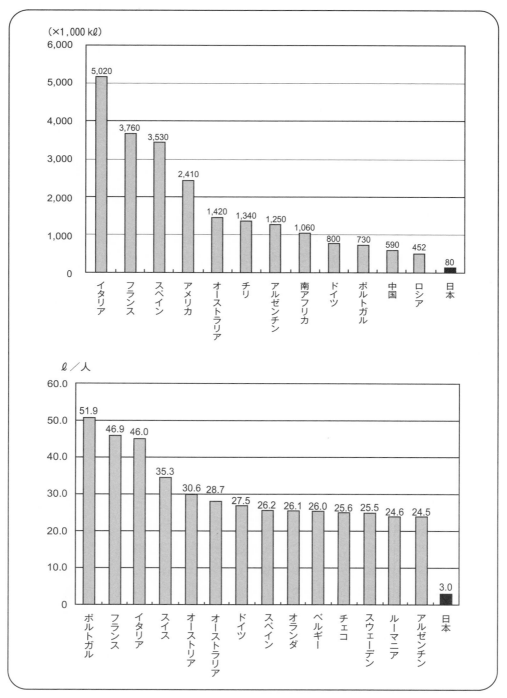

ＯＩＶ（国債ワイン・ブドゥ機構）資料より

2　日本のワインの歴史

　日本に初めてワインがもたらされたのは、戦国時代の1549年、キリスト教を日本に伝えた宣教師フランシスコ・ザビエルが薩摩藩の島津貴久に献上した、と記録されています。当時「珍陀酒」と呼ばれ、織田信長のような戦国大名や、豪商たちに珍重されたといわれています。しかし、江戸時代になると鎖国のため、海外からのワインの持ち込みは途絶えます。

　日本で本格的にワイン醸造が始められたのは、明治初期の文明開化の時代です。殖産興業政策の一つにブドウ栽培・ワイン醸造が含まれていました。当時の日本は米が不足していたため、ワイン造りの奨励には清酒に用いられる米を節約する目的もあったようです。

　明治10（1877）年には、我が国初めてのワイン醸造会社が誕生し、2人の青年をフランスに派遣して技術を学ばせました。しかし、ワインの味わいは当時の日本人の食生活になじまず、消費・生産ともわずかでした。こうした中、当時「ポートワイン」等と呼ばれた、ワインに甘味や香味を加えた甘味果実酒が工夫され、大正7（1918）年には果実酒・甘味果実酒の75％が甘味果実酒でした。第2次世界大戦中も、軍事物資であった酒石を供給するため、ワイン造りは続けられました。戦後は、以前からのワイナリーが復興に努力するとともに、大手の酒類・食品会社がワイナリーを設立しました。

　日本のワインの消費量を果実酒の課税数量（【図表1－7－3】）で推定すると、大阪万博の年である昭和45（1970）年には成人一人あたり80mℓ（グラス1杯）でしたが、その後、食生活の洋風化や好景気などの要因で増加し、平成元（1989）年には、一人あたり1ℓを超えました。
　赤ワインブーム（ポリフェノールを多く含む赤ワインには心臓病を予防する効果があるとの報道に端を発した世界的ブーム）が起こった平成10（1998）年には2.99ℓにまで急増しましたが、その後は2ℓ程度になっていました。
　近年では、外国産の手頃な価格のワインの輸入が増えたこと、居酒屋などの飲食店でワインの取扱いが増えたことなどの要因があって、第7次ワインブームと言われるブームが起こり、酒類全体の消費数量が減少傾向にあるなか、ワインは上昇傾向にあり、平成29（2017）年は3.6ℓにまで増加しています。

【図表１－７－３】日本のワイン消費量の経年変化

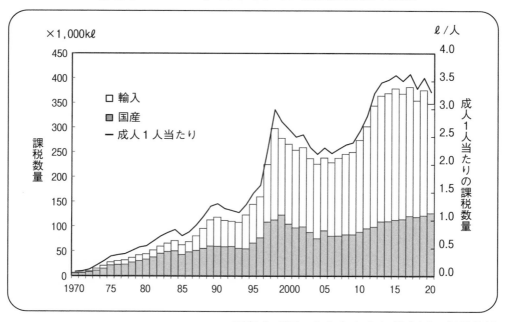

国税庁「酒のしおり」より果実酒の課税数量
成人１人当たりは総務省の人口推計（総人口）の20歳以上の値を用いて計算

3　ワインの特徴

　ほかの酒類と比較して、ワインの特徴はその多様性にあります。

　ワインには、色だけでも赤・白・ロゼの違いがあります。白ワインには辛口から甘口、貴腐ワインのような極甘口のものまで、赤ワインにも新酒（ヌーボー）のような軽い飲みやすいものから、渋みのしっかりしたフルボディのワインまで様々です。

　さらに、ワイン用のブドウには多くの品種があり、品種によって、ワインの香りや味わいが大きく異なります。その上、産地や醸造法による多様性が加わります。種類が多いことはワインを選ぶときの大きな楽しみですが、同時にワインが「分かりにくい、難しそう」と思われる原因にもなっています。ワインのタイプ（甘口・辛口、ライトボディ・フルボディ、フルーティ、熟成タイプetc）や、どんな料理に合うかなどを表示すると、ワインにあまり馴染みのない人にもワインが選びやすくなるのではないでしょうか。

　ワインは価格の違いも大きく、1本数百円のものから数万円のものまで、100倍以上の差があります。手頃な価格のワインには、欠点がなく、飲みやすいことが求められます。あまりに高価なワインの場合は、希少価値や投機的な要因も含まれますが、それを除けば、価格に応じた品質、すなわちブドウの品種や産地の特徴が出て、香味に豊かさ、複雑さがあることが重要です。

　また、ワインにはそれぞれの飲み頃があります。生産量の大部分を占める手頃な価格のワインは、比較的若いうち（貯蔵年数が短いこと）が美味しさのピークになります。一方、フルボディの赤ワインは、若いうちは渋みが荒く、飲みにくいですが、熟成によって、味わいのなめらかさと豊かな熟成香が生まれます。一般に、白ワインより赤ワインの方が、ライトタイプよりフルボディタイプの方が熟成を要します。また、極甘口の白ワインは長い熟成に耐えることが知られています。

　ほかの酒類にもいえることですが、ワインはとてもデリケートで傷みやすいお酒です。高温条件に置くと、中身が膨張してコルクから漏れることがあります。ワインが漏れるとラベルを汚すだけでなく、低温になって体積が減ったときに空気が入り、酸化を招きます。さらに、長期間高温条件に置くことで、ワインに不快な苦みが生まれますので、ワインの輸入や保管には注意が必要です。また、光はワインに日光臭と呼ばれる異臭を付けます。日光だけでなく、蛍光灯の光でも付きますので、ワインに強い照明が直接当たらないようにしましょう。

4　ワインの製造方法

　ワインには大まかに分けて赤・白・ロゼがありますが、それぞれ醸造方法が異なります（【図表1-7-4】参照）。

（1）赤ワイン

　赤ワインは、果皮に赤色色素が含まれ黒く見えるブドウを原料にします。まず、梗（ブドウの軸）を取って（除梗）、果粒を潰し（破砕）、この状態（果醪）でアルコール発酵させます。赤ワイン用ブドウの果汁にはほとんど色がついていませんが、アルコール発酵中に、果皮から色素とタンニン（渋味成分）が、種子からもタンニンが出てきます。

　適度な色と渋味になったところで果皮や種子を除くため搾汁し、まだ糖分が残っている場合は、完全に発酵させます。その後、滓引き・ろ過をして、樽やタンクで熟成させます。さらに清澄化（滓下げ・ろ過）やブレンドをして、瓶詰めされます。

　ライトタイプからフルボディタイプまで、ブドウの品種や熟度、醸造方法によって、味わいが異なります。フルボディのワインを造るには、完熟し、色や渋味成分等の整ったブドウが必要です。

（2）白ワイン

　白ワインには、通常、果皮に色素を含まない、緑〜黄色の果皮のブドウを原料にします。梗を取って潰した後、果汁を搾り、発酵させます。白ワインの発酵時には果皮や種子が含まれないので、白ワインには赤ワインのような渋味がありません。アルコール発酵後、滓引き、ろ過、熟成、清澄化等を行って、瓶詰めされます。

　白ワインはブドウの品種によって香りが大きく異なります。赤ワインよりも早く飲み頃になりますが、中には10年程度熟成できるものもあります。

（3）ロゼワイン

　色合いが美しいロゼには、さまざまな造り方があり、国や地域によっては造り方が決められている場合があります。
　○　赤ワインのように果醪で発酵させ、途中で搾る。
　○　赤ワイン用ブドウと白ワイン用ブドウを混ぜて発酵させ、途中で搾る。

【図表1−7−4】ワインの製造工程（赤・白）

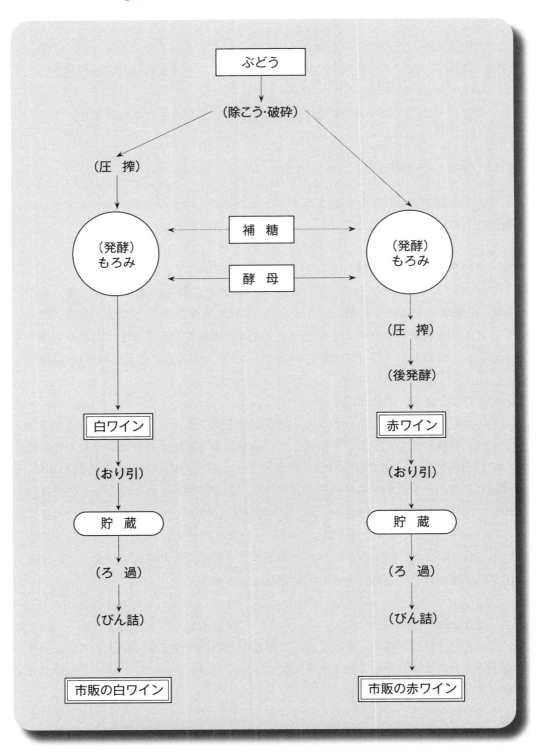

○　色やボディ感の強い赤ワインを造るため、果醪から果汁の一部を引き抜き、引き抜いた果汁は発酵させてロゼにする。セニエ（血抜き）と呼ばれる方法です。

○　できあがった赤ワインと白ワインをブレンドする。

○　赤ワイン用ブドウを搾って発酵させる。ブラッシュと呼ばれる淡い色合いのワインになります。

一般にロゼは、フルーティさを楽しむワインで、若いうちに飲まれます。

（4）ワイン造りのバリエーション

ワインの醸造方法にはさまざまなオプションやバリエーションがありますが、代表的なものは次のとおりです。

①　マロラクティック発酵

アルコール発酵が終わった後、乳酸菌の働きで、酸味の強いリンゴ酸（malic acid）が酸味の柔らかな乳酸（lactic acid）に変化する発酵のことです。酸味が和らぐとともに、発酵バターのような香りでワインに複雑さを与えます。大部分の赤ワインと、一部の白ワイン（樽発酵のシャルドネなど）で必要な工程とされています。

②　マセラシオン・カルボニック

タンクに除梗・破砕しない赤ワイン用ブドウを房ごと入れると、底の方でブドウが潰れ、発酵します。タンクを密閉して、発酵による炭酸ガスを充満させると、潰れていないブドウの中で嫌気的な代謝が起こり、若干のアルコールが生成します。同時に、バナナを思わせる独特の香りが生じ、色素が抽出されやすくなるので、搾汁して、残りの糖分を発酵させると、渋味の軽い、飲みやすい赤ワインになります。

『ヌーボー』で有名なフランス、ボジョレー地区の仕込み方法で、他の地方でも利用されています。マセラシオン・カルボニックとは「炭酸ガスに浸す」という意味で、炭酸ガスを吹き込む方法も用いられています。

③　シュール・リー

白ワインの発酵が終わった後、普通は酵母などの滓は沈ませて除きますが、発酵終了後もそのまま滓を絡ませておく方法で、「滓（リー）の上（シュール）」という意味です。

酵母が酸化を防ぐため、フレッシュさが保たれ、酵母から出る香味が厚みを与えます。フランス、ロアール川河口近くで造られる『ミュスカデ・セーヴル・エ・

メーヌ』が有名です。日本でも、甲州でキリッとした辛口のシュール・リーが造られています。

④　樽発酵

　白ワインを、樽（桶ではありません）の中で発酵させる方法です。発酵が終わると、シュール・リー状態で樽をワインで満たします。ブルゴーニュの伝統的な醸造方法ですが、その意義が見直され、シャルドネやソーヴィニヨン・ブラン、甲州でも行われています。発酵が終わってから樽に入れるのに比べ、樽香が穏やかになり、酸化も防げると報告されています。

⑤　無添加ワイン

　ワインには、酸化防止と野生微生物の増殖抑制のために亜硫酸が使用されます。亜硫酸の含有量は各国とも法律で規制されていますが、消費者の健康志向から亜硫酸を使用しないワインも造られるようになりました。これが「無添加ワイン」です。

　亜硫酸無添加のワインを造るには、酸化しにくい原料や、醸造方法などを慎重に検討する必要がありますが、残念ながら酸化や微生物汚染が認められる無添加ワインもあるようです。

⑥　貴腐ワイン

　ブドウの果皮に灰色カビ（ボトリティス・シネレア）がついて表面のワックスを溶かし、水分が蒸発して干しブドウに近い状態になったブドウを「貴腐ブドウ」といい、その貴腐ブドウから造った極甘口のワインを「貴腐ワイン」と呼びます。

　蜂蜜のような独特の香りと濃醇でなめらかな甘さを持つ、非常に高価なワインです。フランス・ボルドーの『ソーテルヌ』、ドイツの『トロッケンベーレンアウスレーゼ』、ハンガリーの『トカイ』が世界3大貴腐ワインです。

⑦　アイスワイン

　ドイツやカナダのような寒冷地で、ブドウが凍るほど寒くなるまで収穫を遅らせ、凍った果実をシャーベット状のまま搾汁すると非常に糖度の高い果汁が得られます。これを発酵させた極甘口ワインが「アイスワイン」です。

　ただ糖度を高めるだけでなく、ブドウを過熟状態にすることで貴腐状態になることも多く、濃醇な香味が得られます。

⑧　スパークリング・ワイン（発泡性ワイン）

　ワインを発泡性にするには、色々な造り方があります。炭酸ガスを吹き込む方法

（カーボネーション）は最も短期間でできますが、設備が必要です。泡がすぐに消え
やすい、といわれます。

「加圧タンク法（シャルマー法）」は白ワインに糖と酵母を加えて、密閉加圧タン
クで二次発酵させ、発酵による炭酸ガスをワインに溶け込ませる方法です。加圧条
件で瓶詰めされます。イタリアの『スプマンテ』などで使われている方法です。

「瓶内二次発酵法」は二次発酵を瓶内で起こす、フランスの『シャンパーニュ』
やスペインの『カバ』などの製造方法です。二次発酵が終わった後も長期間熟成さ
せることで、ワインにボディと特有の風味を与えます。瓶から酵母を除くため、穴
を開けた板を斜めに立てかけたところに寝かせてあった瓶を挿し、毎日少しずつ揺
すりながら逆立ちさせて行き、瓶の口に酵母を集めます。瓶の口の部分を冷媒に浸
けて凍らせ、瓶を立てて王冠を抜くと凍ったワインと酵母が飛び出します。すぐに
少量の甘味をつけたワイン（門出のリキュール）を加えた後に同じロットのワインで
容量に合わせ、コルクを打ち、針金を掛けて留めます。

時間と手間の掛かる方法ですが、単に発泡性になるだけではなく、酵母と熟成さ
せることで、ボディ感のあるスパークリング・ワインになります。

（5）甘味果実酒

日本では甘味果実酒に分類されるものとして、ワインにアルコールを添加して熟
成させた『シェリー』（スペイン）、『ポート』『マディラ』（ともにポルトガル）などの
デザートワインが含まれます。これらのデザートワインについては、後述「6　各
国のワイン」をご覧ください。

（6）ブドウ以外の果実酒

EUでは、ワインというとブドウから造られた果実酒を指しますが、フランス・
ノルマンディー地方やイギリスなどでは、リンゴ酒（『シードル』、英語では『サイ
ダー』）が造られ、甘口、辛口、スパークリングなど色々な種類があります。
ニュージーランドではキウイフルーツのワインも造られています。

日本では、各地で特産品のリンゴ、梨、梅、サクランボ、ブルーベリー、トロピ
カルフルーツ類などを発酵させたお酒が造られています。

なお、日本では果物に含まれる糖分より添加する糖分が多い場合は、甘味果実酒
になります。また、ブドウから造ったワインに色々な果汁を加えた果実酒も造られ
ています。

5　ワイン用ブドウの品種

　ワイン用ブドウにはたくさんの品種があり、品種によってワインの味わいや香りが大きく異なります。

　ブドウには、大きく分けてヨーロッパ系のヴィニフェラ種とラブラスカ種などアメリカ系ブドウとの交配品種があります。ヨーロッパ原産の伝統的な醸造用品種はヴィニフェラ種ですが、夏に雨の多い日本では病害を受けやすいという問題があります。アメリカ系のブドウは、病害に強く、多湿な土地でも栽培が容易ですが、グレープジュース様の甘い独特の香りがあり、ヨーロッパのワイン関係者にはフォクシーフレーバーと呼んで嫌う人がいます。

　ワインにはたくさんの種類がありますが、ワインの特徴には、ブドウの品種の違いが一番顕著に表れます。代表的な品種を紹介しましょう。

（1）赤ワイン用品種

① 　カベルネ・ソーヴィニヨン　Cabernet Sauvignon

　フランスのボルドー地方の代表的な赤ワイン品種で、世界中で広く栽培されています。タンニンがしっかりしていて、色が濃い、典型的なフルボディタイプの赤ワインになり、熟成によって、豊かな味わいと華やかな熟成香が生まれます。しかし、晩熟な品種で、ブドウが充分に熟さないと、ピーマンのようなグリーンの野菜の香りが強くなってしまいます。

　ボルドーでは、一般にカベルネ・フランやメルローとブレンドされますが、より天候に恵まれたカリフォルニアやオーストラリア、チリなどでは単品種のワインがたくさん造られています。

② 　メルロー　Merlot

　カベルネ・ソーヴィニヨンと並ぶボルドーの品種で、カベルネ・ソーヴィニヨンよりもタンニンが柔らかで、早く熟成し、飲み頃になります。色が濃く、プラム、カシスなどの果物に例えられる香りを持ちます。

　適応性が高く、南北アメリカや、オーストラリアなど新しいワイン生産国だけでなく、イタリア北部や東欧などヨーロッパ各地のワイン産地や、フランスの南西部でも広く栽培されるようになりました。日本でも人気の高い品種です。

　ボルドーのメドック地区のように、カベルネ・ソーヴィニヨンとブレンドされることが多く、ワインに丸さを与えます。単品種のワインもたくさん造られています。

③　ピノ・ノワール　Pinot noir

　ブルゴーニュの赤ワイン品種で、有名な『ロマネ・コンティ』もこの品種で造られています。ピノ・ノワールの赤ワインは、若いうちは透明で鮮やかな赤色とラズベリー、イチゴ、チェリーなどの果物の華やかな香りときめ細かなタンニンを持ち、熟成するとスパイシーで秋の下草に例えられる複雑な香りがします。

　ピノ・ノワールは、ブルゴーニュ以外で良質な赤ワインを得ることはほぼ不可能とまでいわれた栽培の難しい品種ですが、アメリカ北西部のオレゴン州や、カリフォルニアの中でも冷涼な地域で、品質の高いピノ・ノワールがつくられるようになりました。さらに、ニュージーランド、オーストラリア、チリ、イタリアなどにも適地が見つかっています。

④　シラー　Syrah　（シラーズ　Shiraz）

　フランス、ローヌ北部の品種で、『エルミタージュ』ではがっしりした長熟タイプのワインになります。また、シャトー・ヌフ・ド・パープやローヌ南部では、グルナッシュとブレンドされて、ワインにしっかりした味わいを与えます。

　オーストラリアの重要な赤ワイン品種で、シラーズと呼ばれ、チョコレートや黒コショウの香りがするといわれます。

⑤　カベルネ・フラン　Cabernet franc

　ボルドーの品種で、カベルネ・ソーヴィニヨンよりタンニンがソフトです。

　ボルドーではカベルネ・ソーヴィニヨンやメルローとブレンドされます。ロアール中流のソミュール・シャンピニやシノン、北東イタリア（フリウーリなど）、冷涼な気候のニュージーランド、アメリカのワシントン州では単品種で上質なワインが造られています。

⑥　テンプラニーリョ（テンプラニージョ）　Tempranillo

　スペインで最も広く栽培されている重要な赤ワイン品種で、タンニンと酸がしっかりしています。リベラ・デル・ドゥエロ地区の赤ワインの中心的な品種で、深い色合いのワインになります。

⑦　ネッビオーロ　Nebbiolo

　イタリア北部、ピエモンテ州のブドウ品種です。タンニンと酸が豊かな、長熟タイプのワインになります。バローロ地区とバルバレスコ地区が有名な産地です。スミレやバラ、ドライフルーツ、ジャム、タバコなどの香りがするといわれます。

⑧　サンジョベーゼ　Sangiovese

　イタリアで最も広く栽培されている品種です。『キャンティ・クラッシコ』、『ブルネッロ・ディ・モンタルチーノ』、『ヴィーノ・ノビレ・ディ・モンテプルチアーノ』等が有名です。

⑨　グルナッシュ　Grenache

　地中海沿岸で広く栽培されている品種で、南フランスで最も多く栽培されています。フルーティな赤ワインになります。ムールヴェドル、シラー、サンソーとブレンドされることが多くあります。

　スペインではガルナッチャと呼ばれ、テンプラニーリョとブレンドされます。赤ワインのほか、ロゼにも使われます。

⑩　ジンファンデル　Zinfandel

　長い間、カリフォルニア独自の品種とされていましたが、イタリア南部のプリミティーヴォという品種と同じで、クロアチア原産だということが分かりました。長熟なフルボディタイプの赤ワインになりますが、白ワインと同じ造り方をした、淡いピンクの『ホワイト・ジンファンデル』も造られます。

⑪　ガメイ　Gamay

　ボジョレー地区の品種で、『ヌーボー』が有名です。伝統的に、マセラシオン・カルボニックと呼ばれる方法で仕込まれます。鮮やかな明るい赤色の、フルーティで軽い口当たりの赤ワインになりますが、少し熟成させるタイプのワインも造られています。

⑫　ツバイゲルトレーベ　Zweigeltrebe

　オーストリアで最も広く栽培されている赤ワイン品種で、ブラウフランキッシュとサンローランを交配して育種されました。冷涼な気候に合うため、日本の北海道や東北地方でも栽培されていて、熟成するとこなれた味わいのワインになります。

⑬　マスカット・ベーリーＡ　Muscat Baily A

　ブドウの育種に生涯を懸けた川上善兵衛氏が、マスカット・ハンブルグとベイリーを交配し、選抜した品種です。軽いタンニンと、独特の甘い香りが特徴ですが、最近は樽熟成させたものや、メルローやカベルネ・ソーヴィニヨンとブレンドされたバランスのよいワインも造られています。

⑭ キャンベル・アーリー Campbell Early

　アメリカ系の交配品種で、鮮やかな赤色と、甘いブドウジュースの香りが特徴です。日本では赤ワインのほか、ロゼワインも造られています。

（2）白ワイン用品種

① シャルドネ Chardonnay

　ブルゴーニュ地方の白ワイン品種で、適応性が高く、世界各地のワイン産地で広く栽培されています。洋梨や柑橘系のフルーツの香りにナッツのニュアンスをミックスしたような香りで、熟成すると「火打ち石」の香りと呼ばれる、スモーキーな熟成香が生じることがあります。

　しかし、リースリングやソーヴィニヨン・ブランのような個性的な香りではなく、どちらかというと穏やかな香りです。

　『シャブリ』に代表される酸味の効いたキリッとしたワイン、樽発酵・樽熟成を行ったリッチなタイプ、また『シャンパーニュ』のようなスパークリング・ワインと、様々なタイプのワインになります。

② ソーヴィニヨン・ブラン Sauvignon blanc

　フランスのボルドー地方とロワール地方で古くから栽培されている品種です。今では新世界のワイン産地や北イタリアなどでも栽培され、「フュメ・ブラン」や単に「ソーヴィニヨン」と呼ばれることもあります。世界でシャルドネに次ぐ白ワインの人気品種になっています。

　冷涼な気候の下で栽培すると、グレープフルーツやパッションフルーツの香りとちょっとグリーンな感じのある、酸味の豊かなワインになります。

　ロワール地方のサンセール地区やプイィ・フュメ地区、ニュージーランド南島のマールボロー地区が有名で、ソーヴィニヨン・ブラン単品種の辛口でフルーティなワインが造られます。

　一方、ボルドー地方では、通常、セミヨンとブレンドされます。

③ リースリング Riesling

　ドイツを代表する白ワイン品種で、白い花や蜂蜜を思わせる華やかでフルーティな香りと、活き活きした酸味が特徴です。ドイツでは、辛口から極甘口まで様々なワインが造られていますが、量が多いのはやや甘口のものです。

　フランスのアルザス地方では、辛口のワインが造られています。冷涼な気候に適性があり、アメリカのワシントン州やカナダでも良質なワインが造られます。

　高品質のものは長期熟成できますが、熟成によって灯油のような香りが出ることもあります。

④　セミヨン　Semillon

　ボルドーの白品種で、果皮が薄く、条件が整うと貴腐ブドウになります。ボルドーの『ソーテルヌ』や『バルザック』の貴腐ワインでは、セミヨンとソーヴィニヨン・ブランを４：１程度にブレンドし、少量のミュスカデルを加えています。また、ボルドーのグラーヴ地区で造られる辛口の白ワインにも使用されています。

　オーストラリアや、アメリカのワシントン州などでも栽培されています。

⑤　ミュスカ（マスカット）　Muscat

　食用のマスカットに共通する華やかな香り（モノテルペンアルコール類）があります。マスカット系にはたくさん品種があり、イタリアのスパークリング・ワインである『アスティ・スプマンテ』や、フランスの天然甘口ワイン（甘味果実酒）にも使われています。

⑥　ムロン　Melon（ムロン・ド・ブルゴーニュ　Melon de Bourgogne）

　ブルゴーニュが原産ですが、シュール・リーで有名なロアール河口の『ミュスカデ』に使用される品種です。穏やかな風味で、シュール・リーの香味と良く合います。

⑦　トレッビアーノ　Trebbiano

　イタリアで広く栽培されている品種で、フレッシュな酸味の飲みやすいワインになります。フランスでは「ユニ・ブラン」と呼ばれ、ブランデーのコニャックの原料にも使われています。

⑧　ミュラートゥルガウ　Muller-Thurgau

　スイスのトゥルガウ出身のヘルマン・ミュラー博士が交配育種した品種で、ドイツで広く栽培され、手ごろな価格のドイツワインの主原料になっています。リースリングとシルヴァーナーの交配品種とされていましたが、DNA解析の結果、実はリースリングとマドレーヌ・ロワイヤルが親品種だったとことが分かりました。日本でも北海道で栽培されています。

⑨　ケルナー　Kerner

　ドイツの交配品種の一つで、親はトロリンガーとリースリングです。リースリングのようなしっかりした味わいを持っています。日本でも北海道で栽培されています。

⑩　ゲヴェルツトラミナー　Gewurztraminer

　ドイツや、フランスのアルザス地方で栽培されている品種で、ライチ（茘枝）やトロピカルフルーツのような独特の華やかな香りがあります。

⑪　ヴィオニエ　Viognier

　フランス、ローヌ北部のコンドリューを原産とする品種で、アプリコット（杏）のような高い香りがあります。ローヌでは他の品種とブレンドされることが多くあります。

　カリフォルニアやオーストラリアでも特徴のあるワインが造られています。

⑫　甲州

　日本の在来品種で、中国・朝鮮半島から仏教とともに伝来したとも、渡り鳥が種を運んできたとも推定されています。DNA解析の結果、ヴィニフェラに中国の野生ブドウの遺伝子が2～3割入っていることが分かりました。
穏やかな風味で、やや甘口の飲みやすいワイン、シュール・リーのキリッとした辛口ワイン、樽発酵で複雑さを加えたワインなど、色々なタイプのワインが造られています。

　従来、あまり特徴的な香りがないとされてきましたが、栽培・醸造を工夫することで、ソーヴィニヨン・ブランを思わせる柑橘系のフルーティな香りのワインも造られるようになりました。

⑬　龍眼（リュウガン）

　明治時代に中国から導入された品種で、善光寺とも呼ばれ、長野県で栽培されています。穏やかな風味のワインになります。

⑭　ナイアガラ　Niagara

　その名のとおり、アメリカとカナダの国境にあるナイアガラを原産地とするアメリカ系交配品種です。寒さに強く、北海道や長野でも栽培されています。ジューシーな香りのワインになります。

⑮　デラウェア　Delaware

　アメリカ系の交配品種ですが、ブドウジュース的な香りは比較的穏やかです。以前は「デラ臭」と呼ばれる重い香りがあるといわれていましたが、最近は軽快な酒質のワインが造られています。

⑯　セイベル9110　Seibel 9110

　フレンチ・ハイブリッドと呼ばれる交配品種の一つです。病気に強く、夏に雨の多い日本でも栽培が容易です。穏やかなフルーティさを持った白ワインになります。

　このほか、セイベル13053（赤ワイン用）やセイベル5279（白ワイン用）も栽培されています。

6　ヨーロッパのワイン生産国

　国や地域によってワインの種類が違うだけでなく、ワインの表示の仕方も違います。ここでは、代表的なワイン生産国について紹介します。

（１）ヨーロッパのワインの分類

　ヨーロッパ各国では、従来、ワインは「テーブルワイン」と「原産地呼称ワイン」に格付けされていましたが、2009年８月から「地理的表示のあるワイン」と「地理的表示のないワイン」への分類に変わり（【図表１－７－５】参照）、テーブルワインというカテゴリーは廃止になりました。

　また、地理的表示のないワインでも、単一生産国のブドウで造られたワインには、生産国だけでなく、収穫年とブドウ品種を表示することができます。地理的表示のあるワインの制度の名前は国によって異なり、これまでの各国の原産地呼称制度を引き継ぐ形になっています。

【図表１－７－５】ＥＵのワインの統一分類（2009年８月１日～）

		フランス	イタリア	スペイン	ドイツ
地理的表示あり	原産地呼称保護ワイン PDO（AOP）	AOC	DOCG, DOC	DOC, DO	QmP, QbA
	地理的表示保護ワイン PGI（IGP）	Vin de Pays	IGT	VT	Land Wein
地理的表示なし		収穫年とブドウ品種が表示できる。			

PDO : Protected Designation of Origin
AOP : Appelation d'Origine Protegee
PGI : Protected Geographical Indication
IGP : Indication Geographique Protegee

（2）フランス

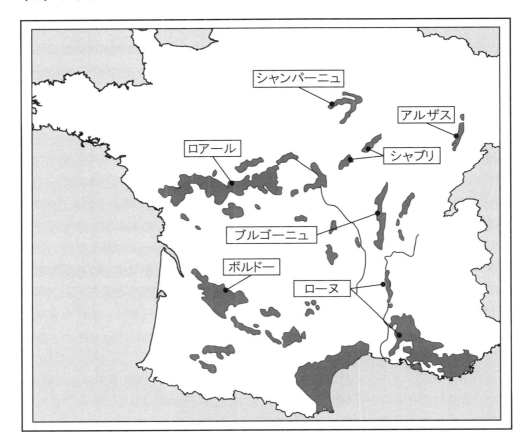

　フランスは、イタリアとともに世界で1、2を争うワイン生産国であり、現在、世界各地で栽培されているカベルネ・ソーヴィニヨン、メルロー、シャルドネ、ソーヴィニヨン・ブランの原産国でもあります。

　伝統的なワイン生産国であるだけに、地域によって使用するブドウ品種や栽培方法、醸造方法などが決められており、新世界のワイン生産国よりも規則が厳格です。また、原産地呼称や地域によっては生産者や畑の格付けがあって、ラベルの表示が複雑ですが、それだけに奥が深いといえるでしょう。

　特定の栽培地域で、品種などの規則のもとに造られたワインは、検査をパスするとボルドー、シャンパーニュなどの名称をラベルに表示することができます。これが「原産地呼称」（フランス語でアペラシオン・ドリジン・コントローレ、AOC）です。

　もとは産地を偽る悪徳業者を規制し、善良な生産者を保護するための制度ですが、消費者にワインの品質を保証する役割も果たしています。また、ボルドーやブルゴーニュ等では、これらの名称のワインを造ることのできる地域の中にさらに狭いAOCがあり（例えば、ボルドー ＞ オー・メドック ＞ マルゴー）、地域が狭くなるほど上位のAOCになり、規制も厳しくなります。

　代表的な生産地域は次のとおりです。

①　ボルドー

　地域によって、ワインのタイプが異なります。

　メドック地区は、カベルネ・ソーヴィニヨン、カベルネ・フラン、メルローを主体とする赤ワインの産地です。この地域の中には、マルゴー、サン・ジュリアン、ポイヤック、サン・テステフのAOCがあり、メドック地区の有名シャトー（ボルドーのワイン生産者）の多くはこの4つに集中しています。

　グラーヴ地区とペサック・レオニャン地区もカベルネ系の赤ワインの産地ですが、セミヨンとソーヴィニヨン・ブラン主体の辛口白ワインも生産します。

　ジロンド川を挟んだサン・テミリオン地区やポムロール地区は、メルローまたはカベルネ・フランが主体の赤ワインの産地です。ソーテルヌ地区、バルザック地区等は貴腐ワインのAOCです。

　アントル・ド・メールと呼ばれる、ジロンド川とガロンヌ川に挟まれた地域は、手頃な価格の赤ワインと辛口白ワインの産地で、ソーヴィニヨン・ブランの香りを活かした白ワインが高く評価されています。

　また、メドック地区とサン・テミリオン地区には、シャトーの格付けがあります。

②　ブルゴーニュ

　ボルドーと並ぶ有名ワイン産地です。一部を除いて赤ワインはピノ・ノワール、白ワインはシャルドネの単品種で造られます。

　ブルゴーニュにも、より狭い地域のAOCがたくさんあり、さらに畑が特級、一級、二級と格付けされています。特級畑は畑名だけの表示、一級畑は地域名と畑名を併記した表示になります。

　ブルゴーニュの南に、シャルドネの白ワインで有名なマコネ地区、さらに南にボジョレー地区があります。

　また、ブルゴーニュの北のはずれ、シャブリ地区は、キリッとした酸味が特徴のシャルドネの白ワインの産地です。

③　ローヌ流域

　ブルゴーニュからローヌ川を南に下った地域で、エルミタージュ地区などローヌ北部はシラーを主体とした赤ワイン、南部はグルナッシュを主体とした赤ワインの産地で、ルーサンヌ、マルサンヌなどをブレンドした白ワインも造られています。『タヴェル』は、ボディ感のあるロゼワインの代表です。

④　アルザス

　フランス東北部のドイツ国境に近い地域で、「リースリング」「ゲヴェルツトラミナー」「ピノ・ブラン」など、品種名を表示した白ワインが有名な産地です。酸味のしっかりした辛口のものが多いですが、甘口の遅摘みや貴腐のワインも造られます。

⑤　ロアール

　フランス西北を東西に流れるロアール川の流域では、上流から下流まで様々なタイプのワインが造られています。

　上流のプイィ・フュメ地区やサンセール地区などでは、ソーヴィニヨン・ブランの白ワインが有名です。中流域には、『アンジュ』のロゼ、『ソミュール・ムスー』（スパークリング・ワイン、品種はシュナン・ブラン等）、『シノン』や『ブルグイユ』などのカベルネ・フラン主体の赤ワイン、『トゥレーヌ』の当たり年には貴腐ワイン、と様々なタイプがあります。

　大西洋に面した河口域のミュスカデ地域では、ムロン（ミュスカデとも呼ばれる）で造ったシュール・リーの白ワインが有名です。

⑥　その他

　フランスでは、その他多くの地域で特徴のあるワインや手頃な価格のワインがたくさん造られています。以前はあまり有名でなかった地域にも、品質の向上がめざましいところがあります。

（3）イタリア

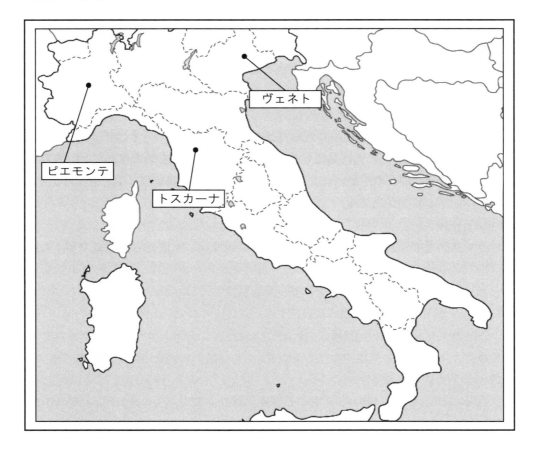

ピエモンテ

トスカーナ

ヴェネト

　フランスと並ぶワインの大生産国イタリアは、細長い国土で、地域によって特徴のあるワインが造られています。原産地呼称としては、フランスのAOCに相当するDOCと、さらに上級のDOCGに分けられています。しかし、この枠組みに入らないワインが高く評価されるなど、一筋縄ではいかないところがイタリアらしいかもしれません。

　イタリアでは、カベルネ・ソーヴィニヨンやシャルドネなど、国際的に人気の高い品種も造られていますが、在来品種を見直そう、という動きもあります。

　有名な生産地は次のとおりです。

① ピエモンテ州

イタリア北西部にあり、フランスと国境を接する地域です。ネッビオーロから造るフルボディの赤ワイン『バローロ』と『バルバレスコ』が有名です。

ドルチェットから造られる赤ワインや、白ワインの『ガヴィ』（品種はコルテーゼ）、モスカート（マスカット）から造られるスパークリング・ワインの『アスティ・スプマンテ』もたくさん日本に輸入されています。

② ヴェネト州

イタリア北東部に位置する地域で、手頃な価格で飲みやすい白ワインの『ソアヴェ』（品種はトレッビアーノなど）、赤ワインの『ヴァルポリチェッラ』（品種はコルヴィーナなど）がたくさん造られている地域です。

③ トスカーナ州

『キャンティ』や上級DOCGの『キャンティ・クラッシコ』の産地で、サンジョベーゼを主体に複数の品種で造られます。『ブルネッロ・ディ・モンタルチーノ』もフルボディの赤ワインです。

また、カベルネ系品種を使ったワインが高く評価され、スーパータスカンと呼ばれました。

（4）スペイン

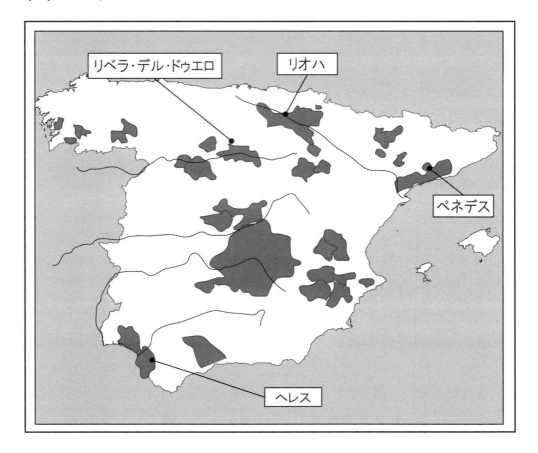

　　スペインは、ワインの生産量では世界第3位（2021年）ですが、ブドウの栽培面積では世界一です。原産地呼称としてDOと上級のDOCがあります。

①　リオハ

　テンプラニーリョとガルナッチャを主体として、アメリカン・オークの樽で長く熟成させた赤ワインで有名です。スペインはアメリカの一部を植民地としていたことから、アメリカン・オークが使われるようになったそうです。

②　リベラ・デル・ドゥエロ

　海抜650mという高地で完熟させたテンプラニーリョから、長熟型の赤ワインが造られます。

③　ペネデス

　スペイン北東部カタルニア地方にあります。瓶内二次発酵で造られるスパークリング・ワインの『カバ』で有名な産地です。マカベオなど在来品種が使われますが、最近はシャルドネなども使われています。

　また、カベルネ系などの輸入品種と在来品種のブレンドなど、新しいスタイルのワインも造られています。

④　ヘレス

　酒精強化ワインである『シェリー』が造られることで有名な、スペイン南部にある地方です。シェリーはワインを蒸留して造ったアルコールを白ワインに添加し、熟成させて造ります。大きく分けてフィノ系とオロロソ系の二つのタイプがあります。

　フィノ系は、アルコール分15.5％程度で、樽で熟成させると表面にフロール（花）と呼ばれる酵母の膜ができ、特有の香味が生まれます。オロロソ系は、アルコール分を18％にまで高め、長期間樽で熟成させたもので、フロールはできません。甘口のシェリーは果汁で甘みを付けたもので、デザートワインとして飲まれます。

（5）ドイツ

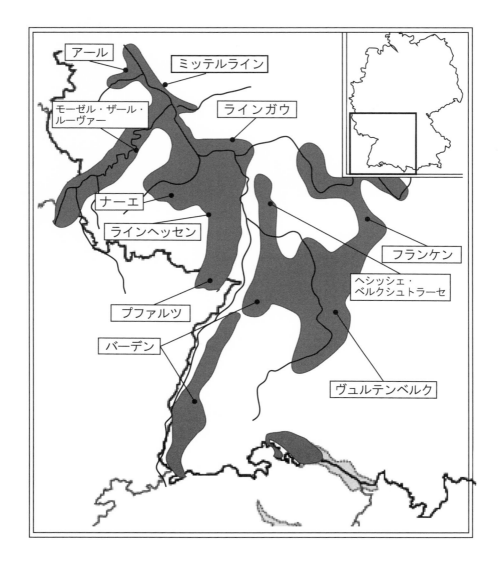

　ドイツワインは、リースリング、シルバーナー、ショイレーベ、ケルナーなどの
白ワインが有名ですが、量的に多いのはミュラートゥルガウです。またドイツワイ
ンは甘口の白ワインが多いのですが、食事に合わせやすい辛口や、ピノ・ノワール
（ドイツ名：シュペートブルグンダー）などの赤ワインも増えています。

　ドイツワインの分類は、ブドウの完熟度、すなわち糖度を基準にしています。糖
度の低い方から、ラントヴァイン→QbA→QmPとなります。QmPはさらに、カビ

ネット→シュペートレーゼ→アウスレーゼ→ベーレンアウスレーゼ→トロッケン
ベーレンアウスレーゼ→アイスワインの6段階に分類されます。

　ラベルには、分類のほか、地理的表示のあるワインには指定生産地域名と品種、
生産地名が表示されます。生産地名には、地区名と畑名を併せて表示されることが
多く、例えばモーゼル・ザール・ルーヴァー地域にあるベルンカステル地区（ベラ
イヒ）のシュロスベルグ畑は、ベルンカステラー・シュロスベルグと表示されます。
また、畑には単一畑名と集合畑名があって複雑です。

　指定生産地域は、ラインガウやモーゼル、ザール、ルーヴァーなどで、ドイツで
は比較的温暖な南部の地域になります。

（6）ポルトガル

　ポルトガルワインは、シェリーと並ぶ酒精強化ワイン、『ポート』が有名です。
ポートは、ワインの発酵途中でアルコールを添加して発酵を停止させ、ろ過後、長
期間熟成させたものです。濃醇な甘みと熟成香が特徴で、デザートワインとして飲
まれます。熟成の程度と瓶詰め時期で色々な種類があります。大部分は赤ですが、
白もあります。

　また、大西洋上のマディラ島では、『マディラ』と呼ばれる、ワインにアルコー
ル添加後、加温貯蔵して熟成させた酒精強化ワインが造られています。甘口から辛
口まであり、デザートワインとして飲まれるほか、料理にも使われます。

7　新世界のワイン生産国

　アメリカ、アルゼンチン、チリ、オーストラリアなど、ヨーロッパ以外のワインは「新世界」のワインと呼ばれ、日本でもよく目にします。

　これらの国のワインは、ブレンドされた商標ワインのほかは、ブドウ品種と収穫年、場合によっては地域名が表示されたものが多く、品種（ヴァラエティ）を表示することから、「ヴァラエタルワイン」と呼ばれます。原産地呼称や格付けがないので分かりやすく、品種の特徴をある程度知っていると、どのようなワインか予想しやすいことが魅力です。

　また、伝統的な品種や、品種の規制もありませんから、その土地や気候にあった品種を選んで栽培することができます。さらに、これらの地域は夏に雨がほとんど降らないところが多く、灌漑をしてブドウを栽培しています。灌漑は水源が確保できればコントロールできますから、ヨーロッパのワイン産地でいわれる当たり年、外れ年がほとんどありません。カリフォルニアやチリなどには、ヨーロッパの大手ワイナリーも進出しています。

（1）アメリカ

　アメリカは世界第4位（2021年）のワイン生産国です。なかでもカリフォルニア州は、アメリカのワイン生産の中心で、気候に恵まれたナパやソノマ地域では、カベルネ・ソーヴィニヨン、メルロー、シャルドネ、ソーヴィニヨン・ブランなど、さらに涼しいロス・カーネロス地域では、ピノ・ノワールなどのヴァラエタルワインが造られています。

　気温の高いセントラルバレーでは、手頃な価格のワインがたくさん造られています。ジンファンデルの赤ワインやブラッシュ（淡い色のロゼ）はカリフォルニアの特産です。カリフォルニア州の北、オレゴン州ではピノ・ノワールが多く栽培されています。その北のワシントン州ではメルローやシャルドネなどのほか、涼しい気候を活かしてドイツ系品種の白ワインも造られています。

（2）チリ

　乾燥した夏とアンデスの雪解け水に恵まれていて、安定したブドウ栽培が行われています。

　カベルネ・ソーヴィニヨンの赤ワインが圧倒的に多く造られていますが、栽培や醸造の近代化が進められ、メルロー、ソーヴィニヨン・ブランなど人気のある品種のワインが増え、日本にも多く輸入されています。

（3）アルゼンチン

　マルベックの赤ワインが多いことが特徴ですが、チリと同様、人気の高い国際的な品種のワインが増えています。

（4）オーストラリア

　南部の南オーストラリア州、ヴィクトリア州、ニューサウスウェールズ州が主要なワイン生産地です。

　赤ワインではシラーズ（フランスではシラー）が多く造られていることが特徴です。その他、カベルネ・ソーヴィニヨン、白はシャルドネ、セミヨン、リースリング、マスカットなどが造られており、シャルドネとセミヨンなど、本家のフランスにはない組み合わせのブレンドも造られています。ブドウ栽培、ワイン醸造とも科学的、近代的ですが、水不足による干ばつが大きな問題です。

（5）ニュージーランド

　ワインの生産量は世界の１％に過ぎませんが、冷涼な気候がソーヴィニヨン・ブランに適しており、高く評価されています。

（6）南アフリカ

　白ワインの生産量が多いですが、赤ワインのピノ・タージュ（ピノ・ノワールとサンソーの交配品種）が特徴的です。

8 日本のワイン

　夏に雨が多い日本の気候は、ヨーロッパ系ブドウの栽培に適していませんが、適地を探し、垣根栽培のブドウに雨をよける覆いをしたり、ブドウの房に傘をつけたりするなどの努力が実り、最近では国際コンクールで入賞するようなシャルドネやメルローのワインも造られています。

　また、日本の在来品種である甲州や、交配品種のマスカット・ベーリーＡから色々なタイプのワインを造る努力が続けられています。さらに、栽培適性のあるアメリカ系品種やセイベル系品種から、フルーティな特徴をうまく活かしたワインも造られています。

　主な産地は次のとおりです。

（1）山梨県

　日本のブドウ（生食用を含む）の主産地で、ワイナリーの数も一番多い県です。甲州とマスカット・ベーリーＡのほか、ヨーロッパ系品種の栽培も行われています。

　また、山梨県果樹試験場では、ワイン用ブドウの育種も行われています。

（2）長野県

　耐寒性の強いコンコードやナイアガラのワインが造られてきましたが、栽培方法の工夫を重ね、高品質なメルローやシャルドネが造られるようになりました。近年、ワイナリーの数が増えています。

（3）北海道

　冷涼な気候を活かしたドイツ系白ワイン品種やツバイゲルトレーベの赤ワインが特徴的です。セイベル系品種やアメリカ系品種、耐寒性の強い山ブドウやその交配品種のワインも造られています。長野県同様、新規ワイナリーが増えています。

（4）山形県

　内陸性の気候で、果樹の生産に適しています。マスカット・ベーリーＡ、デラウェアなどのほか、ヨーロッパ系品種のワインも造られています。

9　ワインの欠点

　手頃な価格のワインといえども、目立った欠点があってはいけませんが、ワインではどのような欠点があるのでしょうか？　代表的なものをあげると、次のような点があります。

①　酸化臭
　ワインは酸化にとても弱いお酒です。ワインが酸化すると色が褐色を帯び、酸化臭が出ます。酸化臭には生木のようなアルデヒド臭や、黒砂糖に近い臭い、番茶に近い臭いが感じられます。

　ポートやマディラは、酸化臭を特徴にするワインですが、普通のワインでこれらと共通の香りがあると欠点になります。

②　微生物汚染
　ワインに野生酵母や乳酸菌が増殖すると、接着剤の溶媒臭（酢酸エチル、産膜臭）やお酢の臭い（酢臭）、酸化臭と共通のアルデヒド臭などが出ます。こうした臭いがはっきりわかるワインは、本来市販されるべきではありませんが、軽くこれらの臭いがついてしまったワインが市場に出ることがあります。

　また、ブレタノマイセス属酵母によって、重い香りやフェノールの消毒薬、プラスチックのような香りがつくことがあり、"ブレット"、"フェノレ"とも呼ばれます。ブレタノマイセス属酵母は樽熟成した赤ワインに出やすく、世界中で問題になっています。また、白ワインにもフェノール臭がつくことがあります。

③　コルク臭
　本来コルクには異臭はありませんが、コルクを塩素で漂白した後にカビが生えるとカビ臭いコルク臭が生じ、ワインに移ります。同じロットのコルクでもポツポツとコルク臭が出るので、ワイン業界で大きな問題になっています。

　コルク臭を避けるため、スクリューキャップや合成樹脂の栓も使用されるようになっています。

10　ワインの表示

　ワインの表示は、他の酒類と同様に酒類業組合法（第86条の5及び第86条6、同法施行令第8条の3及び第8条の4）によって、必要とされる表示事項が決まっているほか、ワイン業界の自主基準として「国産ワインの表示に関する基準」が定められています。

　しかし、従来、一般的に「国産ワイン」と呼ばれていたものには、国産ぶどうのみを原料とする「日本ワイン」のほか、濃縮果汁や輸入ワインを原料としたものも混在し、「日本ワイン」とそれ以外のワインの違いがラベル表示だけでは分かりにくいという問題が存在していました。

　また、業界の自主基準はすべてのワイン製造者に適用されないという問題もありました。そのため、消費者が適切に商品選択を行えるよう、表示を分かりやすくすることなどを目的として、平成27年に「果実酒等の製法品質表示基準」が定められました。この基準は、平成30年10月30日から適用されています。

○　果実酒等の製法品質表示基準

　果実酒等の製法品質表示基準では、果実酒等が次のように区分されています。

イ　「日本ワイン」：国産ぶどうのみを原料とし、日本国内で製造された果実酒をいいます。

ロ　「国内製造ワイン」：日本ワインを含む、日本国内で製造された果実酒及び甘味果実酒をいいます。

ハ　「輸入ワイン」：海外から輸入された果実酒及び甘味果実酒をいいます。

　また、容器又は包装への表示に関し、次の事項が定められています（次ページ【図表1－7－6】【1－7－7】参照）。

イ　日本ワインへの「日本ワイン」の表示

ロ　地名の表示ルール

ハ　ぶどうの品種名の表示ルール

ニ　ぶどうの収穫年の表示ルール

ホ　原材料名及びその原産地名の表示

ヘ　特定の原材料を使用した旨の表示

ト　輸入ワインの原産国名の表示

【図表1－7－6】日本ワインの表示（表・裏ラベル）

表ラベル　日本ワインに限り地名、ぶどう品種名、ぶどう収穫年を表示可能

▶　地名

○　ワインの産地名（広島ワイン、広島 等）
　　⇒　地名が示す範囲にぶどう収穫地（85%以上使用）と醸造地がある場合
○　ぶどうの収穫地名（広島産ぶどう使用 等）
　　⇒　地名が示す範囲にぶどう収穫地（85%以上使用）がある場合
○　醸造地名（広島醸造ワイン 等）
　　⇒　地名が示す範囲に醸造地がある場合

▶　ぶどう品種名

○　単一品種の表示
　　⇒　単一品種を85%以上使用している場合
○　二品種の表示
　　⇒　二品種合計で85%以上使用しており、かつ量の多い順に表示する場合
○　三品種以上の表示
　　⇒　表示する品種（合計85%以上）それぞれの使用量の割合を併記し、かつ量の多い順に表示する場合

▶　ぶどう収穫年

○　同一収穫年のぶどうを85%以上使用している場合

【ワインの産地名を表示する場合】　【ぶどうの収穫地名を表示する場合】　【醸造地名を表示する場合】

日本ワイン
広島ワイン
シャルドネ
2018
酒類総研株式会社　製造
果 実 酒

日本ワイン
広島産ぶどう使用
シャルドネ
2018
酒類総研株式会社　製造
果 実 酒

※ 醸造地を裏ラベルの一括表示欄に表示

日本ワイン
広島醸造ワイン
広島は原料として使用した
ぶどうの収穫地ではありません
シャルドネ
2018
酒類総研株式会社　製造
果 実 酒

表ラベル

○　一括表示欄に、以下の事項について表示を義務付け。
　・酒類業組合法及び食品表示法に基づく義務表示事項
　　（①製造者名、②製造場所在地、③内容量、④アルコール分）
　・消費者保護の観点から表示を義務付ける事項
　　（①日本ワイン、②原材料名及びその原産地名）

一括表示欄の表示例

日本ワイン

> 日本ワイン
> 原材料名：ぶどう（日本産）※1※2
> 　／酸化防止剤（亜硫酸塩）
> 製造者：酒類総研株式会社製造場
> 所在地：広島県東広島市鏡山3-7-1
> 内容量：720ml
> アルコール分：12%

海外原料を使用したワイン

> 原材料名：濃縮還元ぶどう果汁（外国産）
> 　　　　　輸入ワイン※1※2
> 　／酸化防止剤（亜硫酸塩）
> 製造者：酒類総研株式会社製造場
> 所在地：広島県東広島市鏡山3-7-1
> 内容量：720ml
> アルコール分：12%

※1　原材料として使用した果実（ぶどう）、濃縮果汁（濃縮還元ぶどう果汁）、輸入ワインを使用量の多い順に表示。
※2　果実及び濃縮果汁については、原材料名の次に括弧を付して、その原産地（日本産又は外国産）を表示。
　　日本産に代えて地域名、外国産に代えて原産国名の表示可能（輸入ワインについても原産国名の表示可能）。
※3　ぶどう品種など消費者の選択に資する適切な表示事項について、一括表示欄に表示可能。

【図表１－７－７】果実酒等の製法品質表示基準

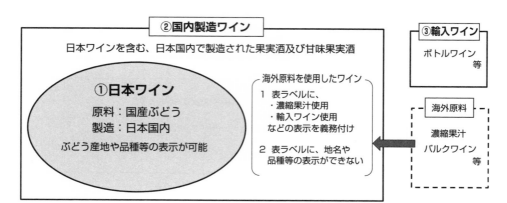

11 ワインの税率

　日本の酒税法においては、ワイン（果実酒）は「醸造酒類」に分類されていますが、平成29年度税制改正において、醸造酒類については、清酒と果実酒間の税率格差を解消することとし、平成35年10月に、税率を１kℓ当たり100,000円に一本化することとされました。

　平成30年６月現在のワイン（果実酒）の税率は、１kℓ当たり80,000円ですが、税率の見直しは２段階に分けて行うこととされ、１kℓ当たりの税率は、令和２年10月に90,000円、令和５年10月に100,000円となり、同じ醸造酒である清酒と同じ税率となります（【図表１－７－８】）。

【図表１－７－８】醸造酒類の税率構造の見直し（再掲）

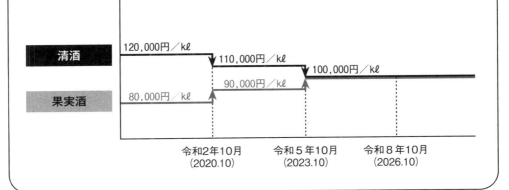

税率構造の見直し（醸造酒類）

○　醸造酒類については、清酒と果実酒との間の税率格差を解消することとし、令和５年10月に、税率を１kℓ当たり100,000円に一本化する。税率見直しは２段階に分けて行い、第１段階は令和２年10月に実施した。

○　なお、果実酒の税率引上げに当たっては、小規模な果実酒製造者に対する措置を検討する。

第8章　ウイスキー

1　ウイスキーの歴史

（1）〜18世紀──ウスケボーからウイスキーへ

　ウイスキーとは、発芽させた穀類（麦芽）・水を原料として、原料中のデンプンを糖化させて発酵させて得たアルコール含有物を蒸留したものをいいます。

　ウイスキーが記録に表れた最も古いものは、1494年のスコットランド財務府記録とされています。その頃の呼び名は「アクア・ヴァイティ」（生命の水）でした。それより前に、現在のアイルランドでケルト人によりウイスキーが造られ、12世紀には蒸留所があったとされており、ウイスキー造りはアイルランドで発祥してスコットランドに伝わったというのが現在の定説になっています。

　ウイスキーはスコットランドで16〜18世紀に盛んに造られるようになり、国民的なお酒となって「ウスケボー（Usquebaugh）」という呼び名が生まれました。その後、18世紀頃になって現在の「ウイスキー」という名前が使われるようになりました。

　ウイスキー造りは、時の政府からは貴重な税源と見なされました。スコットランドでは17世紀に入って初めて、蒸留したお酒（スピリッツ：現在のウイスキー）に税が課せられました。また、その一方でビールの原料にもなる麦芽（モルト）にも課税されました。
　政府の過酷な課税と、それから逃れようとする製造者とのせめぎ合いの過程で、スコッチウイスキーが形づくられたといわれています。課税を逃れようと、スコットランド北部の辺境地で、小さな蒸留装置によって、密造ウイスキーが造られ、樽の中に入れて洞窟などに隠される中で、麦芽（モルト）だけで造るお酒の美味しさが認識され、また樽貯蔵で品質が向上することも発見されました。

　一方、当時の課税率は蒸留釜の大きさを基準としていたため、製造免許を得たウイスキー製造者は、税負担を軽減できないかと蒸留釜の改変や蒸留操作の検討、課税される麦芽の使用量を節約するために行った未発芽穀物を利用する試みは、その後のウイスキー製造技術に大きな影響を及ぼしました。

（2）19世紀──史上最大の技術革新

　19世紀に入ると、「ポットスチル」（【写真1－8－1】）と呼ばれる単式蒸留機を用いて、蒸留を2回行い、ウイスキーを造る方法が定着し、産業としてのスコッチウイスキーが確立しました。

【写真1－8－1】ポットスチル

　一方、アイルランドでも、19世紀初めまではウイスキー造りが盛んで、スコッチウイスキーをしのぐ量が造られ、市場の評価も高かったようですが、その後、スコットランドで、ウイスキー史上最大の技術革新ともいうべき転機が訪れます。連続式蒸留機の登場です。

　連続式蒸留機は、1826年、スコットランドのロバート・シュタインが発明しました。その後、1830年にアイルランドのイーニアス・カフェが改良し、特許を取ったのですが、このカフェ式連続式蒸留機（別名「パテントスチル」）を積極的に採用したのは、アイルランドではなく、スコットランドのウイスキー製造者たちでした。連続式蒸留機はポットスチル（単式蒸留機）に比べ、アルコールを精製しやすく、蒸留直後に得られる留液のアルコール度数が高いほど、その樽貯蔵前の留液の個性は小さく、軽快な酒質になる傾向があります。

　未発芽の穀類を麦芽とともに仕込むウイスキー（グレーンウイスキーの原型）は、18世紀にはすでに造られていましたが、その頃までのものは巨大なポットスチル（単式蒸留機）で3回蒸留されていました。連続式蒸留機が導入されてからは、純度の高いグレーンウイスキーが効率良く造られるようになりました。

　もう一つの技術革新であったグレーンウイスキーとモルトウイスキーのブレンド品（今日のブレンディッドウイスキー）が、スコットランドの酒商アンドリュー・アッシャーによって商品化されたのは、1853年のことでした。モルトウイスキーと比較して飲みやすいブレンディッドウイスキーは市場の人気を博し、今日の主流製品となりました。

　ウイスキーの品質に極めて重要な、樽による貯蔵熟成が本格的に始まったのは19世紀後半とされています。最初は、ヨーロッパ大陸から輸入されるワインやシェリーの空樽が利用されましたが、その後アメリカのバーボンウイスキーの空樽も利用されるようになってきました。

　19世紀前半にはスコッチウイスキーと市場を競い合ったアイルランドのウイスキー（アイリッシュウイスキー）は、20世紀に入ってアイルランドの独立とその後の輸出禁止措置によって生産数量が減少し、蒸留所の数も減少しました。

（3）新大陸でのウイスキー造り

　一方、18世紀後半、北アメリカ大陸に移住したアイルランド人やスコットランド人が移住先でウイスキー造りを始めました。最初はポットスチル（単式蒸留機）で造っていましたが、19世紀後半になって連続式蒸留機が使われるようになりました。もちろん麦芽は使用しますが、主原料は現地の主要作物であるトウモロコシ、ライ麦などでした。

　現在のアメリカのウイスキーを代表するバーボンウイスキーは、法律でトウモロコシを原料の総量（ただし、水及び酵母を計算に入れない）の51％以上かつ80％以下使用すること、内側を比較的強く焦がしたオークの新樽で貯蔵することなどが義務付けられていますが、これらの原料の種類、貯蔵方法などからスコッチウイスキーとは明確に違った個性を持ったウイスキーが生まれました。大量に発生するバーボンの空樽は、バーボン以外のウイスキーやラムなどの貯蔵に利用されましたが、1950年代以降はスコッチウイスキーの貯蔵用などにも輸出されています。現在、バーボンウイスキー、テネシーウイスキーなど多くのアメリカンウイスキーが日本に輸入されています。

　カナダでも、アメリカと同じく18世紀の後半にはウイスキー造りが始まりました。19世紀後半になるとアメリカ市場に輸出され、20世紀初頭のアメリカの禁酒法時代には、大量のウイスキーを供給して巨利を得たともいわれています。カナダでは、軽快なタイプのウイスキーが造られ、現在、多くがアメリカの市場に輸出されています。

　1970年代にアメリカで始まった世界的な蒸留酒の「白色革命」によって、長らく厳しい市場環境下にあったウイスキーですが、21世紀に入ってからブラウンスピリッツ（樽貯蔵によって着色した蒸留酒）の需要が世界的に伸びはじめてきています。ウイスキー市場でブレンディッドウイスキーが主流である状況に変化はありませんが、個性的なモルトウイスキーの人気も高まり、世界的に顕著な伸びを示しています。我が国においてもシングルモルトウイスキーやブレンディッドモルトウイスキーの製品数が増し、近年その消費は順調に伸びてきています。

（4）日本におけるウイスキー造り

　日本でウイスキーが飲まれ出したのは、19世紀後半に洋酒の輸入が始まってからのことです。本格的な国産ウイスキーの製造は、1920年代に壽屋（現：サントリー）の鳥井信治郎氏によって蒸留所が京都郊外の山崎に建設されたことに始まります。後にニッカウヰスキーを起こした竹鶴政孝氏が製造技術を担当し、スコッチウイスキーを手本としました。

　国産初のウイスキーが発売されたのは、昭和4（1929）年のことでした。戦後から高度成長期に空前のウイスキーブームが起こり、国産ウイスキーは大きな市場を獲得しましたが、その後、昭和58（1983）年をピークに消費量は減少してきました。

　日本のウイスキーは、日本人の嗜好や飲酒形態（水割り、食中酒など）を意識して製品が開発されてきた結果、ジャパニーズウイスキーとしてのスタイルが確立されました。その品質と技術力の高さは、最近の世界的コンクールにおける数々の受賞実績によって証明されています。

2　ウイスキーの種類

（1）産地による分類

　日本の市場で販売されているウイスキーを主な生産地域ごとに分類すると、次のようになります。

①　ジャパニーズウイスキー（生産地：日本）

　ジャパニーズウイスキーは、元々スコッチウイスキーを手本にして、日本人の食文化や飲酒形態に合うように考え出されました。ピート由来のスモーキーフレーバーを控えめにして、水割りにしても風味が崩れないといった特徴があります。

②　スコッチウイスキー（生産地：スコットランド）

　スコッチウイスキーは、伝統的に麦芽の乾燥工程でピート（泥炭）を焚くことによるスモーキーフレーバーが特徴です。ポットスチル（単式蒸留機）で2回以上蒸留します。

③　アメリカンウイスキー（生産地：アメリカ）

　アメリカンウイスキーのうち、トウモロコシを原料の51％以上かつ80％以下の割合で使用する、連続式蒸留機で蒸留する、内側を比較的強く焦がした新樽で熟成させるなどの細かな規定に合致すると「バーボンウイスキー」と名乗ることができます。濃い色と華やかさと樽の香ばしい風味が特徴です。

④　カナディアンウイスキー（生産地：カナダ）

　カナディアンウイスキーは、ライ麦やトウモロコシを原料にして製造したウイスキーをブレンドして造られるため、ライ麦の華やかな香りと軽快で穏やかな味わいが特徴です。

⑤　アイリッシュウイスキー（生産地：アイルランド）

　アイリッシュウイスキーは、ピートを使わず、ポットスチル（単式蒸留機）で3回蒸留を行うことによるしっかりとした味わいが特徴です。近年になって、この伝統的なモルトウイスキーにグレーンウイスキーをブレンドした製品が、特に輸出用製品に見られるようになりました。麦芽（モルト）に加え、穀類（主に発芽させない大麦）を原料に使うのも特徴の一つです。

【写真１－８－２】ピートによる麦芽の燻蒸

　なお、より詳しい特徴については、「４　製品の特徴」で解説します。

（２）製造方法による分類

　ジャパニーズウイスキーやスコッチウイスキーは、ウイスキー原酒の造り方から、「モルトウイスキー」と「グレーンウイスキー」に分けられます。

　モルトウイスキーは、麦芽を糖化・発酵させ、「ポットスチル」と呼ばれる単式蒸留機で蒸留して造られます。

　グレーンウイスキーは、穀類に少量の麦芽を混和して糖化・発酵させ、連続式蒸留機で蒸留して造られます。

　また、スコッチウイスキーでは、これらのウイスキーの調合を考慮すると、さらに次のように分類されます。

① **シングルモルトウイスキー**

単一の蒸留所のモルトウイスキーのみを調合したもの。

② **ヴァッティッドモルトウイスキー**

複数の蒸留所のモルトウイスキーを調合したもの。

(参考までに、日本のウイスキー製造者の場合、周りに他社の蒸留所が多くないために
ヴァッティングは一般的ではありません。)

③ **ブレンディッドウイスキー**

複数のモルトウイスキーと数種類のグレーンウイスキーを調合したもの。

④ **ヴァッティッドグレーンウイスキー**

複数の蒸留所のグレーンウイスキーを調合したもの。

⑤ **シングルグレーンウイスキー**

単一の蒸留所のグレーンウイスキーのみを調合したもの。

　最近では、一つの樽から瓶詰めした製品については、「シングルカスク（カスクは
「樽」の意味)」、「シングルバレル」という名称も使われています。

（3）原料による分類

　アメリカでは、バーボンウイスキー以外にも、ライ麦を主原料（51％以上使用）
とした「ライウイスキー」、小麦を主原料とした「ホイートウイスキー」、ライ麦芽
を主原料とした「ライモルトウイスキー」、トウモロコシを主原料（80％以上使用）
とした「コーンウイスキー」などが、法律で定められています。

【図表１－８－１】スコッチウイスキーの分類

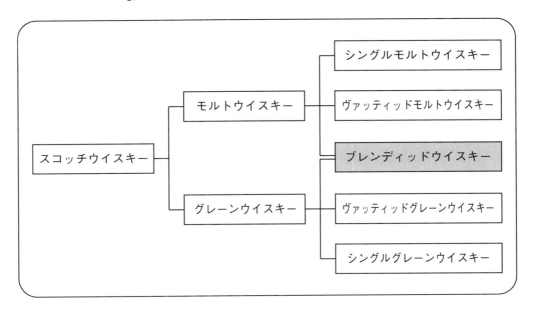

3　ウイスキーの製造工程

（1）モルトウイスキーの製造工程

　一般に穀類を発芽させたものを「麦芽」（モルト）といいますが、ウイスキー製造では、通常、大麦の麦芽を使用します。麦芽の原料となる大麦は、デンプン価が高い、すなわち得られるアルコールが高くなるようなものが使われます。

　大麦は、収穫→貯蔵→浸漬→発芽→乾燥の工程を経て麦芽（モルト）となります。最後の乾燥工程は、麦芽（モルト）に含まれる酵素が活性を失わないように低温で開始され、終盤の最高温度も60℃程度の温度で行われます。

　麦芽の多くは、専門の業者によって機械を使用してつくられていますが、スコッチウイスキーでは、伝統的には「フロアーモルティング」という手作業で麦芽が製造され、最終段階で「ピート」（泥炭）の乾燥物を燃料として、空気抜け塔のある建物（パゴダ）で麦芽を乾燥させました（【写真１-８-３】）。この工程で、ウイスキーになって感じられるピーティー、スモーキーと呼ばれる香りの特徴が付与されます。現在ではピートはこの香りの特徴を付けることを目的として使用されています。

　スコッチウイスキーの中でも強いスモーキーフレーバーを特徴とする蒸留所では、現在もフロアーモルティング法が行われているところがありますが、稀な存在です。一方、アイリッシュウイスキーのようにピートを使わない「ノンピート麦芽」も使用されています。

　次に、製造工程を詳しく見ていきます。

【写真１-８-３】パゴダの屋根

【図表１－８－２】ウイスキーの製造工程（モルト・グレーン）

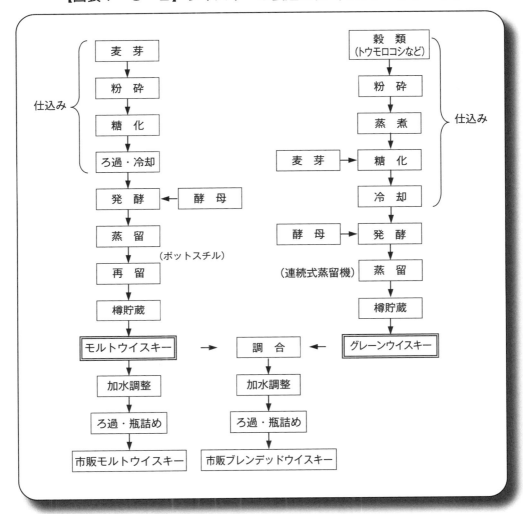

① 仕込み

　まず、麦芽をローラーミルで粗く粉状に粉砕します。これを温水と混ぜ、どろどろの粥状（マッシュ）とし、温度を63℃程度に保ちながらデンプンやタンパク質を分解します。この工程を「マッシング」といいます。

　糖化の終了したマッシュは、粉砕麦芽の殻部分が取り除かれ（ろ過）、清澄な麦汁を得ます。麦汁の糖度は13〜14％程度に調整されます。麦汁の清澄度が高ければ、味わいが軽く「エステル」（果実様）の香りの高いウイスキーができるといわれています。

　得られた麦汁は、20℃程度に冷却して発酵槽に送られます。

②　発酵

「ウオッシュバック」と呼ばれる発酵槽で発酵します。発酵槽は、伝統的には松材などの木桶が利用されてきました。木桶は保温性が高く、香味に複雑性を与えるためにも都合が良いとされています。最近は、微生物の管理がしやすいステンレスの発酵槽も使われています。ただし、製造者の中には発酵槽をステンレスから木桶に復活させ、木桶に乳酸菌を住まわせることで、乳酸菌の活動をより高めようとする者もいます。

麦汁は熱殺菌されていませんので、そのままにしておくと最初から乳酸菌などが増殖してしまいアルコール発酵に都合が悪いため、通常はまず酵母を添加してアルコール発酵を開始します。

添加される酵母は、アルコール発酵能力の高いウイスキー酵母（ディスティラーズイースト）を、前もって培養しておいたものです。これにビール酵母（ブリュアーズイースト）も一緒に添加されることがあります。

発酵温度は35℃を超えないように管理します。酵母によるアルコール発酵は2日で終了し、アルコール分が7～8％となります。

モルトウイスキーの発酵までの工程は、ビールと似ているように見えますが、加熱殺菌工程（ホップを添加する煮沸釜）がないところに大きな違いがあります。これがウイスキーの複雑さをつくり出す要因の一つとなっています。

仕込液は糖化温度が63℃程度と、麦芽由来の糖化酵素が破壊されるほどの高温には晒されないため、糖化酵素は醪中でも活動し、酵母による発酵とともにさらなる糖化も進行します。これによって高い収率でアルコールが得られます。また、アルコール発酵する酵母以外にも、乳酸菌が棲息していますので、アルコール発酵が終了すると酵母の死滅が始まり、次に酵母菌体から出た栄養素を利用して乳酸菌が増殖します。死滅した酵母の菌体には、ウイスキーに芳醇な香りを増す効果があるとともに、乳酸菌の増殖を促すことによって醪の酸味度を増し、甘さとファッティ感（脂肪様の味の厚み感）をウイスキーに付与する「ラクトン」という成分をつくり、好ましい風味を増すことが明らかになっています。

このように、アルコール発酵が終了した後の醪の熟成は、ウイスキーの香味形成に重要な意味を持つと考えられています。ウイスキーのフルーティ、アルデヒド様、ファッティ、硫黄様などの香りの特徴の多くが発酵工程に由来するといわれています。

【写真1-8-4】仕込槽（写真上）と木製発酵桶

【図表1-8-3】ウイスキーの発酵と微生物変化のモデル

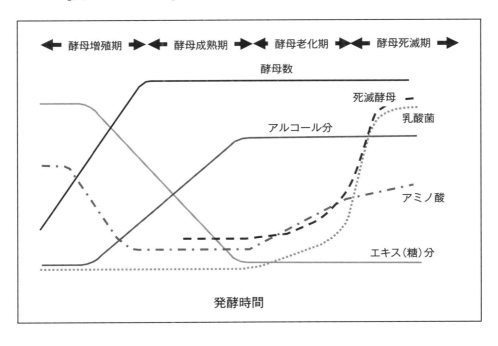

③　蒸留

　発酵が終了した醪は、蒸留釜が銅製の単式蒸留機で蒸留されます。釜が銅製なのは、銅の加工特性が良いこともありますが、銅がイオウを含んだ成分を捕捉するため、ウイスキーの品質に良い効果があるためです。発酵が終わったウイスキー醪は酸性になっていて、これが銅の表面をきれいにし、イオウ成分の捕捉効果を高める（イオウ成分の臭いを抑える）といわれています。

　蒸留釜の大きさや形状、蒸留のスピードはウイスキーの個性に大きな影響を及ぼすことが知られています。ポットスチル（単式蒸留機）の首の部分（スワンネック）の形状や高さ、さらには横へと折れ曲がったラインアーム（ワタリ）に着目してみましょう。一度蒸発した成分が蒸留の途中で冷却されて、再び釜の方に戻る比率が高い（還流比が高い）場合には軽い酒質に、逆に還流比が低い場合にはヘビーな酒質になります。したがって、首の長い蒸留機の場合や蒸留釜の上部の管（ラインアーム）が上を向いている場合は、軽い酒質になりやすい傾向があります。

　加熱の方法も酒質に影響します。直火加熱では釜の内部で焦げ付きが起こるため、香ばしさのある重厚な酒質になりやすく、一方、間接加熱では、すっきり軽い酒質になるといわれています（焼酎の蒸留工程とは加熱方法について直接加熱の定義が異なります）。また操作面では、蒸留途中での留液の取り分けのタイミングが決定的なポイントになります。

　蒸留は2回以上行われますが、通常は2回です。
　1回目の蒸留工程は初留釜（ウオッシュスチル）で行われ、蒸留機の出口の流出液のアルコール濃度が1％近くになれば、それ以降の流出液はカットされます。こうして、流出液全体のアルコール分が醪の約3倍と高くなった初留（ローワイン）を得ます（焼酎用語の「初留」とは定義が違いますのでご注意ください）。それを再留釜（スピリットスチル）でもう1回蒸留して、前留（フォアショッツ）、中留（ミドルカット）、後留（フェインツ）に取り分けます。

　中留（ミドルカット）と呼ばれる部分が最も品質の優れた部分で、ウイスキー製品相当です。

　前留と後留は余留として次回のため再留釜に戻されて繰り返し再留されます。蒸留したての新酒は「ニューポット」と呼ばれ、無色透明で荒々しい新酒です。この新酒を樽に詰めて長期間熟成し、琥珀色のウイスキー原酒ができあがります。ウイ

【図表１−８−４】蒸留釜の形状

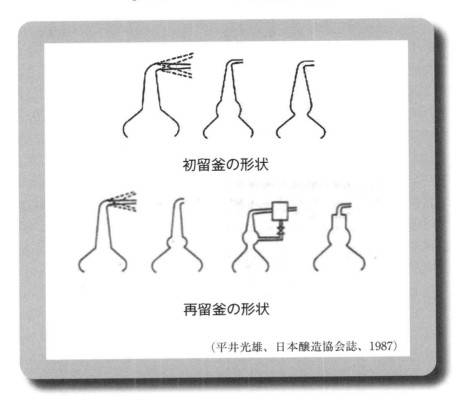

初留釜の形状

再留釜の形状

（平井光雄、日本醸造協会誌、1987）

スキー原酒はアルコール分が60％以上であるため、日本の消防法により、万が一火災が拡大しないよう、原酒の貯蔵庫は広大な敷地を必要とします。

　なお、アイリッシュウイスキーやスコッチウイスキーの一部では３回蒸留しますが、これによってアルコール分が高く、不純物が少ないまろやかな原酒ができます。

（2）グレーンウイスキーの製造工程

　スコッチウイスキーは、全体の70％がグレーンウイスキーといわれています。グレーンウイスキーはトウモロコシや未発芽の小麦を主原料としますが、これらを糖化するために酵素力の特に強い麦芽を15 〜 25％混ぜたものを使用します。

　トウモロコシは固いため、ハンマーミルで細かく粉砕します。未発芽の穀類は消化性を良くするために蒸煮し、温度を65℃程度まで下げた後、粉砕した麦芽を加えて糖化します。

　このような工程によって、デンプンを効率良くアルコールに変換することができます。

　糖化終了後、温度を20℃程度にして酵母を添加し、3日間発酵させます。こうしてできた醪は、モルトウイスキーの場合よりもアルコール分が高くなります。醪はそのまま連続式蒸留機で蒸留します。アルコール分94％程度の留液が蒸留塔から取り出されます。連続式蒸留機の内部も、ポット式蒸留釜と同様に銅でつくられています。

　グレーンウイスキーは、モルトウイスキーと比較するとアルコール以外の成分が少なく、軽い穏やかな酒質ですが、純粋なエチルアルコールではなく、香味成分を含んでいて、ブレンディッドウイスキーのベースとしてあらゆるウイスキー原酒との相性が優れているという特性をもっています。

（3）バーボンウイスキーの製造工程

　バーボンウイスキーは、アメリカの法律に従って、51％以上かつ80％以下のトウモロコシとともにライ麦、小麦などが原料となります。糖化酵素の供給源としては、大麦麦芽が（水、酵母を除く原料全体の）10％以上使用されます。トウモロコシの使用比率が高いと柔らかい味わいとなり、ライ麦の使用比率が高くなると油が多いような感じの酒質になります。これらの原料はミルで細かく破砕され、グレーンウイスキーとほぼ同様に仕込まれます。

　仕込みの際に、溶液のpHを酸性にして糖化と発酵を順調に行うため、蒸留が終わった残りの液（バックセット。酸が多い。言いかえるとpHが低い）を加えます。これは「サワーマッシュ」と呼ばれ、バーボンウイスキー製造上の一つの特徴とされ、乳酸菌の働きにより、バーボンの特徴が表れます。なお、バックセットの添加割合や乳酸菌の添加タイミングといった細かい製法は蒸留所によって違いが大きいです。
　酵母は、蒸留所ごとに独自の菌株が使用されているようです。

　蒸留は、1塔タイプの連続式蒸留機に「ダブラー」と呼ばれる精留装置（単式蒸留機）を組み合わせた装置により行われ、取り出される留液のアルコール分は、法律に従って連続式蒸留機としては低めの80％以下とされています。

（4）貯蔵

　ウイスキー原酒は貯蔵後に製品化されます。貯蔵することによって、未熟な香りの成分が揮散し、ゆっくりとした酸化や各種の化学反応が自然に起こり、樽から色や味わいの成分が溶出して、ウイスキーらしい香味がつくられます。小さい樽は樽の中の原酒と樽材との接触密度が高いため熟成が早く、逆に大きい樽では熟成が遅く、一般的には、貯蔵年数が長いほど、樽で熟成した香味が増加します。

　また、樽の材質や内面の焼き具合などの違いが、ウイスキーの個性に大きな影響を及ぼします。

　樽の材としては、主に北米産の「ホワイトオーク」（バーボン樽）、欧州産の「コモンオーク」（シェリー樽）や「セシルオーク」（コニャック樽）が使われます。オークが好まれる理由の一つは木目が細かく、貯蔵中の漏れや消失が少ないことです。樽の焼き具合にもよりますが、長期間の貯蔵によってホワイトオークはバニラ、ココナッツ、甘い香辛料の風味を、シェリー樽は渋味、ドライフルーツのような甘く芳醇な風味やクローブの風味を、セシルオークは渋さとスパイシーさを、ミズナラは伽羅や白檀などの香木を思わせる香りやパイナップル、ココナッツの風味をウイスキーに付与します。

　ウイスキーの貯蔵に使われる樽のタイプとしては、バレル（バーボンの空き樽：180ℓ）、ホッグスヘッド（バーボン樽をつくり直して容量を大きくした樽で、側面は新しい板を使用：230ℓ）、パンチョン（長期熟成向き：480ℓ）、シェリーバット（シェリーの空き樽：480ℓ）などが主なものです。

【写真1－8－5】
ウイスキーの樽貯蔵庫

　シェリーバットは、ウイスキーに濃い色調と甘く芳醇な味わいを付与するので重用されます。伝統的にオロロソタイプのシェリー製造に使われた樽が使用されてきましたが、シェリー自体の生産量が減ってしまい、シェリーバットは数が少なくなってきています。

　貯蔵に使う樽は、内側を焼いて焦がします。これによって生木に由来する不快な臭いを防ぎ、香ばしい香りが貯蔵酒につきます。

　バーボンではさらに、「チャー」と呼ばれる方法で強く焼かれた新樽を１回のみ使用することが、法律によって定められています。これにより、バーボンウイスキーの特徴がつくり出されるのです。

　バーボン以外のウイスキーでは、貯蔵後の空き樽は再度原酒が詰められて繰り返し使用され、その寿命は70年にもなります。その過程で、樽の内面を削り、焼いて再生することも行われます。濃厚な原酒は個性の強い樽で、軽い原酒は個性の少ない樽で貯蔵するのが基本になっているようです。

（5）ブレンディング（調合）

　最終的に製品の原酒の混和比率を決めるのは、ブレンダーの仕事です。ブレンダーは、タイプの異なる原酒を調合することによって求められるウイスキー製品を造り出すとともに、将来に備えて原酒の素材を準備しておくことも重要な仕事となります。

　ウイスキー製造会社では、数多くの原酒を確保し、数十種類の原酒をブレンドして一つの製品が造られます。ブレンドが終了したものは個性の弱い樽に再度短期間貯蔵されてから製品化されます。

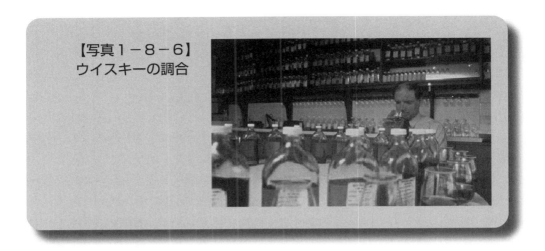

【写真1-8-6】
ウイスキーの調合

（6）ろ過・瓶詰め

　ウイスキーの原酒はアルコール分が60％超える高い濃度ですが、貯蔵、製品化される場合にはアルコール度数は40％前後に加水されます。その際、水に溶けにくい脂肪酸やそのエチルエステルなどが、にごり成分として析出してきます。これが出荷後に生じるといけませんので、ろ過によって瓶詰前にあらかじめ取り除かれます。また、氷点下以下の寒冷な条件に置かれると、樽からの溶出成分の一部も不溶化してきますので、マイナス9〜マイナス5℃程度で冷却ろ過したものが出荷されます。

4　製品の特徴

（1）日本のウイスキー（ジャパニーズウイスキー）

　日本では、ブレンディッドウイスキーとモルトウイスキーが主に販売されていますが、グレーンウイスキーについても商品化されています。

　2回蒸留法によるモルトウイスキーと、連続式蒸留機によるグレーンウイスキーを造り分ける方法は、スコッチウイスキーと基本的に同じです。スコッチウイスキーと比較してピートに由来する香りは一般的に控えめです。香味の特徴としては、華やかな香りや樽貯蔵による熟成香が高く、クリーミーなやわらか味を感じるものが多くなっています。また、香りや味の力強さを重視しているというよりも、むしろ繊細で絶妙な香味のバランスの調和や、舌触り、飲み易さ、さらには食中酒などの日本人の飲酒形態が考慮されたものが多く、渋味、苦味は目立たないようになっています。高価格製品では熟成感がより一層豊かです。

　近年、小規模蒸留所（クラフトウイスキー）の設立が世界的にブームとなり、日本においても小規模蒸溜所が数多く設立され、2023年1月時点で50を超える蒸留所が稼働しています。

　2021年4月には、日本洋酒酒造組合から「ウイスキーにおけるジャパニーズウイスキーの表示に関する基準」が発表されました。この中ではジャパニーズウイスキーの表示に係る主な要件として、原材料には麦芽、穀類、日本国内で採取された水のみを使用すること、糖化、発酵、蒸留は日本国内の蒸留所で行うこと、内容量700リットル以下の木樽に詰め、日本国内で3年以上貯蔵することなどが定められています。

（2）スコッチウイスキー

　英国のスコットランドには現在でも100を超える蒸留所が稼働して、多様なモルトウイスキーが造られており、その一つ一つに個性があります。モルトウイスキーの生産地域は、伝統的にスコットランド北部のハイランド、スコットランド南部のローランド、キンタイアー半島のキャンベルタウン、アイラ島の四つに分類されていましたが、現在ではハイランドのスペイサイド付近に多くの蒸留所が存在しています。

　ブレンディッドウイスキーの銘柄も多数ありますが、ローランドのグラスゴーに多くのブレンド・瓶詰め工場が置かれています。数多くの銘柄があり、香味の特徴は多様ですが、お酒のタイプとしては重厚なものが多く、またピートに由来する香りが比較的明確なものが多いといわれています。

　最近はピートに由来する香りの特徴を抑えた製品も多くなってきていますが、アイラ島のモルトウイスキーは突出したピーティーさで有名です。この香りは、揮発性のフェノール化合物に由来します。一般的に蒸留所で使われるピート麦芽は、フェノール化合物の含有量によってライトピート（1.0～5.0ppm）、ミディアムピート（5.0～15.0ppm）、ヘビーピート（15～50ppm）に区分され、目的とする酒質に応じて使い分けられています。
　モルトウイスキーは2回蒸留が基本ですが、例外的に3回以上の蒸留所もあり、その場合、酒質は軽くなります。

（3）バーボンウイスキー

　バーボンウイスキーは、原料の51％以上かつ80％以下がトウモロコシであること、連続式蒸留機としては比較的低いアルコール分（蒸留時80％以下）で蒸留されなければならないこと、内面を強く焼いたアメリカンホワイトオークの新樽で熟成しなければならないことなどが、アメリカの法律で義務付けられています。酵母も違いがあります。そのため、他のウイスキーとは明確に異なる香味の特徴を持ったウイスキーとなっています。
　バーボン（bourbon）の名称は、アメリカの地名（アメリカ独立戦争の際、フランスのブルボン朝と同じ名称を付け、英語読みしたもの）に由来し、そのほとんどがケンタッキー州で造られていますが、法律には地域に関する決まりはありません。

　樽詰め時のアルコール分が62.5％未満で、2年以上貯蔵されたものは「ストレートバーボン」と名乗ることができます。日本に輸入されているバーボンウイスキーのほとんどはこのストレートバーボンタイプで、4年以上貯蔵されたものが多いようです。
　樽の貯蔵はかなりの高温で行われることが多く、貯蔵したウイスキーは濃い色調、甘く香ばしい強力な樽香が特徴的です。原料由来の味わいは控えめで、すっきりと華やかで比較的シンプルな香味のウイスキーといえます。

　また、アメリカの法律による分類ではバーボンウイスキーと同じになりますが、「テネシーウイスキー」と呼ばれるウイスキーが日本に輸入されています。テネシーウイスキーの特徴は、蒸留直後の原酒を「チャコール・メロウイング（炭層柔化法）」処理するところにあります。工程に使用する木炭はサトウカエデを焼成してつくったもので、これによって最終製品の香味がソフトになるといわれています。

（4）カナディアンウイスキー

　カナディアンウイスキーは、連続式蒸留機によって造られる二つのタイプの原酒をブレンドして造られます。

　原料はトウモロコシ、ライ麦などが主で、糖化に麦芽が使用されます。仕込みの方法は、グレーンウイスキーやバーボンウイスキーと同様です。蒸留の条件を変えることで、一つはあまり精留効果の高くない蒸留により成分の多い原酒（フレーバリングウイスキー）を造り、もう一つは精留効果の高い蒸留で得られたベースウイスキーを造り、それらをブレンドして製品化されます。規則によって、小容量の木製容器（樽）で３年以上の貯蔵が義務付けられていますが、バーボンのように新樽である必要はありません。

　このように製造されたクセのないクリーンなベースウイスキーが多めに混和されますので、軽快で穏やかな味わいが特徴となっています。

（5）アイリッシュウイスキー

　モルトウイスキーと類似した方法によってモルト原酒が造られ、別にグレーンウイスキーを造ってブレンドする方法がとられています。ウイスキー造りに関する法的な規制はスコッチウイスキーと同様です。

　スコッチウイスキーと異なるところは、モルトウイスキーに未発芽の大麦、ライ麦なども使用するところです。これらを麦芽の糖化力を利用して糖化、発酵し、巨大な単式蒸留機で３回蒸留して原酒が造られます。

　使用される麦芽はピートを使用しないものが大部分です。その醪を３回蒸留する原酒とグレーンウイスキーをブレンドするので、まろやかな風味が特徴となっています。

　法律によって、木製容器による３年以上の貯蔵が義務付けられています。

第9章　ブランデー

1 ブランデーの歴史

　ブランデーは、果物から造られたワインを蒸留したお酒の総称です。蒸留したお酒が広く飲まれ始めたのは中世以降といわれていますので、その歴史はワインと比べると遙かに新しいものです。ブランデーの名称は、フランス西南部産のワインを交易していたオランダ人の「焼いたワイン」を意味する言葉（Brandwijn）に由来するといわれています。この言葉が「ブランデー」となったのはお酒の輸入国イギリスでした。

　世界で最も有名なブランデー産地であるフランス西南部のコニャック地方は、13世紀以降、ラ・ロッシェル港を控えたワインの集散地でした。そして16世紀頃、この地方のワインと塩を交易していたオランダ人が、生産過剰に陥った長期海上輸送に向かないアルコール分の低いワインを蒸留したのが、コニャック造りの始まりといわれています。その後、17世紀に入り、2回蒸留によってアルコール分が高く輸送中に変質しない蒸留酒が造られ、その輸送容器であるオーク樽中でお酒が美味しくなることが発見され、今日のコニャックが形成されました。18世紀初めにはヨーロッパ各地でコニャックが飲まれるようになり、19世紀中頃には瓶詰め製品が出荷されました。

　ワインと同様に、コニャックのブドウ畑も米国からやってきたフィロキセラ（ブドウ根アブラムシ）の大被害を受けましたが、そこから回復する過程で、現在の主力品種であるユニ・ブラン（サンテミリオン）が増加しました。また、本物のコニャックが不足して市場に偽物が出回ったことから、コニャックの名声を守るため、1909年に法令によってコニャックの生産地域が指定されました。原産地統制呼称（AOC）のCognac（コニャック）が定められたのは1936年のことです。
　1938年には、コニャックの生産地域は法令によってさらに細分化され、これらの法的規制とともに全国コニャック事務局（BNIC）によって表示基準がつくられ、産地ブランドを高め今日の地位を築きました。

　コニャックと並ぶフランスのブランデー生産地であるアルマニャックは、コニャックよりもブランデー製造の歴史は古いとされます。アルマニャックの特徴形成に大きな役割を果たした「アルマニャック・アランビック」と呼ばれる簡易な多段式蒸留機が特許登録されたのは、1818年のことです。原産地統制呼称のArmagnac（アルマニャック）が定められたのは、コニャックと同じ1936年です。

　また、アルマニャックにもコニャック同様の表示基準が定められました。

　コニャックとアルマニャックに不可欠なのは、オーク樽による貯蔵です。良質の樽材産地であるリムーザン、ガスコーニュと近かったことも、両産地が発展した要因となりました。

　コニャックとアルマニャックは、いわばできあがったワインを蒸留するブランデーですが、ワイン醸造で発生する搾りカスを蒸留したブランデーも各地で造られてきました。フランスのオー・ド・ヴィ・ド・マール（Eau-de-vie de Marc：単にマールと呼ばれることが多い）やイタリアのグラッパ（Grappa）などです。

　ブドウ以外の果実から造られるフルーツワインからも、蒸留酒が造られてきました。フランスのノルマンディ地方では、リンゴのワインであるシードル（Cidre）が有名ですが、そのシードルの蒸留酒であるカルバドスは、歴史が古いフルーツブランデーです。17世紀初めに誕生し、19世紀には庶民的なお酒となり、フィロキセラで欧州のブドウ畑が大被害を被った時代には、貴重なブランデーとなりました。原産地統制呼称Calvados（カルバドス）は、1942年に定められました。フランス料理で食事の最後にコーヒーに合わせてカルバドスをいただくのは定番となっています。

　日本でも、ワイン醸造の本格化とともにブランデーの製造が始まりましたが、本格的にブランデーが製造されたのは戦後のことです。コニャックと同じタイプの蒸留機でワインを蒸留し樽貯蔵したものが、各地で造られています。現在、ブドウのブランデーだけでなく、ブドウの搾りカス、リンゴ、梨、ミカン、メロンなど幅広い原料からブランデーが造られています。

2 ブランデーの種類

日本で販売されているブランデーは、原料から主に三つに分けられます。

　　グレープブランデー：ブドウのワインを蒸留して造られるもの

　　フルーツブランデー：ブドウ以外の果実を原料としたワインを蒸留して造られるもの

　　カス取りブランデー：ブドウの搾りカスを原料として蒸留して造られるもの

これらのうち、グレープブランデーであるフランスの「コニャック」「アルマニャック」「フレンチブランデー」、フルーツブランデーであるフランスのリンゴを使った「カルバドス」、ドイツ、スイス、北フランスのサクランボを使った「キルシュヴァッサー（Kirschwasser）」、カス取りブランデーであるフランスの「マール」、イタリアの「グラッパ」などは、通常、伝統的な名称で呼ばれています。

3 ブランデーの製造工程

ブランデーの製造方法には原料、産地ごとに特徴があります。ここでは代表的なグレープブランデーのコニャックとアルマニャックを中心に説明します。これらのブランデーの生産地域、生産条件の骨子はフランスの原産地統制呼称令（AOC）に定められています。

（1）コニャックの製造工程

① 原料ブドウ

法令では9品種が指定されていますが、主な品種はユニ・ブラン（90％）です。その他、フォル・ブランシュやコロンバールも使用されます。これらのブドウ品種は酸度が高いのが特徴です。

② ワイン醸造

完熟前の糖度が低く酸味が強いブドウを収穫して、白ワインを造ります。ワインを造るときの補糖は認められていません。

ブドウを破砕し搾る時には、通常のワイン醸造で使われている二酸化硫黄（亜硫酸）を使用しません。その理由は、留液の品質を損なうためとされています。ブドウの酸味が強いことは、二酸化硫黄なしでワイン醪（もろみ）を順調に発酵させる大事な条件

となります。また、ブドウの種子を破砕するとオイルが溶出し、ブランデーの品質が低下するので、コニャック向けの搾汁はあまり強く行わず、清澄な果汁を得ています。清澄な果汁でワインを造ると、香りが華やかで上品な味わいのブランデーができるとされています。

　酵母は、最近では市販酵母も使用されるようですが、伝統的には酵母添加なしで（ブドウの果皮に生息した自然の酵母を利用して）発酵させ、アルコール分が7〜10％前後で残糖がほとんどないワインを造ります。このアルコール分の低いワインを蒸留することによって、フルーティさと味の厚みのあるブランデー原酒ができます。

　また、できたワイン中に残る一部の酵母は沈降させて分離することなく、そのまま蒸留機に移され一緒に蒸留されます。これによってブランデーの香味に厚さが増すといわれています。なお、蒸留前のワインは空気との接触を断ち品質変化を防ぐように管理されます。

③　蒸留

　できあがったワインは、シャラント式蒸留機（シャラントポット）と呼ばれる単式蒸留機を用いて、2回蒸留します。シャラント式蒸留機の構造は【図表1－9－1】のとおりシンプルで、銅で作られています。銅は、ウイスキーの場合と同様にイオウを含んだ不快な香気成分を効率良く捕捉し、銅の表面ではブランデーに必要なエステルなどの香気成分ができやすいとされています。AOCの規定で、蒸留釜の大きさには上限があり、また、加熱方法は直火（バーナー加熱が多い）と決められています。このシャラント式蒸留機は、現在、コニャックだけでなく世界中で使用されています。

　蒸留はゆっくりと行い、1回目の蒸留（初留）でアルコール分30％弱の初留液（brouillis：ブルイ）を得ます。この時、最初に留出する1〜2％くらいは、刺激的な香気成分が多いのでカットして、次回の初留前のワインに加えて蒸留されます。続いて、初留液（ブルイ）を用いて2回目の蒸留（再留）を行いますが、この時は前留（Tetes：テット（頭））、中留（Coeur：クール（心臓）、留液のアルコール分が60％程度まで）、後留（Secondes：スゴンド（二番））に取り分け、さらに尾留（Queues：クー（尾））に分ける場合もあります。

　後留のうちスゴンド（Secondes（二番））は、後の別ワインの蒸留作業における2回目の蒸留の際に、初留液（ブルイ）と一緒に再留釜へ入れられ、再留されます。2回目の蒸留である再留は、1回目の蒸留である初留と比較してさらにゆっくりと行います。ゆっくりと蒸留することで、上質の中留分が得られるからです。

　蒸留は、冬の間に行われますが、できるだけ早く行うことが望ましく、遅くとも翌年の3月31日までに終えることが、法令によって定められています。

【図表１－９－１】シャラント式蒸留機（シャラントポット）

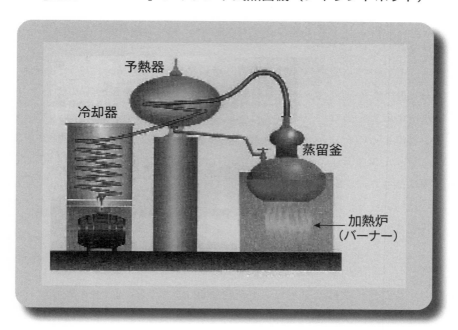

④ 樽貯蔵

　コニャックの貯蔵は、リムーザン産またはトロンセ産のオークでつくられた270
〜450ℓの樽で行われます。樽の内面はゆるやかな直火で焼かれています（【写真１
－９－１】参照）。

　リムーザン産オークは木目が粗く、タンニンが多めで、貯蔵酒の着色が早いとさ
れています。一方、トロンセ産オークは芳香成分が多く、柔らかく甘いタンニンで、
着色は少なく、ゆっくり熟成するとされています。トロンセ産オークは産出量が少
なく貴重です。

　一度貯酒した樽は繰り返し使用しますが、使用回数が多くなればなるほど溶出成
分は減少します。コニャックと呼ばれるための最低の樽貯蔵期間は24ヵ月ですが、
非常に長期間（数十年）貯蔵する場合には、一定期間樽貯蔵した後、古い樽やガラ
スの大瓶に移して貯蔵されます。

【写真1-9-1】貯蔵樽の内面焼き

⑤　ブレンド（調合）と後熟

　貯蔵された原酒は、ブレンダー（メートル・ド・シェ）によって製品を想定した調合が行われ、アルコール分も調整されます。加水用の水は、蒸留水またはイオン交換処理したものを使用します。糖、カラメルによる味と色の調整も、煎じたオークチップエキスの使用も認められています。調合されたコニャックは再び樽に詰められ、後熟と呼ばれる期間をおいて製品化されます。

⑥　ろ過・瓶詰め

　後熟が終了したコニャックは、最終的にAOCで定められたアルコール分である40％に加水された後、ろ過、瓶詰めされます。ウイスキーの場合と同様、製品化後に混濁が生じないように、マイナス5～マイナス7℃で低温ろ過されます。

（2）アルマニャックの製造工程

①　原料ブドウ

　法令で10品種が指定されていますが、ユニ・ブランが主体で、フォル・ブランシュ、バコ22Aなどが補助的に使われます。

②　ワイン醸造

　ブドウ果実から果汁を得て白ワインを造りますが、コニャックよりややアルコール分の高いワインとなります。コニャックと同様に二酸化イオウは使用せず、また補糖も禁止されています。

③　蒸留

　アルマニャックポット（【図表１－９－２】）と呼ばれる多段式蒸留機で蒸留するものと、シャラントポットで２回蒸留するものとがあります。

　アルマニャックポットは、蒸留釜の上部の首部分に数段の精留棚があります。この精留棚から得られる留分を冷却して、１回の蒸留でアルコール分55％程度のブランデー原酒が造られます。新しいタイプの蒸留機では、精留効果が高くアルコール分70％前後の留液が得られます。

　シャラント式で蒸留する場合は、コニャックと同様の蒸留が行われます。

　蒸留期間は翌年の３月31日までとなっています。

④　貯蔵

　ガスコーニュ産またはリムーザン産の容量400ℓ程度のオーク樽で貯蔵されます。一般に、アルマニャックポットの原酒は、シャラントポットで２回蒸留した原酒と比較して、ヘビーな酒質で熟成が遅いといわれています。

⑤　ろ過・瓶詰め

　ブレンダーによって調合が行われアルコール分40％以上に加水され、ろ過・瓶詰めされます。

【図表1-9-2】アルマニャックポット

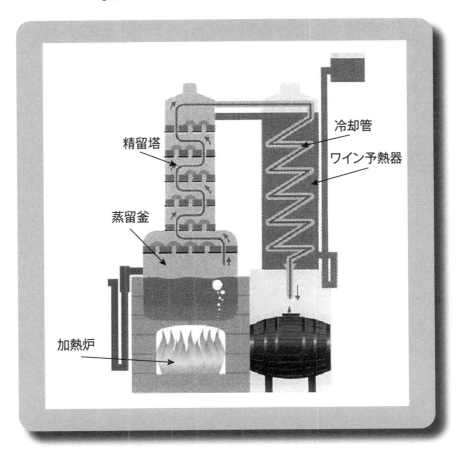

精留塔

冷却管

ワイン予熱器

蒸留釜

加熱炉

（3）カス取りブランデーの製造工程

　世界のワイン産地で、ワイン醸造過程から出る搾りカスを原料としてブランデーが造られています。赤ワイン醸造のカスは、発酵が終了した醪を圧搾したものを保存しておき、蒸留直前に水を加えて蒸留します。カスの保存状態によっては好ましくない香気成分が増えるので、液分を多めに残したカスを使うようになっています。また、白ワイン醸造のカスは、白ワインの発酵前に除梗したブドウから果汁を圧搾し終わった搾りカスに水を加えてアルコール発酵させ、それを蒸留します。

　蒸留には色々な蒸留機が使われますが、多段式の（簡易な精留塔が設けられた）蒸留機の場合は、アルコール分70%程度の留液が得られます。ワインのカスは果皮や種子が主体なので、これらを一緒に蒸留することにより、原料ブドウに由来する個性の強い原酒が得られます。フランスのマールは樽で貯蔵した後に製品化されるものが多く、イタリアのグラッパの多くは樽貯蔵することなく製品化されます。

（4）カルバドスの製造工程

　カルバドスは、フランスのノルマンディ地方で、リンゴを主原料として造られます。原料リンゴは酸味が強く、ポリフェノール含有量が高いシードル専用品種が使われます。リンゴとともにナシも一部原料として認められています。

　伝統的には、ポットスチル蒸留機で2回蒸留した原酒を樽で熟成して出荷されます。蒸留機に関しては、ポットスチル蒸留機だけでなく多段式の単式蒸留機の使用も認められています。また、カルバドスにはコニャックなどと同様に樽貯蔵期間と表示の基準が定められており、最低2年間、樽貯蔵する必要があります。

（5）フルーツブランデーの製造工程

　ドイツ、スイス、北フランスで糖分の高いブラックチェリー（サクランボ）から造られるキルシュヴァッサー（Kirschwasser）が有名です。そのほかにも木イチゴ（フランボアーズ）、西洋ナシ（ポワール・ウイリアムス）、黄色の西洋スモモ（ミラベル）など多様な果物からフルーツブランデーが造られています。

　ブドウのブランデーと同様に、フルーツの果汁または破砕物を原料としてフルーツワインを造り、それを通常は小型の単式蒸留機で蒸留して造られます。原料果実の香りを抽出するために、果実をアルコールに長時間漬け込んだ後に蒸留する場合もあります。

4　製品の特徴

（1）伝統産地のグレープブランデー

①　コニャック

　ブドウ栽培農家、蒸留業者、瓶詰め・販売会社の分業体制で造られ、製品の特徴はブレンドを行う製造会社が決めるといわれています。ブドウ果実に由来する華やかでフルーティな香りと、樽熟成によってまろやかに調和した香味がコニャックの一般的な特徴となっています。

　コニャックの生産地域は、土壌の質に従って、グランド・シャンパーニュ（Grande Champagne）、プティット・シャンパーニュ（Petite Champagne、シャンパーニュとはコニャック地方の町名です。）、ボルドリー（Borderies）、ファン・ボワ（Fins Bois）、ボン・ボワ（Bons Bois）、ボア・ア・テロワール（Bois a terroir）またはボワ・オルディネール（Bois ordinaires）の６つに分けられ、特に前２地区の評価が高くなっています。

　品質に関わりが深い貯蔵年数とラベル表示については、全国コニャック事務局（BNIC）が定めた基準があり、熟成期間はコント（compte：樽内熟成期間）という考え方で管理されます（次ページ【図表１－９－３】参照）。

　蒸留期間が終わる３月31日までを「コント00」、続く４月１日から翌年の３月31日までを「コント0」、次の４月１日から３月31日までを「コント１」というふうに取り扱います。コニャックと呼べるのはコント２以上で、24ヵ月以上貯蔵されています。

　フランスのブランデーにフィーヌ（Fine）という呼称がありますが、これはコニャックにかかわらず原産地統制呼称令（AOC）で管理されたオー・ド・ヴィに許されるものです。フィーヌ・シャンパーニュは、プティット・シャンパーニュとグランド・シャンパーニュのブレンドからなるコニャックで、グランド・シャンパーニュが50％以上含まれるものをいいます。

②　アルマニャック

　生産地域は、バ・アルマニャック（Bas-Armagnac）、オー・アルマニャック（Haut-Armagnac）、及びアルマニャック・テナレーズ（Armagnac Tenareze）の３つに分けられます。このうちバ・アルマニャックの評価が最も高くなっています。

　伝統的な多段式の蒸留機で造られたものは、蒸留回数が１回で済むため香味成分が多く、コニャックと比較して香味が重厚で個性があります。

【図表1-9-3】 コニャックとアルマニャックのラベル表示

コニャック	表示義務事項	・AOCの呼称：(Fine) Cognac、Eau-de-vie de Cognac、Eau-de-vie des Charentes、Cognac Grande (Fine) Campagne、Cognac Petite (Fine) Champagne、Cognac (Fine) Borderies、Cognac (Fine) Fins Bois、Cognec (Fine) Bons Bois ・容量、アルコール分（容量%） ・製造者、容器・包装業者、販売者いずれかの名前
	貯蔵期間の表示	・コント2：V.S.、3スター ・コント4：V.S.O.P.、Reserve ・コント6：Napoleon、X.O、Hors d'age
アルマニャック	貯蔵期間の表示	・3スター：1年以上（最も短いもので） ・VSOP：4年以上 ・Hors d'Age、10years old：10年以上（15years old、25years oldも同様） ・Vintages：収穫年、10年以上

　ラベルの表示と貯蔵期間についてはコニャックと類似した基準があります。また、ブドウが収穫された年度を表示したシングルビンテージブランデー（10年以上の貯蔵が必要）が数多く製品化されています。

③　フレンチブランデー

　コニャック、アルマニャック以外にも、ブドウを原料としたブランデーがフランスの各地で造られています。これらを総称して「フレンチブランデー」と呼ばれます。公的機関によるラベル表示の基準はなく、ナポレオン、XOなどの表示は製造者の基準で行われています。

④　その他のグレープブランデー

　イタリア、ギリシャ、などから多様なブランデーが日本に輸入されていますが、フランス産と比較するとその量は限られています。

（2）日本のグレープブランデー

　大手洋酒メーカー及び各地のワイナリーで、ブドウを原料としたブランデーが造られています。日本で蒸留されるブランデーの多くは、単式蒸留機を使用し、オーク樽で貯蔵されます。国産の原料ブドウに限りがあるため、輸入されたブランデー原酒を調合して日本人の嗜好にマッチするように仕上げられた製品が多くなっています。

　そのほかにも、量的には限られていますが、地域のブドウからブランデー原酒を造り、オーク樽に貯蔵したものが各地にあります。

（3）カス取りブランデー

　原料として使用するブドウカスの果皮や種子などに由来する、フルーティな香りや植物的な香りを持つブランデーです。樽貯蔵されたものは熟成による重厚感があり、無色透明なものはブドウ果実由来の香味が前面に出るため、ブドウ品種の個性が一層感じられます。

　近年、日本でもカス取りブランデーが造られるようになっています。これらの多くは、精留塔の付いた多段式の単式蒸留機で蒸留し、イタリアのグラッパと同様にほとんどの製品が樽貯蔵することなく製品化されています。

（4）リンゴのブランデー

　リンゴの甘く華やかな香りと樽貯蔵による調和のとれた香味が特徴的で、グレープブランデーとは違う個性があります。フランスのカルバドスが世界的に有名ですが、AOCカルバドスのなかでも、ペイ・ドージュ（Calvados Pays d'Auge）地区は高い評価を受けています。

　日本でも、青森県でリンゴのブランデーが造られています。樽貯蔵後に製品化され、華やかな香りと味わいの調和した本格的なブランデーとなっています。

（5）フルーツブランデー

　キルシュヴァッサーが有名です。原料果実のサクランボの香りがそのまま残り、甘いフルーティさが製品の特徴になっています。樽貯蔵しないため無色透明です。

　その他のフルーツブランデーも果実に由来する香味に特徴があり、天然の香り付けとして製菓原料にも多く使用されています。

　なお、アプリコット・ブランデー（アンズ原料）、ペア・ブランデー（ナシ原料）として販売されているお酒の中には、エキス分が多いため、日本の酒税法ではリキュールに該当するものもあります。

5　ブランデーの品質評価

　ブランデーの色は、樽貯蔵の条件や色の調整に使用したカラメルに由来します。加水したときに濁りが出るのは、水に溶けにくい油性成分（脂肪酸や、脂肪酸とアルコールが結合した脂肪酸エチルエステルなどの成分）が多いことを示しています。

　香りを重視するお酒ですので、チューリップ型グラスを使うことでその特徴が分りやすくなります。また、水で1/2程度に希釈することにより、香りが立ち、原酒とは異なった味わいを評価することができます。

　香りについては調和、華やかさ、重軽及び熟成感、味については調和、濃さ及びまろやかさが評価軸となります。

　ブランデーは、原料の果実ごとに品質の特性が明確に異なっています。また、伝統的なブランデーは名前を聞いただけでイメージされる品質上の特徴があります。それらの個性がどのようにお酒に表れているかを見極めることも重要です。

6　ブランデーの保管

　ブランデーは蒸留酒でアルコール分も高いため、醸造酒と比較して品質の変化はゆるやかです。その意味では、比較的保存性の良いお酒ということができます。

　しかしながら、コニャック、アルマニャックや国産ブランデーの多くは、ウイスキーと同様に樽熟成をして着色していますので、直射日光によって着色の度合が変化することがあります。また、華やかで微妙な香りは時間とともに損なわれますので、製品は高温や直射日光を避けて保管することが大切です。

第10章　スピリッツ

　スピリッツには、ロシアで生まれたウオッカ、オランダ生まれのジン、カリブの島で生まれ育ったラム、メキシコ生まれのテキーラなどがあります。

　スピリッツとは、もととも蒸留酒のことですが、酒税法による分類では、蒸留したお酒のうちウイスキーやブランデーは別品目となるので除かれます。さらに、蒸留酒でアルコール分45度を超え原料アルコールとなるもの、連続蒸留焼酎や単式蒸留焼酎も別品目として区分されます。

　それらに該当しないお酒で、エキス分（第11章　リキュール参照）が２％未満のものが、スピリッツとなります。

1　スピリッツの歴史

（1）ウオッカ

　ウオッカは、14世紀頃からロシアで造られ、その語源はVoda（水）といわれています。連続式蒸留機のない時代は単式蒸留機で製造されていました。

　ウオッカは、白樺の炭でろ過して精製することが法律で定められていますが、これは、1810年にサンクトペテルブルグの薬剤師アンドレイ・アルバーノフが発見した炭の吸着現象を、ピョートル・スミルノフがウオッカの製造に利用したことがルーツになります。

　その後、1917年のロシア革命によってフランスに亡命したウラジミール・スミノフが、パリで生産を始めたことから、以後世界に広まっています。

（2）ジン

　ジンは、1660年頃、オランダのライデン大学教授であったフランシスクス・シルビウスが、ジュニパー・ベリー（西洋杜松の実）をアルコールに浸して蒸留し、利尿剤として売り出したのが始まりといわれています。

　その後、イギリス国王となったオランダのオレンジ公ウイリアム三世が、イギリスに広めています。イギリスで広まったジンは、後に、連続式蒸留機の発明により精製されたアルコールを用いたジンへと発展していきます。

（3）ラム

　ラムの歴史は、スペイン国王の援助のもと、コロンブスが1492年に西インド諸島を発見したことから始まります。

　その後、この地にインド原産のサトウキビの栽培が導入されるとともに、ヨーロッパから蒸留技術が渡って、ラム酒が造られるようになります。遅くとも17世紀には造られていたと思われます。

　ところで、「ラム」の語源ですが、これには諸説あって、サトウキビの学名サッカラム・オフィシナラムからきた説、スペイン語のrumbullion（ランバリオン：飲んで楽しくさわぐ）から来た説などがあります。

（4）テキーラ

　テキーラは、竜舌蘭（リュウゼツラン）を原料としています。メキシコでは古くから利用してきたようで、発酵させたものはプルケ（Pulque）というお酒になります。コロンブスの西インド諸島発見後、スペイン人が蒸留技術を持ち込んで16世紀頃から造られたのが始まりです。

2　スピリッツの製造工程と特徴

（1）ウオッカ

　ウオッカは、トウモロコシ、小麦、大麦、ライ麦（北欧やロシアの一部地域ではジャガイモ）などの穀類を主原料として糖化、発酵後、連続式蒸留機で蒸留し、これに水を加えてアルコール分を40〜60％程度に調整後、白樺炭でろ過して製造します。

　ウオッカには、無色・無臭・無味のクセのないレギュラー・タイプと草根木皮やフルーツなどの様々なフレーバーや色のあるフレーバード・ウオッカがあります。フレーバード・ウオッカとして有名なものとして、薬草ズブロッカの香りを付けた「ズブロッカ」や「ヴインセント」があります。　ウオッカはクセがないことから種々のカクテルに用いられます。ウオッカを使ったカクテルには、スクリュードライバー、ソルティー・ドッグ、モスコー・ミュールなどがあります。

（2）ジン

　ジンは、トウモロコシ、大麦麦芽、ライ麦などの穀類を主原料として糖化、発酵後、連続式蒸留機でアルコール濃度の高いグレーン・スピリッツ（ベーススピリッツと呼ばれます）を造ります。このベーススピリッツにボタニカルと呼ばれるジュニパー・ベリーなどの草根木皮を加えて単式蒸留機で蒸留し、製造します（ドライ・ジン）。「ロンドン・ジン」、「イギリス・ジン」とも呼ばれ、香りが軽く味が爽快です。

　一方、「オランダ・ジン」は連続式蒸留機を使わず、発酵液を単式蒸留機で2～3回蒸留を繰り返し、留液のアルコール分を調整してジュニパー・ベリーなどの草根木皮を加えて蒸留して造ります。風味が重厚でコクがあるといわれます。

　ジュニパー・ベリー以外の草根木皮には、コリアンダー、キャラウェイなどの種子や、アンゼリカ、オリスなどの根、レモン、オレンジの果皮、シナモンの樹皮などの様々な香草・薬草が使われています。これらをどれくらい使用するかによって、メーカーごとの味わいの違いが現れます。単式蒸留機の形状についても、最終的な製品の品質に微妙な影響を与えるため、メーカーごとに異なります。

　また、近年はこれまでの伝統に捕らわれず、個性的な植物やスパイスなど新たなボタニカルを用いた少量生産のプレミアムジンの製造が増加し、世界的にクラフトジンのブームが到来しました。日本においても緑茶や山椒といった日本に特徴的な素材や地域特産の柑橘類などをボタニカルとして用いる、あるいは焼酎や泡盛をベーススピリッツとして使用するなど特徴的なジャパニーズクラフトジンの製造が開始され、海外への輸出も増加しています。

　なお、ジンを使ったカクテルとしては、ギムレット、ジン・トニック、マティーニなどがあります。

（3）ラム

　ラムは、サトウキビの搾り汁を煮詰めて結晶化させ、砂糖を取った残りの糖蜜（molasses）から、主に製造されます（製品は、インダストリアル・ラムとも呼ばれます）。このほか、サトウキビの搾汁（cane Juice）を用いて造ることもあります（製品は、アグリコール・ラムとも呼ばれます）。糖蜜は、酸度を調整し水で薄め加熱殺菌した後にろ過し、液部にさらに水を加えて適当な糖度に調整します。ここから先の製造方法の違いにより、次の3種類に分類されます。

　「ライト・ラム」では、この糖液に純粋な培養酵母を加えて発酵させ、連続式蒸留機により高濃度のスピリッツを製造します。これに水を加えてタンクまたは内側

を焦がしていないオーク樽で熟成後、活性炭などでろ過します。ドライでキレのある香味が特徴のラムで、代表的なものとしてキューバ・ラムがあります。

「ヘビー・ラム」では、糖液を2、3日放置して自然発酵を起こさせ、これにサトウキビの搾りかすや前回の蒸留残渣（ダンターと呼ばれます）などを加えて発酵させます。ダンターは香味を重厚にするほか、窒素分を供給する目的で使用されます。

蒸留は単式蒸留機で行い、内側を焦がしたオーク樽で3年以上熟成させます。香り、味ともに濃厚なラムで、代表的なものとしてジャマイカ・ラムがあります。

「ミディアム・ラム」は、伝統的には自然発酵させた醪を連続式蒸留機で蒸留し、樽熟成します。ヘビー・ラムとライト・ラムをブレンドして製造することも多く行われています。

また、色による分類も行われており、「ホワイト（シルバー）・ラム」、「ゴールド・ラム」、「ダーク・ラム」の3種類に分けられます。

ホワイト（シルバー）・ラムは、淡色や無色のラムのことです。樫樽で貯蔵したラムを活性炭処理して無色透明とし、淡れいな味わいに仕上げたものと、樽貯蔵させていないものがあります。

ダーク・ラムは色調が濃褐色です。ゴールド・ラムはその中間色です。

ラムを使ったカクテルとしては、ダイキリ、ブルー・ハワイアンなどがあります。

日本の輸入ラムの主要ブランドとしては、「バカルディ」、「マイヤーズ」、「ハバナクラブ」などがあります。また、国別では主としてジャマイカ、プエルトリコ（米）、フランス等から輸入しています。

（4）テキーラ

メキシコで、竜舌蘭（正式には、竜舌蘭の使用品種が決められています）を原料として造られるスピリッツは、「メスカル」と呼ばれています。このメスカルの中で、原料にアガベ・テキラーナ・ウエーバー・アスルという特定の品種を使い、テキーラ村のあるハリスコ州全部とナヤリト州、ミチョアカン州、グアナファト州、タマウリパス州の一部で生産されるもののみが、テキーラと表示することができます。

テキーラは、竜舌蘭の球茎部分を使用します。この球茎は約10年をかけて、直径1m弱、重さ40kgほどに育ったものを使用します。

コアと呼ばれる刃物で葉を落とした後、掘り起こした球茎は工場に運ばれます。工場では、この球茎を割って釜（オーブンまたはオートクレーブ）へ入れ、蒸し焼きにします。すると、球茎に含まれている高分子多糖類が発酵性の糖分に変化します。糖化した球茎を釜から出し、水をかけながらローラーにかけて粉砕・圧縮し糖液を搾ります。搾りかすにさらに温水をかけてローラーで圧縮し、糖分を余すところな

く搾り取ります。糖液はタンクに移して発酵させます。発酵終了後に、単式蒸留器で２回蒸留し、２回目の蒸留でアルコール分50〜55度の部分だけを採取しテキーラが造られます。

　蒸留後、ステンレスタンクで短期間貯蔵し、水を加えて製品化したもの、または樽貯蔵しても60日未満のものを「テキーラ・ブランコ」（またはホワイト・テキーラ）と呼びます。これはアガベ由来の青草臭などが強くシャープな香りと強靭な味わいがあるもっともテキーラらしい特徴があるとされています。

　この熟成なしの「ホワイト」から、熟成期間が長くなる順に「レポサド（reposado）」（樽貯蔵２ヵ月〜１年未満）、「アネホ（anejo）」（樽貯蔵１年以上）、「エクストラ・アネホ」（樽貯蔵最低３年間以上）となります。また、無色な「シルバー」と樽貯蔵により着色した「ゴールド」と表示されているものもあります。

　なお、テキーラを使ったカクテルとしては、マルガリータなどがあります。

（5）その他のスピリッツ

①　アクアビット

　アクアビットは、ジャガイモを原料として北欧諸国で造られている蒸留酒です。蒸留技術が誕生した際に、錬金術師たちが名付けた「生命の水」を意味するラテン語のアクア・ヴィテ（Aqua-Vitae）の語源を色濃く残しています。

　ジャガイモを糖化・発酵・蒸留し、キャラウェイやアニス、カルダモン、フェンネルなどのハーブやスパイス類で香り付けをしています。

②　コルン

　コルンは、その名前のとおり様々な穀物（ドイツ語でKorn（コルン））を原料として造られているドイツの蒸留酒です。一切の香り付けをしていないのが特徴です。

③　カシャーサ

　ブラジルの国民酒であるカシャーサは、ラムとは言っていませんが、サトウキビの搾汁をそのまま発酵、蒸留して造られる蒸留酒です。日本の輸入カシャーサの主要ブランドとしては、「カシャーサ51」、「イピオカ」、「タトゥジーニョ」などがあります。

第11章　リキュール

　リキュールは、酒税法では「酒類と糖類等を原料とした酒類でエキス分が２度以上のもの」と決められています。

　大まかにいうと、酒類に糖類や香味成分材料などが混ぜられて製造されるお酒のことです。現在市販されている商品でいえば、カンパリやキュラソーなどの西洋のリキュール、梅酒や杏酒、屠蘇などの日本のリキュールが該当します。

　また、近年消費量が増えているチューハイのほとんどがリキュールになります。

　エキス分とは、日本の酒税法では、温度15℃の時において、100mℓ中のお酒に含まれている不揮発成分のグラム数のことをいいます。例えば、エキス分10度といえば、お酒100mℓ中に10gの不揮発成分が含まれていることになります。不揮発成分は、ブドウ糖などの糖類や乳酸などの有機酸が主な成分です。

1　リキュールの歴史

　西洋のリキュールの歴史は、古代ギリシャの医聖ヒポクラテスが薬草をワインに漬け込み、一種の水薬を造ったことから始まったとされています。

　中世には、錬金術師たちが蒸留酒造りを発見して、これを用いて植物の香味を生かした酒を造り出そうとし、花の香りをつけるなどして現在の色々なリキュールが生まれてきました。

　日本におけるリキュールの歴史は、屠蘇から始まるとされています。屠蘇は平安時代に中国から伝わったとされており、清酒やみりんに生薬を含む屠蘇散を漬け込んだものです。日本を代表するリキュールである梅酒は、江戸時代の頃から造られるようになりました。

2　リキュールの原料

　リキュールの原料となる酒類としては、主にスピリッツ、焼酎、ブランデーなどの蒸留酒がベースとして使われます。

　それに香味を付けるものとして、果実、草根木皮、種子、花、卵、ヨーグルトのほか、砂糖、蜂蜜、香料、色素、有機酸などが使われます。

3　リキュールの製造工程

　リキュールの製造工程で特徴的なのは、発酵を伴わないことです。リキュールは一般に、ベースとなる蒸留酒を用いて果実や草根木皮などの香味成分を抽出し香味液をつくります。この香味液を単独または複数配合し、糖類などを加えて製品化します。
　香味成分の抽出方法には、代表的なものとして以下の三つがあります。これらの方法を単独で使用、または併用します。

（1）浸出法

　ベースとなるアルコールに原料を浸漬し、数日から数ヵ月放置して香味成分を抽出します。果実や草本のリキュールでよく用いられます。

（2）蒸留法

　浸出法で造った浸出液や原料をアルコールに浸漬したものを蒸留機にかけて、アルコール分と一緒に香味成分を留出させます。柑橘類や種子のリキュールでよく用いられます。

（3）エッセンス法

　香料を直接、アルコールなどに加えます。

4　リキュールの種類

　リキュールは非常に種類が多く、また1種類のリキュールに何種類もの原料を使っている場合もあるため、その全てを挙げ、厳密に分類することは困難です。
　ここでは代表的なリキュールをその香味成分の原料によって、（1）主に草本や花を使ったもの、（2）主に種子を使ったもの、（3）主に果実を使ったもの、（4）その他のもの、に分類して紹介します。

（1）主に草本や花を使ったもの

① カンパリ

赤い色とほろ苦い味のイタリアを代表するリキュールです。ビター・オレンジ・ピール（苦みかんの皮）、キャラウェイ（ひめういきょう）、コリアンダーなどを使っています。

② ベネディクティン

フランスのベネディクト派の修道院で1510年に生まれたとされており、27種類の香草などを使っています。

③ シャルトルーズ

フランスのグランド・シャルトルーズ修道院で原型が考案されました。製法は今も非公開となっています。

④ アブサン

ニガヨモギを原料とするリキュールで、18世紀後半にフランスで考案されたとされています。20世紀初頭にニガヨモギから神経毒成分が発見されたため、代替原料としてアニスやリコリスを使用した酒が造られるようになりました。

⑤ ペパーミント

ミント（はっか）の葉の香りをつけたもので、緑色や無色のものなどがあります。フランスのフレーゾマンが知られています。

⑥ ビターズ

主にカクテルに使用する苦味の強いリキュールです。ビター・オレンジ・ピールを使ったオレンジ・ビターズ、ベネズエラで造られるアンゴスチュラ、フランスのアメール・ピコンが代表的です。

⑦ 屠蘇

お正月のお祝いの酒としておなじみです。屠蘇は、清酒やみりんに山椒、防風、桔梗、白朮、桂皮などの生薬を含む屠蘇散を漬け込んだものです。

⑧ 保命酒

広島県福山市鞆の浦名産の薬用酒で、もち米と麹と焼酎（アルコール）で仕込み、

それに16種類の生薬を漬け込んだものです。

（2）主に種子を使ったもの

①　アニゼット
　アニス（ういきょう）の実を使ったリキュールで、そのままでは透明ですが、水を加えると白濁します。

②　キュンメル
　キャラウェイの実を使ったリキュールです。

③　コーヒーリキュール
　焙煎したコーヒーをスピリッツに浸漬して造ります。カルーアミルクというカクテルで有名です。

④　アマレット
　杏の核をブランデーに浸漬して成分を抽出したものに、数種類の草香エキスをブレンドしたものです。

（3）主に果実を使ったもの

①　キュラソー
　オレンジリキュールの代表です。もともとベネズエラ沖キュラソー島でとれるオレンジの皮を原料としたため、この名があります。褐色、無色、青色などのものがあり、カクテルとしても使用されます。

②　スロージン
　すももの一種（スローベリー）をジンに浸して造るリキュールです。

③　チェリーブランデー、マラスキーノ
　さくらんぼを原料としたリキュールです。チェリーブランデーは「ブランデー」とありますが、ブドウを原料としたブランデーとは異なり、スピリッツにさくらんぼを浸漬します。チェリーブランデーは赤い色のものが多いですが、マラスキーノはふつう無色です。

④　梅酒、杏酒

　日本を代表する伝統的リキュールです。梅や杏の実と糖分をアルコールに漬け、数ヵ月程度放置して成分を抽出します。

　詳しくは、「5　自家製リキュール」のところで述べます。

（4）その他のもの

① アドヴォカート

　卵を使用し、黄色い濃厚なクリーム状のオランダの伝統的リキュールです。

② チューハイ

　もともと、蒸留酒を炭酸水で割った飲料でしたが、最近は果汁などを加えた缶チューハイが人気になっています。

5　自家製リキュール

　リキュールは、一般に食前酒（アペリティフ）や食後酒（ディジェフティフ）として飲まれます。チューハイのように食中酒として飲まれるものもあります。

　また、リキュールはカクテルに欠かせないお酒です。リキュールの種類以上にカルテルの種類は多く無限にあるといえます。そんなリキュールの中で、日本では青梅などを氷砂糖とともにホワイトリカーなどに漬けて、自家製のリキュールを楽しんでいらっしゃる方も多いのではないでしょうか。果実を焼酎に漬けることから、家庭での果実酒造りと言っている方もいらっしゃると思います。ここでは、自家製リキュールの美味しい造り方を紹介します。

（1）自家製リキュール造りの注意点

　お酒を造るには免許が必要で、自由には造れませんが、消費者が梅などをアルコールと混和して新たな酒類を製造することは、自家消費する場合に限って認められています。これが自家製リキュールを造れる根拠です。

　ただし、造る場合でも、①アルコール分が20度以上の酒類を用いること、②米、麦、トウモロコシ、でんぷん、麹、ぶどう、やまぶどう、アミノ酸、ビタミン類、有機酸などの物品は使用できないこと、③混和後に新たにアルコール分が1度以上増加する発酵がないこと、という条件があります。

　これらは、酒税法等で決められている制約ですが、原料や使うアルコールの種類（ブランデー、ラム、テキーラ、泡盛など）にこだわって、オリジナルリキュールを造ってみるのも楽しいと思います。

　なお、飲食店（酒場、料理店等）を営む人が、お店で自家製梅酒等を提供することも条件付きで認められています。この場合、使用できるアルコールが一定の蒸留酒類に限られることなどの制限があります。詳しくは税務署の担当酒類指導官にお問い合わせください。

（2）美味しく漬けるリキュール

① 容器

　容器は、使用するアルコールの量の約２倍の容量の広口ガラス瓶が適当です。よく洗浄して、乾燥させ、清潔な状態を保ちます。

② 原料

　果実は、新鮮でキズがなく、粒が揃っているものを選びます。漢方、生薬の場合は、最寄りの漢方薬局等に相談してください。

　材料は、きれいな水でよく洗い、汚れを落としてから、水切りをして清潔な状態で乾かします。さらに、きれいな布や紙タオルで水分をよく拭き取っておきます。また、例えば、梅では軸を、イチゴではへたを、リンゴでは芯を取り除いておきます。

③ 糖分

　一般的には氷砂糖を使います。そのほかにグラニュー糖、ザラメ、黒砂糖、蜂蜜も使用できます。糖分の使用量は、果実１kgに対して200g～500gぐらいとするのが一般的です。甘すぎないものを好まれる方や色々な料理に使いたい場合には、無糖でもある程度の果実の香味を引き出すことは可能です。

　漢方・生薬を漬け込む場合は、よほど苦味の出るもの以外は糖分を加えない方が良いようです。

④ 保存

　漬け込んだら密封して、光の当たらない涼しい場所で保存します。瓶に漬け込んだ日付やレシピなどを書いておくと後で役立ちます。

　予定した漬け込み期間がきたら、清潔な布巾等でこし、適当な瓶に移し貯蔵します。漬け込んだのが果実なら、その果実も美味しく食べられます。長期間保存する場合は、保存性を良くするために、漬け込み時にアルコールを少し多めに使用します。

⑤　飲用時

　市販されている一般的な梅酒は、アルコール分が14度程度に調整されていますが、上記のように製造すると、アルコール分はかなり高くなりますので、ロックや水割り、ソーダ割りなどにして楽しむことができます。また、蜂蜜などで甘さを調節しても良いでしょう。

第12章　その他のお酒

1　韓国のお酒

　テレビの韓国ドラマや映画の人気、またおしゃれな韓国料理店が増えたことなどから、韓国のお酒をよく見かけるようになりました。韓国のお酒は、日本の清酒や焼酎と製法に少し違いがみられるものの、香りや味は親しみやすいお酒といえるでしょう。

（1）焼酎（ソジュ）

　韓国の焼酎には、蒸留式と希釈式という区別があります。蒸留式は日本の蒸留酒類の分類では単式蒸留焼酎、希釈式は連続式蒸留焼酎に相当します。

　蒸留式は、韓国慶尚北道北部の安東地方の特産品である安東焼酎（アンドンソジュ）が代表的なものです。しかし、安東焼酎は伝統的で希少な高級品であり、ソジュといえばほとんど不純物を含まない95％程度のアルコールを希釈して造られる希釈式のものを指しています。

　希釈式焼酎の製造者は、韓国の地方行政組織（道）ごとにあるので、地域でもっとも飲まれている焼酎はそれぞれ異なります。例えばソウルでは「真露」、その隣の江原道では「鏡月」、釜山のある慶尚南道では「大鮮」、全羅南道では「宝海」といった具合です。

　原酒は高度に精製されたものなので、それぞれを差別化するため、竹炭ろ過、音響熟成などで特徴づけるほか、甘味料やアミノ酸を加えた製品（日本ではスピリッツやリキュールに該当）があります。

（2）伝統酒

　韓国の伝統酒は、米から造られるお酒という点では清酒と類似しています。しかし、その麹は米ではなく、生の小麦粉に水を加え団子や餅、または煉瓦状にし、クモノスカビという菌を生育させた麦麹（누룩＝ヌル）を使用することが特徴です。

　一般には、この麹に酵母や乳酸菌も含まれていて、蒸した米と水を加えることで発酵が始まります。

①　マッコリ

　麹、米、小麦粉などから造られるアルコール分6〜7％程度の濁り酒です。本来は、短期間で発酵させ、そのまま飲用に供します。酵母が元気なうちは発酵による

プチプチした炭酸ガスが強く、その後だんだん発酵は収まり味が濃厚になってくるなどの変化が楽しめます。

　しかし、日本に輸入されているものは、品質を安定にするため加熱殺菌されている製品が多く、炭酸ガスの風味は少ないようです。そこで炭酸水、サイダー、ビールなどで割って飲ませる韓国料理店もあります。

②　百歳酒（ベクセジュ）

　伝統酒に分類されますが、1992年に発売された新しいお酒です。麹や伝統酒を研究していた麹醇堂というメーカーが開発した方法により、麦麹を使って糯米を粉状にして生のまま発酵させ、さらに高麗人参、クコ、甘草、山査子（サンザシの実を干したもの）など10種類の生薬を加えたお酒です。米を蒸さない製法のため、アミノ酸が豊富に含まれているとPRされています。

　日本向け製品のアルコール分は13％で、日本酒と同程度です。なお、韓国国内用と日本向け製品では生薬やアルコール分が若干異なります。飲み方は、そのまま冷やして、オンザロックのほか、焼酎を加えて「五十歳酒（オーシッセジュ）」と称して飲まれています。

③　韓山素穀酒（ハンサンソゴクジュ）

　百済（くだら）時代の宮中酒として、1,500年の歴史を有するというお酒です。米と麦麹で酒母をつくり、次に蒸した糯米、野菊、大豆、麦芽を加えて発酵を行います。発酵終了後に唐辛子、生姜（しょうが）を加え、さらに100日間熟成させた後、ろ過するという手の込んだ方法で造られています。甘くほのかに菊の香りを感じるお酒です。

④　慶州法酒（キョンジュポプチュ）

　こちらは新羅（しらぎ）時代からの伝統を受け継ぐお酒です。やはり糯米と麦麹を原料として造られています。

⑤　高麗人参酒その他

　高麗人参酒には焼酎に高麗人参を漬け込んだもの以外に、百歳酒と似た方法で造られている製品があります。また、デポ（米、麹、月見草種、銀杏）、山査酒（サンサチュン）（米、麹、山査子）などのお酒も生米発酵法で造られています。

⑥　果実酒及びリキュール

　覆盆子（ボッブンジャ）というブラックラズベリーのワインや、マルベリー（桑の実）ワインが輸出されています。また、梅酒もたくさん製造されています。

2　中国のお酒

（1）白酒（バイチュウ）

　白酒は蒸留酒のことです。白酒の特徴は55 〜 63度というアルコール度数の高さと香りの強さにあり、日本の焼酎やウイスキーなどとは違った蒸留酒の世界があります。中国ではそれぞれの省で、省を代表する白酒が造られており、国家酒評定会で品質のランク付けが行われています。特に国家名酒と呼ばれる品質の優れた白酒には、貴州茅台酒や山西汾酒など地名を冠した名称がつけられています。

　原料の多くは高粱ですが、四川五糧液は、その名称のように、高粱、糯米、粳米、小麦、トウモロコシの5種類の穀物が使用されています。麹は、国家名酒には「大曲」が使われています。大曲は、小麦あるいは大麦に豌豆を混ぜて粉砕し、水を加えて大型の煉瓦状に固めて約40 〜 60日間かけて造ったものです。

　発酵は、日本の焼酎のようにタンクに原料と水を加えて仕込むのではなく、蒸した原料と麹を混ぜ、長さ3m、幅2m、深さ1.5mほどの長方形の穴に入れ、地面から1.5mほどまで盛り上げ、表面に泥を塗って固めた状態で行います。つまり固体のまま発酵を行います。そのため発酵後は、日本の粕取り焼酎と同様にせいろに載せて蒸して白酒を採ります。さらに、この蒸留粕は捨てずに次の醪に入れて何回も繰り返して仕込みを行います。これにより原料利用率を高めています。また、このような独特の発酵法が、複雑で非常に高い香りを生み出しています。

　白酒は香りのタイプにより、6種類に分けられています。

醬香型　　　甘く複雑な香り「醬香」が際だつ白酒で貴州茅台酒が代表的です。香りが口の中に長く残ります。

濃香型　　　清酒の吟醸酒に含まれる香り成分「カプロン酸エチル」を多く含み、濃厚な果実様の香りがあります。四川五糧酒が代表的です。

清香型　　　「醬香型」、「濃香型」に比べて香りは穏やかで、やわらかく後味もすっきりしています。山西汾酒が代表的です。

　このほかに「米香型」、「鳳型と濃醬兼香型、鼓香型、胡麻香型」、「特香型」がありますが、生産量も輸出量も少ないようです。

【写真1-12-1】
大曲（写真右）と小曲

（2）黄酒（ホワンチュウ）

　黄酒は、米や麦などの穀類を主原料とし麹を用いて造る醸造酒のことです。中でも紹興の地名をつけた「紹興酒」が有名です。紹興の地は中国でも屈指の水郷地帯で、酒造りに必要な水と糯米に恵まれています。

　紹興酒の定義は「良質の糯米、小麦と紹興特定地域の鑑湖水を原料とし、独特の発酵工程によって製造した品質のよい黄酒」とされています。

　紹興酒は「元紅酒」、「加飯（花彫）酒」、「善醸酒」、「香雪酒」の四つのタイプがあります。これらの糖分は異なり、この順番に甘くなります。日本に輸入されているほとんどは「加飯（花彫）酒」です。

　なお、善醸酒は、仕込水の一部に「元紅酒」を使用することで発酵を緩慢にした甘口の濃醇な酒です。「香雪酒」は、仕込水の代わりに紹興酒の酒粕から取った焼酎と糯米、麦麹を使用しているので、みりんに似た造り方といえるでしょう。

　紹興酒は、酒母をつくり、その後、醪で発酵を進め、圧搾して加熱殺菌するという清酒によく似た方法で造られます。しかし、使用する糯米の精米歩合は90％程度であり、麹は、ひき割りした小麦を煉瓦状に固めて造る麦麹を使用します。伝統的な製法の発酵期間は60〜80日と長く、圧搾後は、80〜90℃という高温で貯蔵用の甕に詰められます。この甕は通気性があり、カビが生えるのを防ぐため、外には白い石膏が塗られています。

【写真1-12-2】紹興酒工場

　紹興酒の仕込み時期は11月から3月で、貯蔵が始まるのは発酵期間が終わる1月から5月頃になります。翌年6月を持って1酒齢とし、3年以上のものは、陳3年などという表示がされています。こうして熟成されたものが「老酒」になります。

　紹興酒と清酒の成分を比較すると、アルコール度数やエキス分はほとんど同じですが、酸度とアミノ酸度は紹興酒のほうが清酒の純米酒に比べても2〜3倍高くなっています。また、紹興酒は何よりもその色が濃く、甘く焦げた香りが強いのが特徴です。

第II部 ——————————————

お酒の情報

第1章　お酒の上手な飲み方

1　主なお酒の美味しい飲み方と楽しみ方

（1）清酒

　清酒は、【図表2-1-1】に示すように冷酒、常温、お燗と飲む温度帯が幅広く楽しめるお酒です。ただし、温度が低すぎると味や香りを感じることが難しく、反対に温度が高すぎるとアルコールの刺激が強くなり、また、香り成分が揮発して調和が悪くなりますので、あまり極端な温度は避けた方が良いでしょう。

【図表2-1-1】清酒を飲むときの温度と名称

名称	温度	温度などの目安
飛びきり燗	55℃以上	持てないほどではないが、持った直後に熱いと感じる。
あつ燗	ほぼ50℃	熱く感じる。徳利から湯気が見える。
上燗	ほぼ45℃	数秒間持つとやや温かい。注ぐと湯気が立つ。
ぬる燗	ほぼ40℃	体温と同じくらいの感じ。熱いとは思わない程度。
人肌燗	ほぼ35℃	体温より少し低い感じ。「ぬるいな」と感じる程度。
日向燗	ほぼ30℃	体温よりは低い印象。温度が高いとも低いとも感じない。
室温	ほぼ20℃	いわゆる常温。手に持つと、ほんのり冷たさが伝わってくる程度。
涼冷え	ほぼ15℃	冷蔵庫から出して、しばらくたった温度。ひんやりとしてはっきりした冷たさを感じる。
花冷え	ほぼ10℃	冷蔵庫に数時間入れておいた温度。瓶に触れるとすぐに冷たさが指に伝わる。
雪冷え	ほぼ5℃	氷水に浸して充分に引き締めた冷たさ。冷たく、冷気が見え、瓶に結露が生じる。

【図表２−１−２】お燗に向く酒

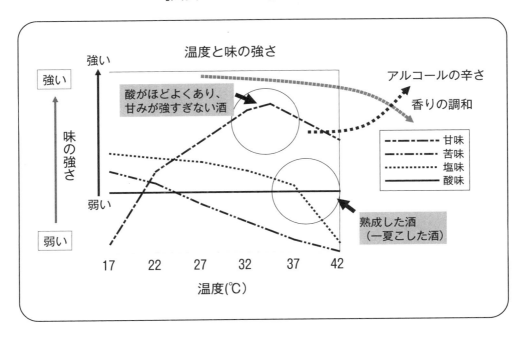

温度と味の強さ

強い

強い

味の強さ

弱い

弱い

酸がほどよくあり、
甘みが強すぎない酒

アルコールの辛さ

香りの調和

甘味
苦味
塩味
酸味

熟成した酒
（一夏こした酒）

17　22　27　32　37　42

温度(℃)

　お燗をつけると一層美味しくなる清酒があります。これを「燗あがり」といいます。人間の味の感じ方は温度によって異なり、甘味は体温付近の温度で強く感じます。一方、酸味は温度による変化が小さく、苦味は温度が高くなると弱く感じるため、常温では少し酸味や苦味が強いと思えた酒も、お燗にすることで甘味が感じられるようになり、味の調和が良くなるようです。また、温度そのものの快感も脳に伝わるそうですので、お燗は大事にしたい飲み方です。

　家庭で手軽なのは、電子レンジを使ったお燗です。一番簡単な方法は、清酒を湯飲みに入れて加熱する方法です。徳利（とっくり）を使用する場合は、肩のところが熱くなりすぎるので、最近では、電子レンジ用に開発された温度ムラが少ない徳利も市販されています。

　また、テーブルの上で湯煎（ゆせん）のできる酒燗器や、二重の徳利の外にお湯を入れて、中のお酒を温めることができる容器もあります。準備している時間を楽しむというのもおいしさを味わうコツですので、たまには、湯煎でゆっくり燗酒というのも良いのではないでしょうか。

（2）単式蒸留焼酎（本格焼酎）

　鹿児島県の宴会でお銚子が出てきた場合、中は清酒ではなく焼酎のお燗になっているので、初めての人は驚きます。

　本格焼酎もお燗の伝統があり、伝統的には「黒ぢょか」という器に、あらかじめ薄めた焼酎を入れ、お燗をつけます。全国的には、焼酎とお湯が用意されて各人が自分の好みの度数に調整できるお湯割りが一般的です。焼酎が6でお湯が4だとアルコール分が15％、5：5だと12.5％のやや薄めとなります。また、入れるお湯の量が異なりますので、温度は5：5の方が高くなります。

　お湯割りでは、焼酎を先に入れるか、お湯を先にいれるかという議論があります。試してみると「お湯が先」の方がよく混ざります。熱いお湯の比重が軽いため、上下の温度差が少なくなるようです。普通のグラスは下が細くなっているので、5：5でもお湯がたくさん入っているように見えます。一方、水割りの場合は、焼酎を先に入れた方が、やはり比重の関係で混ざりやすいようです。緑茶やウーロン茶で割って飲む人もいますが、沖縄では、「うっちん茶割」といって泡盛を「ウコン茶」で割って飲む人も多いそうです。

（3）ビール

　日本の一般的なビールの適温は、4〜8℃です。黒ビールやエールなどは、もう少し高い温度の方が良いようです。

　さて、ビールをおいしく飲む最大のコツは、グラスで飲むことです。ビールの色、それからなんといっても泡が楽しめます。

　上手な注ぎ方は、きれいに洗ったグラスに、2〜3分目ほどまで勢いよくビールを注ぎ泡を立てます。大きな泡が消えたら、グラスを傾けて泡を持ち上げるようにしてビールを注いでいきます。こうすると、きめの細かいクリーミーな泡ができやすくなります。泡はグラスの2〜3割が適当です。このグラスの泡が消えないうちに下のビールを飲み干せば、美味しく飲むことができます。

（4）ワイン

　ワインは冷やすものと思っている人が多いようですが、特に赤ワインを冷やしすぎると、香りが乏しく酸味や渋味が目立ってしまいます。白ワインは8℃前後、赤ワインは室温（18℃前後）で飲むのが適当です。8℃に冷やす場合は飲む数時間前、15℃くらいなら1時間前から冷やし始めます。そして、飲む直前に開栓します。一

一般的には、開栓しただけでは大きな変化はありませんので、パーティなどでは1、2時間前に開栓しておく方が楽かも知れません。

　グラスに注がれたワインは、空気と接触し味が変化していきます。これもワインの楽しみの一つです。飲み残した場合は、小さな瓶に移し替えるか、空気を抜いて保存します。

（5）ウイスキー

　ウイスキーは、ストレート、オン・ザ・ロックス、水割りなど色々な飲み方が楽しめますが、ウイスキーそのもののおいしさをじっくり楽しむにはストレートです。チェイサーという水（できればミネラルウオーター）を用意し、交互に飲むと良いでしょう。チェイサーとは「追いかける者」の意味で、強いお酒を飲んだ後に飲む水などをいいます。ウイスキーは40度を超えるアルコール度数ですので、そのままでは体に負担が大きく、ストレートの香りや味を楽しみつつ水を飲むようにすると、体にもやさしく楽しめます。

　オン・ザ・ロックスを楽しむには、あらかじめグラスを冷やしておき、冷蔵庫の製氷機の氷ではなく、においのない固くて溶けにくい市販の氷を使うことがポイントです。水割りは、氷とウイスキーを最初によく混ぜてしっかり冷やしてから、水を注いで攪拌します。

　ハイボールは、ウイスキーのソーダ割で、今では一般的な飲み方になりました。

（6）和らぎ水（やわらぎみず）のすすめ

　ウイスキーのチェイサーのように、清酒やワインでも、ときどき水を飲むようにすると、深酔いしません。また、お酒が好きな方なら、ウーロン茶や緑茶よりも、水を飲むことで、お酒の香りや味が一層楽しめるようになります。特に宴会など、飲み過ぎてしまいそうな場合には、積極的に水を飲むようにした方が良いでしょう。

2　おいしく飲むための家庭における酒類の保管

　お酒は、全て光と高い温度が苦手です。暗くて涼しい場所へ保管することが基本です。個々のお酒で注意することは、次のとおりです。

（1）清酒

　「製造者が推奨する温度」で保存するのがベストですが、不明な場合は、紙巻きや箱入りのものはそのままで、暗く涼しい場所に保存してください。特に、生酒、発泡性清酒、吟醸酒など香味の変化が早い製品は、原則冷蔵庫に保管してください。清酒の生酒は、生ビールよりさらに変化が早いのです。。

（2）ビール

　ビールは、新鮮なほど美味しいとされています。1カ月以内で消費できる量を目安に、購入するのが良いでしょう。購入したビールは暗く涼しい場所に保存します。ただし、凍らせると体積が増え缶や瓶が割れることがあり、成分が変化して味も落ちるので、冷凍庫には入れないようにします。また、ビールの瓶や缶には、高い炭酸ガスの圧力がかかっています。衝撃を加えると危険です。

（3）ワイン

　ワインの保存は、温度変化や振動が少なく、暗く涼しい場所がおすすめです。理想的な保存条件は13〜15℃で、湿度70〜80％ですが、一般のご家庭では押入れや床下収納などに、紙にくるんで横に寝かせて保存します。冷蔵庫は温度が低く乾燥しているので、未開栓のワインの保存には適しません。長期保存する場合は、ワイン保存専用のセラーを購入された方が良いでしょう。最近では、専用の施設で預かってくれるところもあります。

（4）焼酎、ウイスキーなど

　これらの蒸留酒は、比較的品質変化の少ないお酒です。しかし、やはり保存は光の当たらない涼しい場所をおすすめします。また、冷蔵庫などに入れると白く濁ることがありますが、これは焼酎やウイスキーに含まれる油分が、低温のため溶けきれなくなって生じる現象です。温度を上昇させれば透明に戻ります。

3　お酒と料理

（1）お酒と料理の相性

　お酒と料理の相性に関しては、様々な情報があります。そもそも相性が良いとはどういうことでしょうか。これを清酒、ビール、ウイスキー、赤ワイン、白ワインの５種類のお酒と14種類の料理の組み合わせで検討した研究があります。

　この研究結果によれば、まず、お酒の味において相性が良いとは、「うま味」や「甘味」が増加し「味の濃さ」が出て「味がすっきりする」ことでした。逆に相性が悪いのは「苦味」、「刺激感」の増加や「渋味」が出ることでした。

　一方、料理の味において相性が良くなるとは「うま味」、「甘味」、「風味」、「こく」や「甘い香り」が増加し、「くどさがなくなる」ことであり、悪いとは「生臭い香り」、「渋味」、「苦味」の増加や「嫌な味が残る」、「すっきりしない」、「えぐ味が出る」ということでした。

　個別にみてみると、例えば、赤ワインは脂肪分の濃厚な肉料理との相性が良く、清酒と白ワインは、肉料理でも魚料理のどちらとも比較的相性が良いという結果でした。しかし、清酒と白ワインの料理に対する方向性では、同じ和食でも白ワインがトンカツや鯵の南蛮漬けのような油を使った料理との相性が良いのに対し、清酒は、出汁や醤油を使い素材を活かした料理との相性が良いという興味深い結果が得られています。

　なお、ウイスキーやビールは、どの料理においても味の変化の影響が少なかったようです。

（2）組み合わせの基本

①　風味の似ているものの組み合わせ

　魚介類の酒蒸しと清酒、ワインを使った煮込み料理とワインなど、そのお酒を使った料理との相性は、言うまでもありません。他では、甘い香りが共通するウイスキーとチョコレート、原料の麦の風味からビールと甘くないビスケットやパイの組み合わせも良いといわれています。

②　料理の味の強弱とお酒の濃淡のバランス

　これは、ソムリエが料理に合わせてワインのアドバイスをする時の基本です。こってりとしたソースがかかった濃厚な味の料理にはしっかりとしたボディの赤ワイン、軽めの料理には軽快な赤ワインか白ワインなど、味のバランスを配慮します。和食では、甘辛いあら炊きには濃醇な純米酒といった具合でしょうか。

③　油を使った料理と酸味のあるお酒

　フライにレモンを搾るとさっぱりします。同じように、油を使った料理には、酸味のあるワインや炭酸を含むビールやチューハイ、ウイスキーのハイボールなどがよく合います。

④　うま味の和：清酒と和食、アジアの料理

　醤油や味噌、みりん、米酢など、和食に使用する調味料は、米、麦、大豆、麹の組み合わせで造られています。清酒を含めこれらに共通する味は、アミノ酸などのうま味です。また、和食には欠かせない出汁の、鰹節、昆布、干し椎茸は、それぞれイノシン酸、グルタミン酸、グアニル酸などのうまみ成分を多く含み、これらを組み合わせると、相乗効果によってさらにうま味が増して豊かになります。

　うま味を大切にするという点では、中華料理やベトナム料理などアジア各国の料理もそうです。例えば、生春巻と吟醸酒の組み合わせは、ニューヨークのレストランでも人気だそうです。

⑤　肉と赤ワイン

　肉の中には、脂質とタンパク質が多く含まれています。これらが赤ワインのタンニンと結びつき、余分な脂質やタンパク質が口の中から除かれ、しつこさが減少します。一方、ワインの方も、タンニンの渋味がやわらぎます。ワインの香りや酸による風味の向上、何より赤い色と肉という彩りの良さも期待され、料理も美味しく、ワインも美味しくなるという素晴らしい組み合わせといえるでしょう。

（3）お酒そのものを料理に使う

　アルコールには、生臭みの成分であるトリメチルアミンを蒸発させる効果があります。また、アルコールは肉や魚などの組織を柔らかくし、一方ではタンパク質の熱凝固を促進するため、やわらかくしかも歯ごたえの良い食感が生まれます。そのため、お酒は飲むだけではなく広く料理に使われてきました。

　また、チーズを保存する際にワインで湿らせたキッチンペーパーでくるむと、硬くならずにしかもアルコールの抗菌作用で長持ちします。梅干しを漬けるときに焼酎や清酒を使うというのもカビを防ぐ目的です。料理に使うお酒の効用をお酒ごとに見てみましょう。

①　清酒

　清酒は、料理の材料の臭みを取り除くとともに、アミノ酸やコハク酸などのうま味を加えて風味を良くすることができます。清酒の味や香りは穏やかですので、和食の調味料として欠かせないのはもちろん、中華料理や洋風料理にも使える万能調味料です。お吸い物、味噌汁に少し加えるだけでも、おいしさが引き立ちます。ぜひ試してみてください。

　清酒をたくさん使う料理として、常夜鍋（じょうやなべ、とこやなべ）と美酒鍋（びしゅなべ、びしょなべ）があります。常夜鍋は、清酒と出し汁を１：１ぐらいにして、豚肉の薄切りとほうれん草などを煮ながら食べる料理です。

　また、美酒鍋は、広島県の東広島市西条の郷土料理です。元々は酒どころ西条の蔵人たちの料理でした。調味料は、シンプルに清酒と塩、胡椒だけです。豚肉・鶏肉・砂肝をにんにく、塩、胡椒で炒め、肉がかぶるくらい清酒を加えます。この上から白菜などの野菜を加え、さらに塩、胡椒、酒で調整しながら煮えたら卵をつけていただきます。

②　焼酎

　鹿児島の郷土料理「とんこつ」や沖縄の郷土料理「らふてー」などは、豚肉を煮込む際に、それぞれ甘藷焼酎や泡盛を使用します。豚肉の臭みが消えやわらかく仕上がります。

③　ビール

　ビールは、洋風の煮込み料理に使えます。牛肉、豚肉、鶏肉のどれとも相性が良いです。ぬか床に加えて、風味を増すという使い方もあります。

④　ワイン

　ローストビーフやステーキに使う牛肉を赤ワインにつけ込むと、肉がやわらかくなり風味が良くなります。また、シチューなどの洋風煮込み料理にワインを入れるとコクが増します。この手の有名な料理には、牛肉を赤ワインで煮込んだブッフブルギニヨン（ブルゴーニュ風牛肉煮込み）やコックオバン（鶏肉の赤ワイン煮、いずれもフランスのブルゴーニュ地方の郷土料理）があります。

　白ワインは、魚介類や鶏肉を蒸し焼きする際に、ハーブとともに使うと風味が良くなります。ホワイトソースや、カルボナーラをつくるときも白ワインを入れるか入れないかで随分味が違います。なお、ワインは甘くないものの方が料理の味を損なわないようです。

⑤　ブランデー、ラム

　お菓子づくりに欠かせない洋酒です。また、フランベといって、料理の最後に、これらのお酒を入れて香りをつける調理法があります。アルコールに火がついて風味だけが料理に残り、見た目も楽しいのですが、家庭では危ないので充分気をつけてください。

第2章　お酒と健康

1　お酒の消費動向

（1）日本

　国税庁の調べによると、成人1人当たりの酒類消費数量は平成元年以降、平成4年度の101.8ℓをピークとして減少傾向にあり、令和2年度は75.0ℓに減少しています。この間、成人人口は9,262万人から10,443万人に増加傾向であり、飲酒者における飲酒量が減少していると考えられます。

　また、厚生労働省の調査によると、習慣飲酒者が男性では51.5％（平成元年）から33.9％（令和元年）に減少していますが、女性では6.3％から8.8％と逆に増加しています。

　各酒類の販売（消費）数量構成比率の推移を見ると、購入するお酒の構成が違ってきています。ビールが大きく減少し、リキュール、その他の醸造酒等の構成比率が増加しており、ビールからチューハイやビールに類似した低価格の酒類に消費が移行していると考えられます。このほか、清酒の割合が低下しています（【図表2－2－1】）。

【図表2－2－1】各酒類の販売（消費）数量構成比率の推移

（単位：％）

酒類 年度	清酒	焼酎	ビール	発泡酒	その他の 醸造酒等	リキュール	ウイスキー等	果実酒等	その他
平成10	11.1	7.3	61.9	9.8	0.2	2.8	1.7	3.3	1.8
平成20	7.4	11.4	35.1	15.3	9.8	13.6	1.0	2.8	3.5
令和2	5.3	9.3	22.9	7.5	4.9	32.7	2.2	4.6	10.5

※　ウイスキー等にはウイスキーとブランデー、果実酒等には果実酒と甘味果実酒が入る。

※　総計が100％にならない場合がある。

（国税庁「酒のしおり」（令和4年3月）より）

（2）世界

　世界の消費実態は、どのようになっているのでしょうか。

　2016（平成28）年の世界の地域区分別のアルコール消費動向は、【図表２－２－
２】のとおりです。東地中海の0.6ℓからヨーロッパの9.8ℓまで大きくばらつきが
あり、各地域で飲まれている品目についても違いがあります。2005（平成17）年時
と比べると、ヨーロッパ地域で1.6ℓほど消費数量が減少していますが、西太平洋
地域で1.0ℓ、南東アジア地域で2.2ℓ増加しており、世界全体で0.4ℓの増加となっ
ています。

　主要国別にみるとアメリカやイギリスではビール、フランスではワイン、ロシア
や中国では蒸留酒が多く消費されています。

【図表２－２－２】世界の地域区分別の総アルコール消費と品目ごとの内訳（2016年）
（アルコール分100％換算）

(単位：ℓ)

	消費量	統計外消費	ビール	ワイン	蒸留酒	その他
アフリカ	6.3	2.0	1.1	0.2	0.2	2.8
アメリカ	8.0	1.1	3.7	0.9	2.2	0.1
東地中海	0.6	0.4	0.1	0.0	0.1	0.0
ヨーロッパ	9.8	1.8	3.2	2.4	2.2	0.2
東南アジア	4.5	2.1	0.2	0.0	2.1	0.0
西太平洋	7.3	1.6	1.7	0.2	3.4	0.4
世界全体	6.4	1.6	1.6	0.6	2.1	0.4

※　統計外消費は自家醸造や非飲料アルコール等、政府が関知していない消費量の推計値で
ある。

（国税庁「酒のしおり」（令和４年３月）より）

2　お酒と健康

（1）飲んだアルコールの行く先は？

　飲んだお酒のアルコールは、どのようになるのでしょう。それは胃と腸でほとんど吸収されます。吸収されたアルコールは、血流に乗って数分のうちに全身（五臓六腑）に行きわたります。

　そして、アルコールの10％は尿、汗、呼気として体外に排出されます。残りの90％は門脈を経て肝臓に到達して肝臓で代謝され、最終的には炭酸ガスと水に分解され、尿と呼気で体外に出ていきます（【図表2-2-3】）。なお、アセトアルデヒドは、吐き気や頭痛等を引き起こす原因といわれています。

　胃と腸で吸収されるアルコールの量は、飲んだお酒の量で決まってしまいますが、吸収スピードは、アルコールの濃度と、お酒が接触する胃と腸の粘膜の面積に関係します。空腹時と満腹時、言い換えれば胃と腸に食物があるかないかで、スピードに差ができるのです（【図表2-2-4】【図表2-2-5】）。

　食べながら飲むのが良いというのは、胃や腸に食物があれば血中アルコール濃度がゆっくり上がることになり、急な酔いをしないことにつながるからです。なお、おつまみの内容によっても吸収に差ができます。

【図表2-2-3】アルコールの代謝（簡略図）

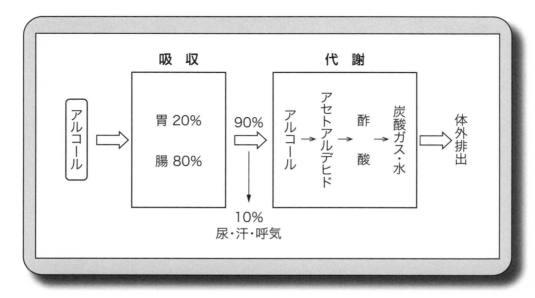

【図表2-2-4】空腹時と満腹時のアルコール血中濃度の比較（上）

【図表2-2-5】空腹時と満腹時のウイスキーの吸収度（下）

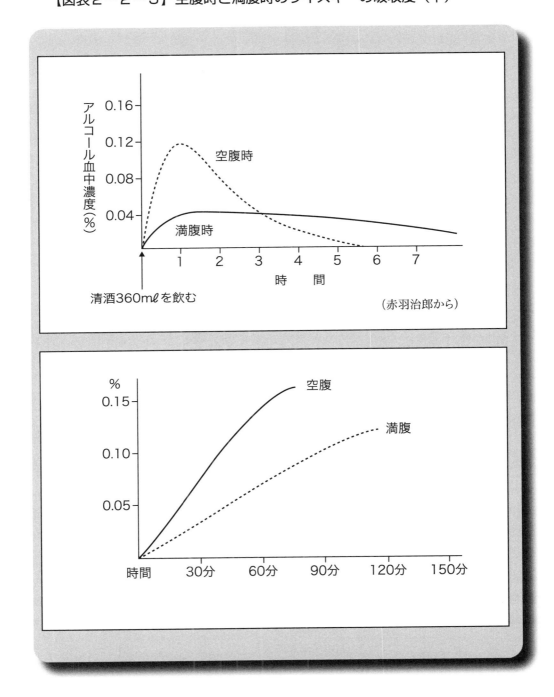

（赤羽治郎から）

　また、お酒の代謝には個人差（体重・体質）があり、その日の身体の状態によっても変わります。お酒に弱い人は、強い人に比べて血中のアルコール濃度が急激に上がり、下がるのに時間がかかります（【図表２－２－６】【図表２－２－７】）。

【図表２－２－６】アルコール血中濃度の個人差

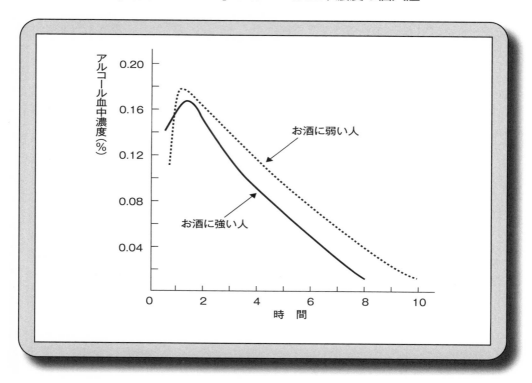

【図表２－２－７】日本酒の飲酒量と30分後のアルコール血中濃度

*印はアルコールに強い人

飲酒量	血中濃度	人数（％）
50～150㎖	0に近い人	40.0*
	0.05％未満の人	60.0
200㎖	0.05％未満の人	36.5*
	0.05％以上の人	63.5
600㎖	0.05％未満の人	11.7*
	0.05％以上の人	88.3

　アルコールの強い人と弱い人のアルコール代謝速度の比較。
アルコールを体重１kg当たり１gの割合で与えた場合（長峯晋吉より）
（日本酒センター資料より）

さらに、体質が同じなら、体重が多い人ほど分解能力が大きくなるので、血中アルコール濃度も低くなります。欧米人に比べて日本人がお酒に弱い人が多いのは、アルデヒドを分解する能力が低いためと考えられています。実際、この能力を日本人で見ると、ほとんど分解できない人が４％、弱い人が40％程度いるといわれています。

この体質は、アルコール・パッチテストという簡易な判定方法で、ある程度知ることができます。アルコール・パッチテストは、お酒に関する催し物等で時々実施されていますので、出合った際には一度トライされてみてはいかがでしょうか。

最終的には排出されたり炭酸ガスと水に分解されていくアルコールですが、血中アルコール濃度がゼロになる時間は飲む量によって違ってきます。

日本酒540㎖（３合）またはビール（大瓶）３本を飲むと、分解するのに８時間かかります。これは、アルコールが１時間に体内で代謝される量から求められるもので、普通は体重１kg当たり１時間に100％アルコールで0.15gが分解されます。アルコールの分解量まで計算してお酒を飲んでも楽しくないかもしれませんが、翌日の仕事や健康を考えて適量を考える目安にしたいものです（【図表２－２－８】）。

【図表２－２－８】アルコール血中濃度が0になるまでの時間

（体重60kgの人で30分以内に飲んだ場合）

	血中からアルコールが消失するのにかかる時間							
	１時間	2	3	4	5	6	7	8
日本酒54㎖ ビール1/3本	→							
日本酒180㎖ ビール１本			→					
日本酒540㎖ ビール３本								→

（アルコール健康医学協会資料より）

（2）酩酊度（酔い）

　お酒を飲んで酔うのは、アルコールの麻酔作用によるものです。

　アルコールは、薬理学的には催眠剤かつ麻酔薬になります。アルコールが中枢神経系に作用し（脳の麻痺）、初期の軽い麻酔作用によって精神的な抑制がとかれます。しかも、飲酒時に受ける周囲からのさまざまな刺激と相まって興奮状態が表面化し、陽気になり、歌が出たり、にぎやかになったりします。飲酒すると感情が素直に表れ、喜怒哀楽の表現が強くなるのです。反面、知的能力や運動能力は落ちてしまいます。

　酔いの程度は中枢神経系への作用ですから、脳内のアルコール濃度を測定できれば正確な結果を得ることができますが、現在のところ不可能です。

　そこで、脳内のアルコール濃度と平衡関係にあると推定される血液中のアルコール濃度を測定し、その数値を基に酩酊度を求めるのが、最も有力な指標とされています（【図表2-2-9】）。

　ほろ酔いで止めるには、日本酒なら1～2合、ビールなら大瓶1～2本、ウイスキーならシングル3杯までで止めておきます。ただし、これは一般的な人を対象としたもので、お酒の弱い人にはあてはまりません。

　なお、呼気中のアルコール濃度は血中アルコール濃度と平衡した濃度を示すので、飲酒運転や酒気帯び運転の判定に応用されています。最近では、飲酒運転防止用に呼気中のアルコール測定機（アルコールチェッカー）が販売されています。

（3）アルコールと心臓の関係

　お酒を飲むと脈拍は増加しますが、血圧は下がります。というのは、アルコールの代謝によってつくられるアセトアルデヒドが、自律神経を刺激し、循環器系を活発化し末梢神経を拡張するからです。

　そのため、飲んだときに顔が赤くなったり、血流が良くなったり、手足が熱くなったりしますが、一方で、アルコールが直接作用して心筋の収縮力を低下させ、必要な酸素量も下がるため、最大血圧が降下するのです。健康な人は問題ありませんが、心臓に弱点のある人や大酒家は、不整脈の発作や心臓発作が起こりやすくなります。大酒家の中には、アルコールの作用によって一時的に貧血状態になることがあります。

　一方、全くお酒を飲まない人と1日に日本酒180～360㎖（ビール大瓶1～2本）程度を飲む人を比べると、飲む人の方が飲酒によって善玉コレステロール（HDLコレステロール）が増加し、狭心症や心筋梗塞の発生率が低いという注目すべきデー

【図表２－２－９】アルコール血中濃度と酩酊度

血中濃度（％）		飲酒量	酔いの主観変化と客観症状
爽快期	0.02〜0.04	日本酒（〜１合） ビール大瓶（〜１本） ウイスキー（シングル〜２杯）	・気分さわやか ・陽気になる ・皮膚が赤くなる ・判断力が少し鈍る
ほろ酔い期	0.05〜0.10	日本酒（１〜２合） ビール大瓶（１〜２本） ウイスキー（シングル３杯）	・ほろ酔い気分 ・手の動きが活発になる ・抑制がとれる ・体温が上がる ・脈が速くなる
酩酊初期	0.11〜0.15	日本酒（３合） ビール大瓶（３本前後） ウイスキー（ダブル３杯）	・気が大きくなる ・衝動的になり大声を上げる ・大げさに話す ・怒りっぽくなる ・立てばふらつく
酩酊期	0.16〜0.30	日本酒（４〜６合） ビール大瓶（４〜６本） ウイスキー（ダブル５杯）	・千鳥足 ・何度も同じことをしゃべる ・呼吸が速くなる ・吐気、おう吐が起こる
泥酔期	0.31〜0.40	日本酒（７合〜１升） ビール大瓶（７〜10本） ウイスキー（ボトル１本）	・まともに立てない ・意識がはっきりしない ・言語がめちゃくちゃになる
昏睡期	0.41〜0.50	日本酒（１升以上） ビール大瓶（10本以上） ウイスキー（ボトル１本以上）	・ゆり動かしても起きない ・大小便はたれ流し ・呼吸はゆっくりと深い ・死亡

（アルコール健康医学協会資料より）

【図表２－２－10】一時に清酒５合を飲酒した時の血中アルコール濃度とアセトアルデヒド濃度

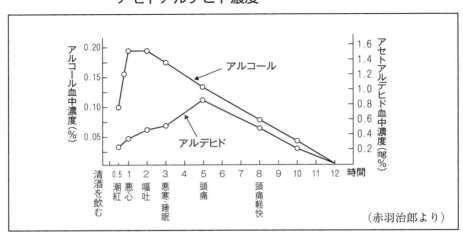

（赤羽治郎より）

タがあり、適度なお酒は体に良いようです。また、1日に日本酒を900㎖以上飲む大酒家の人と、630㎖（3合半）未満の人とを比較すると、大酒家に高血圧症が50％ほど多いというデータもあります。

　これらから考えて、心臓に関連する弱点のある人は飲酒を控え、そうでない人も大酒家にならない適度な飲酒が健康的といえます。

（4）アルコールと胃腸の関係

　胃腸はアルコールと直接に接触するため、通常の食事の時と同じように粘膜を刺激し、消化を助ける胃酸の分泌や小腸の蠕動運動を促進します。一方、吸収されたアルコールは血管に入り、脳に達し脳の抑制を解きほぐします。抑制されていた食欲等を解いて、食欲を増進させる効果もあるようです。

　食前に軽く飲むお酒は、食欲を刺激します。これはアルコールによってストレスが解消されることと、胃が刺激されて胃液（胃酸）の分泌が活発になるためです。しかし飲酒量が多くなると、この胃液の分泌が多くなり、胃粘膜が痛められ、吐き気、胃の痛み、酸っぱい液がこみ上げる等の急性胃炎が起ることがあります。

　また、アルコール濃度の高い酒類（アルコール分20％以上）を多量にストレートで飲むと、胃粘膜を傷つける頻度が高くなります。ですから、空腹で飲酒するのではなくて、食べながらお酒を飲めば、食物が胃の中のアルコール濃度を薄め、物理的に胃や腸の粘膜を保護します。「一気飲み」は止めて、ゆっくりと酒を楽しむことが胃腸（身体）に良いということです。

（5）アルコールと肝臓の関係

　飲んだお酒のアルコールは、胃腸で吸収され、大部分が肝臓で代謝されます。お酒を多量に長期間飲むと、肝臓にかかわる病気にかかりやすくなり、特に女性は男性の半量、半期間でかかるというデータがあります。また、肝臓の病気は自覚症状が出にくいといわれていますので、お酒を飲む人は定期検診をお勧めします。

　お酒を人生の友として付き合っていくためには、その肝臓を傷めずにお酒を楽しむことが大切です。肝臓は復元力のある臓器ですが、負担がかかりすぎれば壊れます。そうならないために、週に最低2日程度、お酒を飲まない「休肝日」を設けるのも良いことです。また、栄養のバランスが良ければ、肝臓の障害を少しでも防ぐことが可能です。お酒を飲んだ時の肝臓におけるアルコールの代謝能力は、栄養状態に左右され、消化の良い良質なタンパク質を摂取する方が、血中アルコールの消失が早くなり、良い結果となっています（【図表2-2-11】）。

【図表２−２−11】食物と血中アルコールの消去率

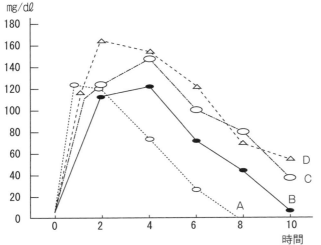

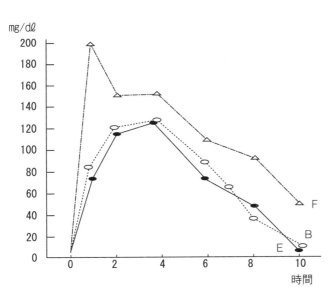

(注)　A、Bの順に消去率が早く、C、Dと蛋白質が少なくなるとともに血中アルコールの消失速度が低下し、FはEに比べて消去率が悪い。

(『臨席栄養』第40巻第３号より)

　一方で、脂肪分の多いものを食べながらお酒を飲むと、アルコール代謝が低下し、血中アルコールの消失が遅くなり、肝臓に負担を与えるようです。

　お酒を飲む時は、栄養のバランスを考えたつまみを食べながら飲むのが、体に良いのです。お酒を飲むと体内のビタミンB₁やビタミンC、ミネラル等も消費されますので、それを補うことも必要です。

（6）アルコールと肥満の関係

　肥満の原因は、過食（カロリーのとりすぎ）と運動不足だといわれています。アルコールそれ自体には体内蓄積性はありませんが、お酒を飲みながら食物をたくさん食べることが多く、アルコールと食物から身体に必要以上のカロリーが補給されることになります。

　アルコールは、飲食物の中では特に肝臓で脂肪をつくりやすく、充分なタンパク質があれば、脂肪はリボ蛋白となって血液を通じて皮下など全身に運ばれていきます。リボ蛋白が肝臓にたまってしまうと、脂肪肝になります。

　また、補給された糖質や脂質のカロリーが過剰の場合は、これが脂肪となって体内に蓄積されていき、肥満の原因となります。運動量の少なくなる中年以降の人は、どうしても肥満になりがちです。

　日本人の総カロリーは1日2,000カロリー前後ですが、身体を肥満から守り、健康を保つためには、アルコールからとるカロリー（【図表2－2－12】）を総摂取カロリーの20～25％（一説に10％）以内にしておくことが望ましいといわれています。

　カロリーが問題ですので、肥満防止にどの酒類が良いとか悪いとかということはありません。

【図表２−２−12】酒類のアルコール分とカロリー

種類		アルコール (g)	エネルギー (kcal)
ビ　ー　ル			
	淡色	3.7	39
	黒	4.2	45
	スタウト	5.9	62
発　泡　酒		4.2	44
清　　　酒			
	普通酒	12.3	107
	純米酒	12.3	102
	本醸造酒	12.3	106
	吟醸酒	12.5	103
	純米吟醸酒	12	102
合　成　清　酒		12.3	108
ワ　イ　ン			
	白	9.1	75
	赤	9.3	68
	ロゼ	8.5	71
梅　　　酒		10.2	155
紹　興　酒		14.1	126
本　み　り　ん		9.5	241
焼　　　酎			
	連続式蒸留焼酎	29	203
	単式蒸留焼酎	20.5	144
ウ　イ　ス　キ　ー		33.4	234
ブ　ラ　ン　デ　ー		33.4	234
ウ　オ　ッ　カ		33.8	237

（日本食品標準成分表2020年版（八訂）より）

3　適正飲酒

（1）人間とお酒の付き合い

　人類とお酒の付き合いは、古く石器時代から始まっているといわれています。日本においても酒類は古くから造られ、神仏の儀式・冠婚葬祭等に用いられ、人生の喜怒哀楽とともにありました。日本での飲酒は集団の酒に原型があり、現在では宴会、社交、コミュニケーションで広く飲まれています。

　お酒は適度に飲めば身心をリフレッシュさせ、楽しませ、人間関係の潤滑油の働きをする効用をもっています。反面、ストレスからくる不安・欲求不満・抑圧等から逃避する目的のお酒もあります。

　室町時代の狂言「餅酒」には、お酒の効用が紹介されています（【図表2-2-13】）。独り身の時の良き友達、多くの人とコミュニケーションができる、偉い人とも話せる、土産に便利、旅行の時の楽しみ、長生きに効果がある、百薬の長、ストレス発散、仕事の助けになる、寒いときに体を温める、などと訳すのでしょうか。

　現代でも、充分に理解できるお酒の効用かと思われます。

【図表2-2-13】お酒の効用の格言

「酒の十徳」（「餅酒」（室町時代の狂言）より）	「飲酒の十徳」（「百家説林」より）
1　独居の友	1　礼を正し
2　万人に和合す	2　労をいとい（疲労回復）
3　位なくして貴人に交わる	3　憂をわすれ
4　推参に便あり	4　鬱をひらき（ストレス解消）
5　旅行に慈悲あり	5　気をめぐらし
6　延命の効あり	6　病をさけ
7　百薬の長	7　毒を消し
8　愁いを払う	8　人と親しみ
9　労を助く	9　縁を結び
10　寒気に衣となる	10　人寿を結ぶ

（2）お酒の害

　一方、お酒には多くのマイナス面もあります。お酒を飲んでのケンカ、犯罪、飲酒運転、健康被害などで、大量飲酒者やアルコール依存症の問題など（【図表2−2−13】）、一部は社会問題となっています。

　2008年のデータを用いた調査結果によると、アルコールに起因する疾病のために1兆101億円の医療費がかかり、アルコールの不適切な使用による社会的損失額は約4兆1,483億円との推計もあります（「WHO世界戦略を踏まえたアルコールの有害使用対策に関する総合的研究」より）。

　なお、飲酒が原因の交通事故等に対しては、より厳しい責任が求められることになり、運転者の酒気帯びや酒酔い運転に対する罰則の強化だけでなく、運転者へのお酒の販売や飲酒の勧めについても禁止されています（道路交通法65条）。

【図表2−2−14】大量飲酒者等の変化

(%)	平成15年調査		平成20年調査	
	男性	女性	男性	女性
飲酒者割合	85.3	60.9	83.1	61.8
多量飲酒者割合	12.7	3.7	12.0	3.1
アルコール依存症有病率	1.9	0.1	1.0	0.3

※　大量飲酒者とは、1日平均純アルコール換算約60g以上を摂取する人。

（「健康日本21」最終評価より）

（3）健康日本21

　平成12（2000）年から平成24（2012）年まで、国は「21世紀における国民健康づくり運動（健康日本21）」に取り組みました。このなかで、メタボリックシンドロームや喫煙率の低下などとならんで、アルコールをめぐる問題については、①大量飲酒者の減少、②未成年飲酒の防止、③節度ある適度な飲酒についての知識の普及、が目標とされました。

　「健康日本21」の最終評価（【図表2−2−15】）の結果、②未成年飲酒の防止については、中学生、高校生の飲酒経験が顕著に減少し、効果が認められました。しかし、①大量飲酒者（1日平均の飲酒が純アルコール約60gを超える人）の割合は、ほとんど変わらず、③節度ある適度な飲酒の基準（1日平均純アルコールで約20g程度の飲酒）を知っている人の割合は男性でやや増加、女性は変化なし、という結果でした。

【図表2−2−15】「健康日本21」アルコール関係の目標と評価

○　目標：多量に飲酒する人（1日平均純アルコール約60gを超えて摂取する人）の減少

目標値	ベースライン（平成8年）	中間評価（平成16年）	最終評価（平成21年）
男性　3.2％以下	4.1％	5.4％	4.8％
女性　0.2％以下	0.3％	0.7％	0.4％

○　目標：未成年者の飲酒をなくす［飲酒者の割合］

目標値	ベースライン（平成8年）	中間評価（平成16年）	最終評価（平成22年）
中3男子　0％	26.0％	16.7％	8.0％
高3男子　0％	53.1％	38.4％	21.0％
中3女子　0％	16.9％	14.7％	9.1％
高3女子　0％	36.1％	32.0％	18.5％

○　目標：「節度のある適度な飲酒（1日平均純アルコールで約20g程度の飲酒）」の知識の普及［知っている人の割合］

目標値	ベースライン（平成13年）	中間評価（平成15年）	最終評価（平成20年）
男性　100％	50.3％	48.6％	54.7％
女性　100％	47.3％	49.7％	48.6％

（「健康日本21」最終評価より）

割合は男性でやや増加、女性は変化なし、という結果でした。

　平成25（2013）年からは、「健康日本21（第2次）」として、新しく見直された目標で10年間の取り組みが行われています（【図表2－2－16】）。

　アルコールに関する新しい目標では、

①生活習慣病のリスクを高める量（1日の平均純アルコール摂取量が男性40g以上、女性20g以上）を飲酒している者の割合の減少

②未成年者の飲酒をなくす

③妊娠中の飲酒をなくす

としています。

【図表2－2－16】「健康日本21（第2次）」アルコール関係の目標と評価

○　目標：生活習慣病のリスクを高める量（1日平均純アルコール摂取量が男性40g以上、女性20g以上）を飲酒している者の割合の減少

目標値	ベースライン（平成22年）	直近実績値（令和元年）
男性　13.0%	15.3%	15.2%（年齢調整値）
女性　6.4%	7.5%	9.6%（年齢調整値）

○　目標：未成年者の飲酒をなくす［飲酒者の割合］

目標値	ベースライン（平成22年）	直近実績値（平成29年）
中3男子　0%	10.5%	3.8%
高3男子　0%	21.7%	10.7%
中3女子　0%	11.7%	2.7%
高3女子　0%	19.9%	8.1%

○　目標：妊娠中の飲酒をなくす

目標値	ベースライン（平成22年）	直近実績値（令和元年）
0%	8.7%	1.0%

（「健康日本21」最終評価より）

　これらの目標の達成には、お酒の販売時の年齢確認や、情報提供などの啓蒙運動も重要です。消費者の方が、健康でお酒に親しんでいただくのが大事なことです。

　【図表２－２－17】に、生活習慣病のリスクを高める量の目安である１日平均純アルコールで約20g（女性、男性はこの倍）に相当するいろいろな酒類の量を示しました。くれぐれも飲みすぎには注意しましょう。

【図表２－２－17】１日平均純アルコールで約20gの目安

お酒の種類	日本酒 （1合180ml）	ビール中瓶 （1本500ml）	ウイスキー・ ブランデー （ダブル60ml）	焼　酎 （35度） （0.5合90ml）	ワイン （2杯240ml）
アルコール度数（％）	15	5	43	35	12
純アルコール量（g）	22	20	20	25	24

（「健康日本21」最終評価より）

　アルコールの有害な使用と社会経済的発展との間に深い関連があることが認められています。アルコールの有害な使用を低減するために、実効的な政策措置を推進することを目的とし、2010年５月に第63回世界保健機関（WHO）総会で「アルコールの有害な使用を低減するための世界戦略」が承認されました。そして、目的達成のため、国の行動として取りうる政策の具体的な選択肢が示されました。そのなかには、国と地方が包括的な戦略を立てることや、アルコールの流通と販路への適切な制限、アルコール飲料のマーケティングの総量と内容の規制などについて、言及がありました。

（4）アルコール健康障害対策基本法

　日本では、こうしたWHOの動きを受け、関係団体が連携し、包括的取組みを推進するための運動が行われ、平成26（2014）年6月に「アルコール健康障害対策基本法」が施行されました。この法律は、飲酒に伴うリスクに関する正しい知識の普及、アルコール依存症の正しい理解、アルコール健康障害への早期介入、地域における関係機関の連携による支援体制整備をコンセプトとしています。

　この推進を図るため、平成28（2016）年5月に「アルコール健康障害対策推進基本計画（第1期）」が平成28（2016）年度から概ね5年間を対象期間として策定され、さらに、令和3（2021）年3月に、令和3年度から概ね5年間を対象期間とした「アルコール健康障害対策推進基本計画（第2期）」が策定されました。

（5）適正（健康な）飲酒

　お酒は、健康で楽しく飲みたいものです。酒販店は、お酒を販売するとともに、消費者の皆様にお酒と健康についての正しい知識を伝えていただければと思います。

　公益社団法人アルコール健康医学協会では、「適正飲酒の10か条」を公表しています。

適正飲酒の10か条

1. 談笑し　楽しく飲むのが基本です
2. 食べながら　適量範囲でゆっくりと
3. 強い酒　薄めて飲むのがオススメです
4. つくろうよ　週に二日は休肝日
5. やめようよ　きりなく長い飲み続け
6. 許さない　他人（ひと）への無理強い・イッキ飲み
7. アルコール　薬と一緒は危険です
8. 飲まないで　妊娠中と授乳期は
9. 飲酒後の運動・入浴、要注意
10. 肝臓など　定期検査を忘れずに
【枠外】しないさせない許さない　20歳未満飲酒・飲酒運転

第3章　きき酒

　「きき酒」とは、視覚、嗅覚、味覚などを使ってお酒を評価することです。現在、日本では、世界中で販売されているほとんどの酒類を入手することが可能です。その中から消費者が何を選ぶかは、ＣＭ（コマーシャル）や、パッケージデザイン、価格、また、どのような場面や食事とともに飲むかなどの影響も大きいわけですが、販売担当者としては、中身についての味や香りの違いという基本的な商品情報を持っていることが大切です。ここでは商品情報を得るためのきき酒の手順やポイントについて解説します。

　きき酒のプロといわれる人は、的確に香りや味を表現し、しかも再現性がありとてもまねができないように見えます。しかし、人間の感覚能力は、プロとそれ以外の人で大きく違うわけではありません。プロは、製品の香りや味の個々の特徴とその強さを具体的に捉え、評価する経験を積んでいるからできるのです。ポイントを理解すれば、きき酒はずいぶん簡単になります。

1　きき酒の準備

　きき酒で感じた味や香りの特徴を記録することが上達への近道です。メモを必ず用意します。また、比較することでそれぞれの差を見つけることが簡単になりますので、お酒は数点用意して同時にきき酒を行います。

　最初は、例えば清酒なら、吟醸酒、純米酒、本醸造酒、一般酒を比較することから始めます。ワインならブドウ品種が表示されたワインを比べるのがよいでしょう。慣れてくれば同じカテゴリーの中での比較、例えば吟醸酒の中で銘柄の違うものを選んで比較するなどに進みます。また、甘口や辛口と表示されている製品があれば、その差を比較してみましょう。

　場所は、たばこなどの匂いのない部屋で行います。また、口を洗浄する水、吐き出し用の紙コップを用意します。お酒の温度は15℃から20℃が適当です（ビールは8℃から12℃）。また、比較する製品は全部同じ温度にします。

　きき酒に用いる容器は、水を飲むグラスでも結構ですが、グラスの場合は、白いテーブルかグラスの下に白い布や紙を敷いてお酒の色を分かりやすくします。清酒のきき酒用の「きき猪口」では、白地に藍色の二重丸の蛇の目模様があり、白地の部分で色、藍色の部分で透明度またはにごりを感度良く判定できるようになっています。ワイングラスは、揺り動かして香りをかぐ時に試料がグラスの外へこぼれず、香りが内部に保留されるようになっています。その上、グラスの胴の形が連続的に変化しているため、横からワインを眺めることによって、色調や濁りの程度を判定するのに都合が良い容器です（【写真２－３－１】）。

【写真2-3-1】きき酒容器

　このほかに、きき酒を行う際に、きき酒する人が注意するポイントは、次のとおりです。
　①　体調は良好に保つ。条件の悪いときはしない。
　②　先入観を持たない。
　③　食事の前後は避ける。
　④　整髪料、香水、化粧など香りの強いものは使用しない。
　⑤　禁煙。少なくとも30分前には禁煙する。
　⑥　きき酒中は私語をしない。

2　きき酒の手順

　酒類が異なっても、きき酒の手順はほぼ同じです。
　①　色・外観（にごりなど）を観察します。
　②　容器を鼻に持っていき、容器から立ち上る香り（「上立ち香」といいます。）を嗅ぎます。
　③　5㎖程度を口に含み、ゆっくりと舌の上に広げ、すするようにして空気を口の中に入れ酒と混ぜます。

④　この空気を鼻に抜き、「含み香（口中香）」を評価します。

⑤　ゆっくりと舌の上の味や口当たりを評価します。

⑥　最後に、吐き出した後また静かにのどに落として後味、のどごしなどを評価します。

　香りは、口に入れる前に容器を鼻に近づけた際に感じる香り「上立ち香」と、口の中に入れた後に感じる香り「含み香（口中香）」の両方を評価することが大切です。含み香は、口の中で温められるため量的に多く、また、唾液中の成分と反応して生じる香りもあるそうですから、極めて重要です。

　味は、舌全体を使って評価します。

　なお、ビールのきき酒ではのどごしが大切なので、飲むことになりますが、清酒やワインなどでは数が多いと酔ってしまうので、普通は吐き出します。

3　色の評価

　目で見た色の観察から、お酒の製造方法や熟成の程度などが推定できます。

　ワインでは、赤、白、ロゼでは明確に違いますし、赤といってもブドウの品種によって色調が異なります。また、熟成が進むとやや褐色を帯びてきます。

　ビールは、麦芽の種類やその配合の違いで、黄金色からチョコレート色まで様々な色のビールがあります。

　清酒のレギュラー製品のほとんどは無色透明です。これは、浄水器にも使われる活性炭を使用したろ過により、品質の安定化が図られているためです。一方、純米酒や吟醸酒には薄い黄色のお酒があります。本来の風味を大切にするため、活性炭の使用が控えられているためです。さらに、清酒を長期間貯蔵した長期熟成酒では、山吹色から茶色をしています。この色は清酒の中の糖分とアミノ酸が反応して生じます。

　なお、清酒は高温に長く置かれた場合や光によっても着色し、この場合は不快な香りや苦味の増加を伴い商品価値を下げることになります。

4　香りの評価

　きき酒の時に鼻をつまむと、上立ち香だけではなく、含み香もほとんど感じなくなります。その時に味だけで違いを見分けることは難しく、それだけきき酒には香りの影響が大きいといえます。代表的なお酒の香りを紹介しましょう。

①　清酒の吟醸香

　発酵の際に酵母が生成する香りで、リンゴやバナナ、メロンのような果実を連想する香りです。この香り成分はほとんどの酒類に含まれていますが、特に吟醸酒はこの香りが豊かです。

②　老酒・長期熟成酒の甘く焦げた香り

　熟成に伴ってアミノ酸と糖が変化して生じる黒糖や醤油を連想する香りです。

③　甘藷（芋）焼酎の特徴香

　甘藷（サツマイモ）に含まれる香りの元に麹の酵素が作用することで生まれる香りです。この香り成分は、柑橘類などにも含まれており、米や麦から造られる焼酎にはない特徴的な香りです。

④　ビールのホップ香

　ホップの精油成分に由来する香りです。ホップによっては、マスカット様の香りや柑橘類の香りを感じることがあります。

⑤　ワインのブドウ品種特徴香

　例えば、カベルネ・ソーヴィニヨンというブドウ品種を用いた赤ワインでは、ピーマンを思わせるような青臭い香りがあります。また、ソーヴィニヨン・ブランというブドウ品種を用いた白ワインでは、グレープフルーツに似た香りがあります。

⑥　ウイスキー、ブランデーの樽香

　樫樽に由来するやや油っぽい甘い香りをいいます。また、バーボンウイスキーでは、焦がした樽に由来するバニラのような甘い香りがあります。

5　味の評価

　基本味と呼ばれる味は、甘味、酸味、塩味、苦味、うま味の五つの味です。お酒には塩味はほとんどありませんが、うま味は、アミノ酸などのうま味成分を多く含む清酒の特徴です。ビールでは、爽快な苦味がなくてはならない味の特徴です。甘口のワインやリキュールでは甘味、酸味のバランスが特に重要です。よく使われる表現として、苦味、渋味、うま味とも判断がつかず調和のとれていない不快な味を「雑味」と表現します。「雑味のないクリアな味わい」などといわれますが、すっきり、さわやか、きれいな味と反対の、重く感じる味です。

　また、個々の味の強さではなく、甘口－辛口、濃醇（濃い）－淡麗（うすい）、ボディなど総合的に評価することがあります。

6　口当たり、後味、のどごし

　お酒には、後味が長く持続するもの、すっと消えていくキレがよいもの、トロリとした粘性を持つものなどがあります。高級な赤ワインは、造られてから年数が若い頃は渋味が強くても、熟成によってなめらかさが増していきます。ウイスキーや焼酎などの蒸留酒では、熟成によってピリピリした刺激が消え、なめらかになってきます。これらは、味そのものではありませんが、口の中やのどで感じる感覚として重要です。

　ビールののどごしは、のどに炭酸の刺激を強く感じる神経があり、飲んだ際に強く反応しているそうです。また、この神経の応答だけではなく、飲み込んだときに感じる触感や、のどで発生する「ごくり」という音など、触覚や聴覚も関係があるといわれており、研究が進んでいます。

7　きき酒の上達法

きき酒の上達のためには、以下を意識すると良いでしょう。

①　きき酒を何の目的で行うか、目的をはっきりさせる。

②　多様な酒類の特性を正しく理解するため、何事にも好奇心を持つ（醸造法や風土の知識も必要）。

③　酒質の微妙な差異を見出すため、集中力を鍛える。

④　きき酒能力に優れた人と一緒にきき酒をして、必要に応じて指導を受ける。

⑤　好きか嫌いかという「嗜好型」のきき酒にとどまらず、個々の香りや味の特徴とその強さを捉える「分析型」のきき酒に慣れる。

⑧　「酒質が優れている」といわれる酒を嗜むように心がける。

⑨　「酒質が良い」といわれている銘柄について、その酒の特徴を把握するよう努力する。

⑩　香味の特徴を「自分が経験したことのある香味」で表現する。

⑪　自分の言葉は、できれば「共通語」に翻訳し、同席者とディスカッションできるようにする。

⑫　きき酒の結果は必ずメモに残す。

⑬　同席者と意見が異なるときには、もう一度確認する（他人に自分の意見を押し付けない）。

8　さまざまな酒類のきき酒のポイント

次ページ【図表2-3-1】に、さまざまな酒類のきき酒のポイントを示しました。最終的には、製造方法などを考慮に入れながら、色、香り、味を総合的に判断します。その中で調和のとれたものが優れた品質のお酒だといえます。

【図表２－３－１】きき酒のポイント

	色（外観）	香り	味	総合評価
清酒	色調 　淡黄色など 清澄度（てり、さえ） 　熟成	発酵に由来する香り 　吟醸香 　熟成香	甘口・辛口 濃醇・淡麗 酸味 後味（きれ）	製造方法を考慮し、香味のバランスを重視した評価
本格焼酎	清澄度（にごり）	原料に由来する香り 製造方法（特に蒸留方法）に由来する香り	甘味 刺激（まるみ）	原料別に、製造方法及び熟成を考慮した評価
ビール	色調 　黒、赤褐色 　黄金色など 泡立ち、泡のきめ細かさ 　製造のタイプ	原料に由来する香り 　麦芽 　ホップ 発酵に由来する香り 　上面・下面	炭酸ガスの刺激 ボディ ホップの苦味 のどごし	製造のタイプを考慮し、ある程度の量が飲めることを重視した評価
ワイン（赤）	色調 　紫、赤、褐色など 清澄度 　ブドウ品種と風土 　熟成	原料に由来する香り 発酵に由来する香り 貯蔵・熟成により生じる香り	甘味 ボディ 酸味 渋味（まるみ）	原料、製造方法を含めた風土と熟成を考慮した評価
ワイン（白）	色調 　緑がかった黄金色など 清澄度 　ブドウ品種と風土 　熟成	原料に由来する香り 発酵に由来する香り 貯蔵・熟成により生じる香り	甘味 酸味 渋味	原料、製造方法を含めた風土と熟成を考慮した評価
ウイスキー	色調 清澄度 　樽熟成	原料（モルト）に由来する香り 燻香（ピート） 発酵に由来する香り 蒸留時に生じる香り 樽香	甘味 刺激（まるみ） 複雑さ	製造方法及び熟成を考慮した評価
ブランデー	色調 清澄度 　樽熟成	原料に由来する香り 発酵に由来する香り 蒸留時に生じる香り 樽香	甘味 刺激（まるみ） 複雑さ	原料別に製造方法及び熟成を考慮した評価

色（外観）で推定されることを□で囲んで示した。

第4章　お酒の上手な管理

　お酒はアルコールが入っている加工食品だから、品質は変化しないと思っていませんか？　お酒の製造場では、お酒を出荷するまでその商品に見合った温度に保ち、徹底した管理をしています。

　同様に、流通での適正な管理によって、美味しいお酒を消費者に届けることができます。管理が良くなければ、お酒の品質に悪い影響を及ぼします。

1　醸造酒と蒸留酒

　お酒の管理で注意したいことは、清酒、ビール、ワインなどの醸造酒と焼酎やウイスキーなどの蒸留酒を比較すると、醸造酒の方が品質変化しやすいことです。

　なぜ醸造酒の方が変化しやすいのでしょうか？　醸造酒には糖分やアミノ酸などが多く含まれています。これらの成分は蒸留しても気体にならないため蒸留酒には含まれません。糖分やアミノ酸などは醸造酒の味わいの特徴となる成分ですが、分解しやすいものがあり、着色や様々な香りと味の変化を引き起こす割合が蒸留酒に比べ高いためです。

2　お酒の管理（光、温度、酸素）

　酒類の管理で注意しなければならないポイントとして、光、温度、酸素があります。まずは、光と温度からみていきましょう（【図表2－4－1】）。

　光、特に直射日光にさらされることと、高い温度や急激な温度変化は、お酒が大変苦手とするところです。

　光が品質劣化の原因になるとは不思議だと思われるかもしれません。光の中の紫外線と呼ばれる短い波長の光は、人間にも日焼けをもたらす強力な作用があり、醸造酒中のアミノ酸などの分解を促進します。その結果、着色や香りの劣化、苦味の増加などが起こります。光によって生じる臭いを「日光臭」といいます。ビールでは、この臭いをスカンクにたとえ、清酒では「けもの臭」ということがあります。成分はそれぞれ違いますが、不快な臭いには違いありません。

　清酒やビールの瓶が茶色、ワインの瓶が緑色なのは、紫外線など短い波長の光を通過させないためです。

　【図表2－4－2】は、ガラスの色と光を通す性質を調べたグラフです。茶色の瓶は450nm以下の光を通しませんが、透明（白）瓶・青瓶・モスグリーンの瓶はかなり光を通します。

【図表２－４－１】お酒の品質劣化要因

光
（日光・蛍光灯）
品質劣化を促進

温度
低い ←→ 高い
変化遅い　変化早い

容器の遮光性能
低い ←→ 高い

透明瓶

茶色瓶
紙パック
缶

【図表２－４－２】着色瓶の透過光スペクトル

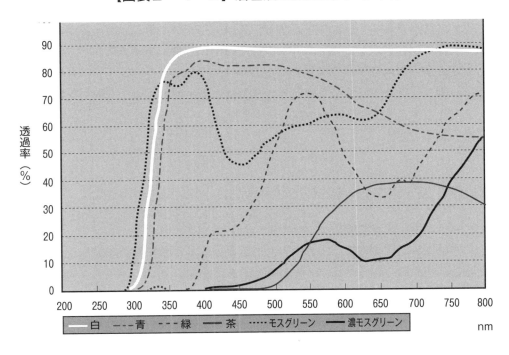

　なお、缶や紙パックの製品は、瓶に比べ光の影響はほとんどありません。

　一方、温度の影響ですが、糖分とアミノ酸が含まれる醸造酒では高い温度においてメイラード反応という褐変（着色）反応が速まり、着色し甘く焦げた香りが生じます。これ以外の反応も温度が高いほど進むため、早く劣化します。

　最後に酸素です。酒販店ではあまり問題にはなりませんが、家庭では一度栓を開けた酒類の保存が問題です。一度栓を開けた酒類では、光と温度のほかに空気中の酸素による酸化が品質の低下を招きます。栓を開けた酒類は、できるだけ早めに消費することが品質にとっては良いことです。

3　酒類ごとの管理ポイント

（1）清酒

①　清酒は、光による日光臭と着色が商品価値を損ないます。

②　光の影響が少ないところでも、清酒を1年以上置いておくと徐々に色が濃くなり、少し焦げたような臭いとたくあんの臭いの混じったような不快な臭いがでてきます。この臭いを「老香（ひねか）」といいます。味では、雑味や苦味が増加します。清酒には糖分やアミノ酸などがたくさん含まれていますので、長期貯蔵の商品を除き、瓶詰めした時点の品質が維持できるのは6カ月程度と考えてください。先入れ先出しに心がけ、保管には温度の変動が激しい倉庫等は避けます。

③　吟醸酒は、フルーティな香りと繊細な味わいを持ったお酒です。これらの特徴を保つためには冷蔵庫に保管する方が良いでしょう。

④　生酒は、香りや味成分を変化させる酵素が活きています。低温で保存することによって品質が保たれています。「要冷蔵」と表示されているものは必ず冷蔵します。

（2）ビール（発泡酒・新ジャンルも同じ）

①　ビールは、光を避けてください。

②　炭酸ガスが含まれていますから、衝撃を与えると瓶や缶が破損したり、開栓時に泡が激しく吹き出したりすることがあります。

　缶製品の缶は一見硬く強そうに見えますが、缶を落とす、突起物にぶつけるといった衝撃で缶が破損して、炭酸ガスの圧力によって中身が噴き出すことがあります。ビールの瓶や缶製品の運搬時には、振動と衝撃を与えないように注

意を払う必要があります。

③　ビールは、一般的に新鮮なものほど美味しいとされています。鮮度の落ちたビールの劣化臭の代表的なものは、カードボード臭といい、湿った段ボールを連想する紙様の臭いです。先入れ先出しに心がけましょう。また、保管温度が高いと鮮度の低下が早まりますので、保管には温度の変動が激しい倉庫等は避けます。

④　ビールは、冷凍庫には入れないでください。一度凍結したビールの味は水っぽくなり、大変風味を損ないます。ビールを冷やしすぎると、寒冷混濁といって白く濁ることがあります。また、ビールはマイナス5℃程度で凍結し、瓶が破損して危険です。

（3）ワイン

①　ワインも、光によって劣化した臭いが生じます。白ワインでは褐変（かっぺん）も生じます。

②　通常取り扱うワインは、段ボール箱に縦に入っています。コルク栓のワインを立てたまま陳列すると、コルクが乾いてしまう場合があります。横向きのラックの方が望ましいといえます。

③　温度変化が激しいと、コルクやキャップから漏れを起こす場合があります。温度は、店内であればそれほど気を遣う必要はありませんが、在庫の保管には、温度の変動が激しい倉庫等は避けてください。

　　なお、長期貯蔵を前提としたビンテージワインでは、15℃程度の温度と70～80％の湿度で保存することが理想です。

④　冷蔵庫に低温で保管すると、瓶の底にキラキラした結晶が生じる場合があります。これは酒石酸（しゅせきさん）という酸とカリウムが結合して結晶化したもので、酒石（しゅせき）と呼ばれています。酒石が出ると酸味が少なくなり、その分、味が変わりますので、冷蔵庫に入れっぱなしというのは良いことではありません。

（4）梅酒・リキュール

①　色がついている製品は、光に当たると退色して商品特性が失われてしまいます。

②　出荷から長期間経過したものでは、濁りや沈殿（おり）が生じる場合があります。果実に含まれるポリフェノール成分が重合（じゅうごう）して生じる現象です。適正仕入れを行い、在庫は多く持たない方が望ましいと思われます。

（5）焼酎・ウイスキー・ブランデー

①　本格焼酎やウイスキー・ブランデーは、冷蔵庫などの低温に置くと白く濁ることがあります。これは、焼酎やウイスキーに含まれる油分が、低温のため溶けきれなくなって生じる現象で、クレームの原因になります。温度を上昇させれば透明に戻ります。

②　ウイスキー、ブランデーなど、樫樽で熟成されて色がついた製品は、日光に当たると退色することや濁りが生じることがあります。

③　芋焼酎特有の香りは、変化しやすいため、特に日光に当てないことが重要です。飲み残しを長期間置いておくと、徐々に酸化し香りが変化します。

（6）みりん

①　日光に当たると、香りや味が変わることがあるので直射日光は避けます。

②　温度の高い場所に置くと色が濃くなるので避けます。ただし、色が濃くなっても調味効果は変わりません。

③　冷蔵庫の中や冬期は、温度の低い場所は避けます。温度が低いと糖分が結晶化して、容器の底や全体に白い塊ができることがあります。みりんを使っている時、瓶の口に白い粉がつくことがありますが、これも糖分が乾燥してできたもので、使用には差し支えありません。

④　開栓後は常温（10〜25℃）で密栓して保存します。栓を開けたまま長く放置すると、アルコールが蒸発してしまいカビが生える場合があります。

第5章　お酒の表示

1　酒類の品目等の表示

　国内で流通するお酒には、酒類業組合法（酒税の保全及び酒類業組合等に関する法律）により、酒類製造者又は酒類販売業者の氏名又は名称、製造場等の所在地、内容量、酒類の品目、アルコール分等の事項を、その容器又は包装の見やすい個所に表示しなければならないこととなっています。

2　食品表示法による表示

　JAS法、食品衛生法及び健康増進法の３つの法律の表示に関する事項について、新たに食品表示法に統合され、平成27年４月から施行されています。
　酒類は、食品表示法の対象となっており、加工食品として表示の義務が課されています。
　酒類業組合法による表示と食品表示法による表示の適用関係については、【図表２－５－１】のとおりです。

3　酒類の表示基準

　酒類業組合法第86条の６第１項に掲げる財務大臣が定める表示基準は次のとおりとなっています。
　①　二十歳未満の者の飲酒防止に関する表示基準
　②　清酒の製法品質表示基準（注）
　③　果実酒等の製法品質表示基準（注）
　④　酒類の地理的表示に関する表示基準
　　（注）上記②については、本書第Ⅰ部第２章《清酒》の５《ラベルの見方》に、
　　　　　上記③については、第Ⅰ部第７章《ワイン》の10《ワインの表示》に記載
　　　　　しています。

【図表２−５−１】酒類に関する表示事項の適用関係（概要）

法令等／表示事項	食品表示法 第4条 食品表示基準	第86条の5 令第8条の3	第86条の6 令第8条の4 清酒の製法品質表示基準	第86条の6 令第8条の4 果実酒の製法品質表示基準
一般用加工食品に適用				
名称（品目）	○	○		
保存の方法	※1		○	
消費期限又は賞味期限	※1			
原材料名	※2		○	○
添加物	○			
内容量（容器の容量）	○	○		
栄養成分（たんぱく質、脂質、炭水化物、ナトリウム）の量及び熱量	※1			
食品関連事業者の氏名又は名称	○			
食品関連事業者の住所	○			
製造所の所在地	○	○		
製造者の氏名又は名称	○	○		
該当する加工食品に適用				
アレルゲンを含む食品	※2			
L-フェニルアラニン化合物を含む食品	○			
特保・機能性・乳児用	※3			
遺伝子組換えに関する事項	○			
原料原産地名	○			○
原産国名	※2		○	○
組合法固有				
アルコール分	（網掛け）	○		
発泡性を有する旨	（網掛け）	○		
税率適用区分	（網掛け）	○		

【酒類に関する表示事項の適用関係（概要）注釈】
　※1　省略可（食品表示基準3①、3③）
　※2　表示不要（食品表示基準3①、3②、5①）
　※3　対象外（食品表示基準3②）

国税庁「酒類販売管理研修モデルテキスト」（平成30年4月）より作成

（1）二十歳未満の者の飲酒防止に関する表示基準

　二十歳未満の者の飲酒防止に資するため、「二十歳未満の者の飲酒防止に関する表示基準」が定められ、酒類の容器又は包装には、「二十歳未満の者の飲酒は法律で禁止されています」、「お酒は20歳になってから」等の文言を明瞭に表示することになっています。

　また、酒類業界として、二十歳未満の者の飲酒防止に資する等の観点から、「酒類の広告・宣伝及び酒類容器の表示に関する自主基準」（昭和63年12月9日制定、最終改正：令和元年7月1日）を設け、清涼飲料等との誤認防止に関する事項として、以下のことなどを定めています。

イ　酒類の容器又は包装の表示に際しては、清涼飲料、果実飲料等の酒類以外の飲料と誤認されないよう、色彩、絵柄等に配意する。

ロ　アルコール分10度未満の酒類のうち、全ての缶容器及び300ミリリットル以下の缶以外の容器には、酒マークを表示する。

酒マークの表示例

（2）酒類の地理的表示に関する表示基準

　地理的表示制度は、酒類や農産品において、その確立した品質、社会的評価又はその他の特性が当該商品の地理的な産地に主として帰せられる場合において、その産地名（地域ブランド）を独占的に名乗ることができる制度です。

　ＷＴＯ（世界貿易機関）協定の附属書であるTRIPS協定（知的所有権の貿易関連の側面に関する協定）により、加盟国はぶどう酒及び蒸留酒の地理的表示を保護するための法的手段を確保することが義務付けられました（平成7年1月発効）。

　この法的手段の確保は行政上の措置により実施することが認められており、上記協定の国内担保措置として、平成6年12月に「地理的表示に関する表示基準」（平成6年12月国税庁告示第4号。以下「旧表示基準」といいます。）が制定されました。

　しかし、旧表示基準では地理的表示の指定の要件が具体的に示されていないこともあり、十分な活用が進まなかったという状況を踏まえ、日本産酒類のブランド価値の向上や輸出促進の観点から、地理的表示の指定を受けるための基準の明確化、

消費者に分かりやすい統一的な表示のルール化等の制度の体系化のため、平成27年10月に旧表示基準の全部が改正され、全ての酒類を対象とした「酒類の地理的表示に関する表示基準」が定められました。

①　地理的表示の保護

　地理的表示の名称は、当該地理的表示の産地以外を産地とする酒類及び当該地理的表示に係る生産基準を満たさない酒類について使用することができません。

　また、当該酒類の真正の産地として使用する場合又は地理的表示の名称が翻訳された上で使用される場合若しくは「種類」、「型」、「様式」、「模造品」等の表現を伴い使用される場合においても、同様に使用することはできません。例えば、長崎県壱岐市以外で製造された焼酎に「壱岐焼酎タイプ」、「壱岐風焼酎」などと表示することはできません。

　ここでいう「使用」とは、酒類製造業者が酒類の容器又は包装に地理的表示を表示することはもとより、酒類販売業者が酒類の容器又は包装に地理的表示を表示したものを販売等することや、酒類に関する広告等（例えば、販売場のPOP表示など）として地理的表示を表示することも該当します。

②　地理的表示を明らかにする表示（平成29年10月30日以降に使用する地理的表示から適用）

　消費者が、酒類のラベル表示から地理的表示制度に基づいた酒類であるかどうかを区別できるよう、消費者に分かりやすい統一的な表示のルールとして、酒類の容器又は包装に地理的表示を使用する場合は、使用した地理的表示の名称のいずれか一箇所以上に「地理的表示」、「Geographical Indication」又は「ＧＩ」の文字を併せて使用することとされています。

　なお、地理的表示を使用していない酒類には、「地理的表示」等の文字を使用することはできません。

　日本における地理的表示の指定は、【図表２－５－２】（次ページ）、【図表２－５－３】（264ページ）のとおりです。

【図表２－５－２】　国税庁長官が指定した地理的表示

名称	指定した日 （変更した日）	産地の範囲	酒類区分
壱岐	平成７年６月30日 （平成30年２月27日）	長崎県壱岐市	蒸留酒
球磨	平成７年６月30日 （平成30年２月27日）	熊本県球磨郡及び人吉市	蒸留酒
琉球	平成７年６月30日 （令和２年９月14日）	沖縄県	蒸留酒
薩摩	平成17年12月22日 （平成30年２月27日）	鹿児島県（奄美市及び大島郡を除く。）	蒸留酒
白山	平成17年12月22日 （平成29年11月20日）	石川県白山市	清酒
山梨	平成25年７月16日 （平成29年６月26日）	山梨県	ぶどう酒
	令和３年４月28日	山梨県	清酒
日本酒	平成27年12月25日	日本国	清酒
山形	平成28年12月16日	山形県	清酒
	令和３年６月30日	山形県	ぶどう酒
灘五郷	平成30年６月28日	兵庫県神戸市灘区、東灘区、芦屋市、西宮市	清酒
北海道	平成30年６月28日	北海道	ぶどう酒
はりま	令和２年３月16日	兵庫県姫路市、相生市、加古川市、赤穂市、西脇市、三木市、高砂市、小野市、加西市、宍粟市、加東市、たつの市、明石市、多可町、稲美町、播磨町、市川町、福崎町、神河町、太子町、上郡町及び佐用町	清酒
三重	令和２年６月19日	三重県	清酒
和歌山梅酒	令和２年９月７日	和歌山県	その他の酒類
利根沼田	令和３年１月22日	群馬県沼田市、利根郡片品村、川場村、昭和村、みなかみ町	清酒
萩	令和３年３月30日	山口県萩市及び阿武郡阿武町	清酒
佐賀	令和３年６月14日	佐賀県	清酒
大阪	令和３年６月30日	大阪府	ぶどう酒
長野	令和３年６月30日	長野県	ぶどう酒 清酒
新潟	令和４年２月７日	新潟県	清酒
滋賀	令和４年４月13日	滋賀県	清酒

（資料提供：国税庁ホームページ「酒類の地理的表示一覧」）

【図表2−5−3】酒類の地理的表示の指定状況（令和4年4月末時点）

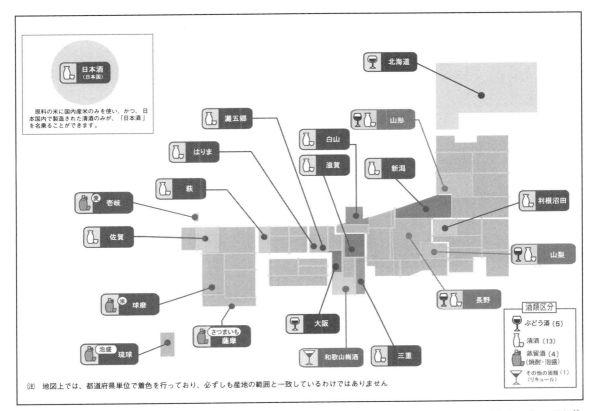

（資料提供：国税庁ホームページ「酒類の地理的表示マップ（令和4年4月）」）

4　酒類の有機表示

　有機清酒、オーガニックビールといった酒類の「有機等」の表示については、「酒類における有機の表示基準」が定められ、これに基づき表示を行うものとされてきました。

　しかしながら、ＪＡＳ法（日本農林規格等に関する法律）が改正され、令和４年10月１日以降、酒類もＪＡＳ法に基づく「有機加工食品の日本農林規格（ＪＡＳ規格）」の対象となるとともに、有機加工食品ＪＡＳの認証を取得し、有機ＪＡＳマークを貼付した上で有機等の表示を行うことが可能となりました。

　これに伴い「酒類における有機の表示基準」は廃止されましたが、移行期間として令和７年９月30日までは従前の「酒類における有機の表示基準」に基づく表示を行うことが可能です。また、外国で有機の認証等を受けて輸入された酒類についても、証明書の添付等を要件として、これまでと同様に有機等の表示をすることが可能です（有機ＪＡＳマークを貼付した酒類は除きます）。

　（注）令和７年10月１日以降、有機等と表示する場合には、有機ＪＡＳ認証を取得し、有機ＪＡＳマークを貼付することが必要です。

第6章　お酒の販売管理

1　適切な販売管理

「お酒の適切な販売管理」とは、どういうことでしょうか。

お酒には、酒税が課せられているほか、致酔性飲料であること、過度な飲酒は健康を害する原因となるなどの特性があることから、適切な販売管理が必要とされています。そのため、酒販店では「酒税法」で定める記帳や申告のほか、酒類業組合法（酒税の保全及び酒類業組合等に関する法律）で定められたお酒の表示を遵守しなければなりません。また、諸法規により20歳未満の者の飲酒防止、公正取引、容器包装に係るリサイクルのための取組みなど、酒類に対する社会的要請に応えていくことが求められています。

平成15年９月から、お酒の販売業者はお酒の小売販売場ごとに酒類販売管理者を選任して、最寄りの税務署に届け出ることになりました。これは、お酒の適正な販売管理を確保する等のために設けられた制度です。酒類販売管理者は、定期的（３年以内）に研修を受講して酒類の適正な販売に必要な関係法令等の知識を修得することになっています。その役割は、売場のスタッフが適切な販売管理を行えるよう助言、指導することです。

お酒の販売管理は、社会的要請への対応だけではありません。お客様から「このお酒の美味しい飲み方を教えてください。」、「お酒を買った後、どのように保管すればいいのですか？」と聞かれた時には、適切にアドバイスできることも必要です。そのためには、３年以内の研修のほか、常にお酒に関する情報に接していることも大切です。

なお、酒類販売管理研修は、法律に係る研修の受講は努力義務、３年以内の研修の受講は任意でしたが、お酒がアルコール飲料として致酔性・依存性を有し社会的に配慮を要することから、酒類の適正な販売管理の確保を図るため、平成28年６月に酒類業組合法が改正され、研修の受講が義務化されています（【図表２－６－１】【図表２－６－２】）。

【図表２−６−１】酒税法及び酒税の保全及び酒類業組合等に関する法律の一部を改正する法律の趣旨説明（抜粋）

～（略）～酒類は、国の重要な財政物資であり、酒税の確保及び酒類の取引の安定を図る必要があります。また、酒類は、アルコール飲料として致酔性・依存性を有し社会的に配慮を要するものであります。

このような特殊性を有する酒類の取引の現状を見ますと、平成二十六年度における公正取引委員会による不当廉売に係る注意件数のうち、酒類に係るものは全商品の中で一番多く、国税庁による平成十八年の「酒類に関する公正な取引のための指針」制定後も、酒類の不当廉売に係る注意件数は指針制定前と比較して増加しております。

また、平成二十二年にＷＨＯ、世界保健機関において「アルコールの有害な使用を低減するための世界戦略」が採択されましたが、その後、我が国ではアルコール健康障害対策基本法が制定され、平成二十六年六月に施行されております。同法には、酒類の製造又は販売を行う事業者はアルコール健康障害の発生等の防止に配慮するよう努める責務を有する旨が定められておりますが、現在、販売場ごとに選任される酒類販売管理者に対する酒類の販売業務に関する法令に係る研修は、法令上、努力義務にとどまっており、更に、定期的な研修受講は任意であるため、初回の受講率は約九割であるものの、再受講率は約三割となっております。

本起草案は、このような状況に鑑み、～（略）～酒税の保全及び酒類の取引の円滑な運行を図るとともに、酒類の適正な販売管理の確保を図るため、所要の改正を行おうとするもので、その主な内容は次のとおりであります。

（以下省略）

（平成28年5月10日「衆議院財務金融委員会」会議録）

【図表２－６－２】酒類販売管理研修の義務化

酒類販売管理研修の義務化

①　酒類小売業者に対し、その選任する酒類販売管理者に関して、以下の事項を義務化

・酒類販売管理研修の受講者の中から酒類販売管理者を選任

・一定期間（３年以内）ごとの酒類販売管理研修の受講（再受講義務）

②　酒類販売管理研修の再受講義務違反に対する勧告、命令及び罰則

③　酒類販売管理者の氏名、研修の受講事績等を記載した標識の販売場ごとの掲示の義務化

（平成29年４月　国税庁酒税課「説明資料：平成28年酒税法等一部改正法関係」より）

２　二十歳未満の者の飲酒防止

20歳未満の者はどうしてお酒を飲んではいけないのでしょうか。

二十歳未満ノ者ノ飲酒ノ禁止ニ関する法律で禁止されていることはもちろんですが、様々な理由があります。

≪未成年者がお酒を飲んではいけない理由≫
①　脳細胞が縮んだり、骨や性腺などの発達を阻害します。
②　自分の行動を抑えられなくなり、危険な行動につながります。
③　急性アルコール中毒になりやすい。
④　アルコール依存症などになる危険性が高くなります。

20歳未満の者の飲酒を防止するには、20歳未満の者がお酒を飲んではいけない理由を知っていることが大切です。

厚生労働省の調査によると、未成年者の飲酒割合は年々減少しているものの、平成29（2017）年の飲酒頻度調査において、中学３年生の7.5％、高校３年生の16.9％

が飲酒をしていると回答しています。(【図表2−6−3】)。

　アルコールが子供に与える影響を理解していれば、自分の子供にお酒を勧める親はいなくなるのではないでしょうか。子供がお酒を飲んではいけない理由をPRしていくことは、未来を担う子供たちの心と体を守ることにつながります。

【図表2−6−3】飲酒頻度

性別								合計
男	中学1年	93.4%	5.3%	0.9%	0.1%	0.2%	0.1%	100.0%
	中学2年	92.0%	6.3%	1.3%	0.1%	0.2%	0.1%	100.0%
	中学3年	91.4%	6.2%	1.8%	0.2%	0.2%	0.2%	100.0%
	高校1年	88.4%	7.7%	2.9%	0.3%	0.6%	0.1%	100.0%
	高校2年	84.4%	9.5%	4.2%	0.5%	1.2%	0.2%	100.0%
	高校3年	81.6%	8.9%	6.1%	0.8%	2.2%	0.4%	100.0%
女	中学1年	94.2%	4.6%	0.8%	0.1%	0.1%	0.2%	100.0%
	中学2年	93.9%	4.6%	1.2%		0.2%	0.1%	100.0%
	中学3年	93.6%	4.7%	1.3%	0.1%	0.2%	0.1%	100.0%
	高校1年	90.7%	6.1%	2.4%	0.1%	0.5%	0.1%	100.0%
	高校2年	88.0%	6.9%	3.8%	0.4%	0.9%	0.0%	100.0%
	高校3年	84.8%	8.4%	5.1%	0.5%	1.1%		100.0%
合計	中学1年	93.8%	5.0%	0.9%	0.1%	0.2%	0.1%	100.0%
	中学2年	93.0%	5.5%	1.2%	0.0%	0.2%	0.1%	100.0%
	中学3年	92.5%	5.4%	1.6%	0.1%	0.2%	0.1%	100.0%
	高校1年	89.4%	7.0%	2.7%	0.2%	0.5%	0.1%	100.0%
	高校2年	86.0%	8.3%	4.0%	0.5%	1.1%	0.1%	100.0%
	高校3年	83.1%	8.7%	5.6%	0.7%	1.7%	0.3%	100.0%

(「飲酒や喫煙等の実態調査と生活習慣病予防のための減酒の効果的な介入方法の開発に関する研究」(研究代表者　尾崎米厚)平成29年報告書)

　20歳未満の者はどうやってお酒を手に入れるのでしょうか。

　家庭にあるお酒は簡単に手に入ります。厚生労働省の調査結果でも家庭にあるお酒が入手先の第1位となっています(【図表2−6−4】)。

　家庭にあるお酒の管理については、大人が責任を持って管理することが大切です。

　お酒の入手先の第2位はコンビニ等となっています。二十歳未満ノ者ノ飲酒ノ禁止ニ関する法律では、「お酒の販売業者は、二十歳未満の者の飲酒を防止するため、年齢確認やその他必要な措置を講じなければならない」と定めており、お酒の販売業者は、20歳未満の者にお酒を売らないための措置を講じなければなりません。お酒売場のスタッフ全員が20歳未満の者飲酒防止の大切さを理解して、販売時の年齢確認(身分証明書等の確認)を徹底することがとても大切です。

【図表２−６−４】お酒の主な入手方法

		家にある酒	もらう	酒屋で買う	自販機	飲み屋	コンビニ等	その他
男	中学1年	66.0%	10.0%	2.0%	2.0%	4.0%	10.0%	20.0%
	中学2年	67.2%	12.9%	2.6%	7.8%	5.2%	8.6%	14.7%
	中学3年	60.4%	18.7%	2.2%	10.8%	7.2%	10.8%	18.0%
	高校1年	70.4%	12.6%	4.8%	8.5%	9.8%	17.8%	9.8%
	高校2年	66.7%	15.3%	6.6%	8.4%	20.2%	26.1%	8.7%
	高校3年	63.1%	14.5%	9.7%	9.0%	23.5%	34.5%	6.7%
女	中学1年	59.5%	9.5%	9.5%	8.1%	9.5%	12.2%	18.9%
	中学2年	69.0%	13.8%	3.4%	4.6%	11.5%	8.0%	14.9%
	中学3年	82.0%	17.0%	3.0%	6.0%	6.0%	11.0%	7.0%
	高校1年	77.4%	18.1%	3.0%	5.6%	17.4%	19.3%	4.4%
	高校2年	66.4%	18.4%	5.7%	4.5%	30.1%	23.4%	9.2%
	高校3年	67.6%	17.3%	5.2%	2.9%	34.4%	28.6%	6.7%
合計	中学1年	63.2%	9.8%	5.2%	4.6%	6.3%	10.9%	19.5%
	中学2年	68.0%	13.3%	3.0%	6.4%	7.9%	8.4%	14.8%
	中学3年	69.5%	18.0%	2.5%	8.8%	6.7%	10.9%	13.4%
	高校1年	73.2%	14.8%	4.0%	7.3%	12.9%	18.4%	7.6%
	高校2年	66.6%	16.6%	6.3%	6.8%	24.3%	25.0%	8.9%
	高校3年	64.8%	15.6%	8.0%	6.7%	27.6%	32.3%	6.7%

（「飲酒や喫煙等の実態調査と生活習慣病予防のための減酒の効果的な介入方法の開発に関する研究」（研究代表者　尾崎米厚）平成29年報告書）

3　公正取引について

　お酒には酒税が課されており、国の財政上重要な物品となっています。お酒は、お酒を造っている製造場から移出したときに酒税が課され、その製造者が酒税の納税者になるのですが、酒税は最終消費者を担税者とする消費税ですので、その酒税は卸業者、小売業者、消費者への販売価格に含まれることとなります。

　わが国では、酒税の確保のために、お酒の製造者だけではなく、お酒の流通業者にも免許制度を採用しています。

　また、お酒の過度な安売りなど不公正な取引で酒類業者の経営に影響が出ると、酒税の確保に支障が生ずるおそれもあります。そこで、酒類業の所管官庁である国税庁では、「酒類に関する公正な取引のための指針」（平成18年8月31日制定、最終改正：令和4年3月31日）を制定し、公正取引に取り組んできました。しかし、平成26年度における公正取引委員会による不当廉売に係る酒類の注意件数は全商品の中で一番多く（982件中635件、約65％）、指針の制定前と比較しても増加していました。

　こうした状況から、酒税の保全及び酒類の取引の円滑な運行を図るため、平成28年6月に酒類業組合法が改正され、「酒類の公正な取引の基準」（平成29年国税庁告示第2号、最終改正：令和4年3月31日）が制定されています（【図表2−6−5】）。

【図表2−6−5】「酒類の公正な取引に関する基準」の概要

（公正な取引の基準）
　酒類業者は、次のいずれにも該当する行為を行ってはならないものとする。
（1）正当な理由なく、酒類を当該酒類に係る売上原価の額と販売費及び一般管理費の額との合計額を下回る価格で継続して販売すること
（2）自己又は他の酒類業者の酒類事業に相当程度の影響を及ぼすおそれがある取引をすること
⇒（1）価格要件と（2）影響要件の双方の要件に該当する場合は、指示、公表、命令、罰則の対象となる。

（国税庁ホームページ「酒類の公正な取引に関するルールの改正について」の説明会資料より抜粋）

4　お酒売場の表示

　お酒売場で「お酒コーナー」、「これはお酒です。20歳以上であることが確認できない場合は酒類を販売しません。」といった表示をよく見かけます。これらの表示は、「酒税の保全及び酒類業組合等に関する法律」という法律に基づいて行われています。

　お酒は代表的な嗜好品で致酔性があることなどから、売場ではお酒とお酒以外の商品を分離して陳列することが望まれます。

　お酒とお酒以外の商品が壁などにより分離（分離陳列）されている場合は、お酒売場の入り口に「お酒コーナー」と表示します。

　お酒とお酒以外の商品が壁などにより分離されていない場合は、お酒とお酒以外の商品を陳列棚などにより明確に区分（区分陳列）して「お酒コーナー」と「これはお酒です。20歳以上であることが確認できない場合は酒類を販売しません。」の表示をします。区分陳列の場合は、2種類の表示が必要になります。

　税務署では、お酒の販売管理（お酒売場の表示など）が適切に行われているかを確認するために酒類の販売管理調査を実施しています。販売管理調査では、次ページ（【写真2－6－1】）のような事例が確認されています。

　お酒の販売に当たっては、お酒の商品特性を充分に理解し、売場の表示を適正に行うことが求められています。

【写真2-6-1】酒類の陳列場所における表示の誤りやすい事例

① 臨時陳列場所の表示漏れ

関連陳列（関連食材付近への陳列）や特設コーナー（ボジョレーヌーボーなど）を設置して酒類を販売している場合に、「酒類の表示」が行われていないことがあります。

【良い例】 【悪い例】

② 酒類の表示が隠れている

「酒類の表示」の前に商品や別の表示板を掲示しているため、酒類の表示が見えにくくなっていることがあります。

【良い例】 【悪い例】

③ お酒とお酒以外の商品が明確に区分されていない

お酒とお酒以外の商品が同じ棚に陳列されるなど、明確に区分しないで陳列していることがあります。

【良い例】 【悪い例】

（注）悪い例については、お店の了解を得て、故意に誤った表示をしています。

第7章　全国新酒鑑評会

1　鑑評会とは

　全国新酒鑑評会は、明治44年、醸造試験所（東京）で第1回が開催されました。途中、戦争などにより何回かの中断がありましたが、今年の令和4酒造年度（令和5年4月）で111回になります。

　その目的は、"その年にできた清酒を全国的な規模できき酒や分析をし、その製造技術と酒質がどのようなものであったかを調べ、品質と製造技術の向上に役立てる"ことです。

　現在、本鑑評会は、独立行政法人酒類総合研究所と日本酒造組合中央会との共催で行われており、製造場1場から吟醸酒1点を任意で出品できます。多くの製造場では、この鑑評会で高い評価を得ることを一つの目標にして、精魂込めた吟醸酒造りが行われています。直近（令和4酒造年度）の出品点数は818点でした（次ページ【図表2-7-1】）。

　官能審査は、吟醸酒の香気成分含量でグループ化したお酒を、グルコース含量の低いものから高いものの順に並べて行います。

　1次審査にあたる予審では、香り、味の特徴を細かく評価できるプロファイル法を取り入れた審査カード（280ページ【図表2-7-2】）で、2次審査にあたる決審は総合評価法で行っています。

　審査委員は、酒類総合研究所の役・職員、国税局鑑定官室職員、各県の醸造関係指導機関職員及び清酒技術者など、清酒の品質評価能力に優れ、清酒製造技術に詳しい者で構成されています。審査の結果、優秀と認められた出品酒を「入賞酒」として、決審において特に優秀と認められたものを「金賞酒」とし、金賞酒の製造場に対しては、酒類総合研究所理事長と日本酒造組合中央会会長の連名により、日本語及び英語の賞状が授与されます。

　出品酒は、清酒製造者を主な対象としてお互いのお酒をきき酒し合い、酒質を勉強する「製造技術研究会」で公開されます（次ページ【写真2-7-1】）。また、入賞酒以上のお酒は、消費者、流通関係者の方々などに公開されています。

　鑑評会の結果は、香気成分等の分析結果も合わせて出品者に送付され、今後の吟醸造りに生かされています。

　全国新酒鑑評会は、現在公的機関が開催している唯一の全国規模の鑑評会で、その110年を超える歴史の長さとともに世界に誇りうるものです。今後、海外展開を含めた清酒の成長、発展のためにその果たす役割はますます重要になると考えられます。

【図表２－７－１】全国新酒鑑評会出品点数の推移

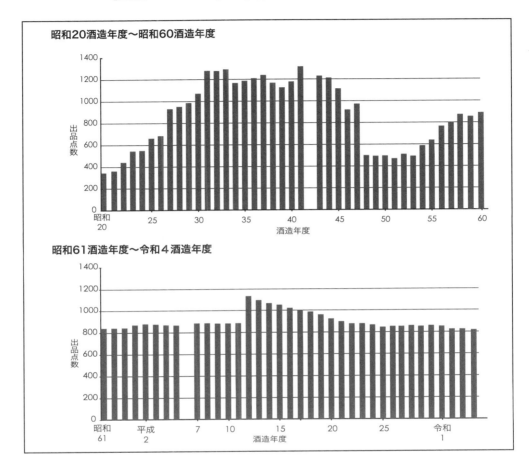

昭和20酒造年度～昭和60酒造年度

昭和61酒造年度～令和４酒造年度

【写真２－７－１】製造技術研究会の様子

【図表２-７-２】新酒鑑評会審査カード

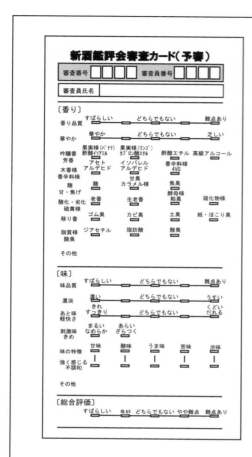
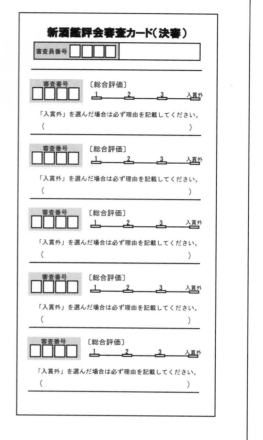

2　出品酒の特徴

　令和２酒造年度（令和３年４月）の出品酒では、山田錦を主体にしたお酒は全出品数821点中642点（78％）でした。吟醸酒造りに用いる原料米は山田錦が圧倒的に多いのですが、山田錦以外の品種も越淡麗、雪女神、千本錦、美山錦、雄町などが出品されています。

　精米歩合は、一般には低いほど米の中心部を使ったお酒となりますが、平均的には38.0％です。最小は20％で、これは、玄米の外側80％を削った米になります。

　お酒の発酵を行う酵母の種類は年々増えています。30年前は、きょうかい９号酵

母（熊本酵母）が圧倒的に多かったのですが、最近ではきょうかい1801酵母、明利酵母、また各県の工業技術センター等の開発した酵母が多く使われています。さらに、酵母を混合して使用した出品酒もある程度あります。

　上位10位までを【図表2－7－3】に示していますが、このほか混合使用されている酵母としては、きょうかい1801号が94点に、山形県の酵母が26点に、きょうかい901号が23点に使われていました。

　酵母の開発は品質に大きく影響します。今後も、新しい酒質のお酒を生み出す種々の酵母が出てくるものと思います。

【図表2－7－3】出品酒に使用される酵母（上位10位まで）

順位	酵母名	出品数	順位	酵母名	出品数
1	きょうかい1801号	279	6	福島	20
2	明利	114	7	秋田今野	13
3	広島	32	8	静岡	11
4	宮城	21	9	きょうかい901号	9
4	熊本	21	9	岩手	9

3　金賞受賞酒の一覧表

　次ページ以降に、平成24酒造年度から令和4酒造年度の金賞受賞酒の一覧表を、都道府県別に示します。

平成23酒造年度全国新酒鑑評会　金賞酒

国税局	都道府県	製造場名	商標名
札幌	北海道	国稀酒造株式会社	国稀（くにまれ）
		福司酒造株式会社	福司（ふくつかさ）
		金滴酒造株式会社	金滴（きんてき）
仙台	青森	三浦酒造株式会社	豊盃（ほうはい）
		株式会社西田酒造店	金冠喜久泉（きんかんきくいずみ）
		八戸酒類株式会社　五戸工場	如空（じょくう）
		桃川株式会社	桃川（ももかわ）
	岩手	株式会社あさ開	あさ開（びらき）
		菊の司酒造株式会社	菊の司（きくつかさ）
		両磐酒造株式会社	関山（かんざん）
		高橋　久	堀の井（ほりのい）
		株式会社福来	福来（ふくらい）
		磐乃井酒造株式会社	磐乃井（いわのい）
		株式会社菱屋酒造店	千両男山（せんりょうおとこやま）
	宮城	株式会社佐浦　矢本蔵	浦霞（うらかすみ）
		合資会社内ケ崎酒造店	鳳陽（ほうよう）
		株式会社山和酒造店	わしが国・瞑想水（くに・めいそうすい）
		株式会社中勇酒造店	天上夢幻（てんじょうむげん）
		阿部勘酒造店　阿部勘九郎	於茂多加（おもたか）
		株式会社平孝酒造	新関（しんぜき）
		株式会社男山本店	蒼天伝（そうてんでん）　大吟醸
		合名会社川敬商店	黄金澤（こがねさわ）
		千田酒造株式会社	栗駒山（くりこまやま）
		大和蔵酒造株式会社	雪の松島（ゆきのまつしま）
	秋田	秋田酒類製造株式会社　本社蔵	髙清水（たかしみず）
		秋田酒類製造株式会社　御所野蔵	髙清水
		株式会社那波商店	銀鱗（ぎんりん）
		両関酒造株式会社　第一工場	両関（りょうぜき）
		秋田銘醸株式会社　本社工場	爛漫（らんまん）
		秋田県醗酵工業株式会社	一滴千両（いってきせんりょう）
		浅舞酒造株式会社	天の戸（あまのと）
		株式会社齋彌酒造店	雪の茅舎（ゆきのぼうしゃ）
		喜久水酒造合資会社	喜久水（きくすい）
		株式会社北鹿	北鹿（ほくしか）
		株式会社飛良泉本舗	飛良泉（ひらいずみ）
		小玉醸造株式会社	太平山（たいへいざん）
		福禄寿酒造株式会社	福禄寿（ふくろくじゅ）
		日の丸醸造株式会社	まんさくの花（はな）

国税局	都道府県	製造場名	商標名
仙台	秋田	福乃友酒造株式会社	福乃友
		株式会社高橋酒造店	奥清水
	山形	男山酒造株式会社	壺天
		株式会社設楽酒造店　一声蔵	一声
		鈴木酒造合資会社　豊龍蔵	銀嶺月山
		寿虎屋酒造株式会社　寿久蔵	寿久蔵
		出羽桜酒造株式会社　山形工場	出羽桜
		株式会社小嶋総本店	東光
		後藤康太郎	羽陽錦爛
		東の麓酒造有限会社	東の麓
		出羽桜酒造株式会社	出羽桜
		高木酒造株式会社	十四代
		竹の露合資会社	白露垂珠
		冨士酒造株式会社	栄光冨士
		菊勇株式会社	栄冠菊勇
		合資会社後藤酒造店	辯天・酒中楽康
		和田酒造合資会社	あら玉月山丸
		鯉川酒造株式会社	鯉川
	福島	有限会社金水晶酒造店	金水晶
		笹の川酒造株式会社	笹の川
		有限会社渡辺酒造本店	雪小町
		佐藤酒造株式会社	三春駒
		豊国酒造合資会社	東豊国
		東日本酒造協業組合	奥の松
		山口合名会社	会州一
		鶴乃江酒造株式会社	会津中将
		名倉山酒造株式会社	名倉山
		末廣酒造株式会社　嘉永蔵	玄宰
		合資会社大和川酒造店	弥右衛門
		合資会社吉の川酒造店	会津吉の川
		ほまれ酒造株式会社	会津ほまれ
		國権酒造株式会社	國権
		渡部謙一	開當男山
		会津酒造株式会社	大吟醸　田島
		合資会社稲川酒造店	七重郎
		末廣酒造株式会社　博士蔵	玄宰
		豊国酒造合資会社	學十郎
		合資会社廣木酒造本店	飛露喜
		たに川酒造株式会社	さかみずき
		松崎酒造店	廣戸川

国税局	都道府県	製造場名	商標名
関東信越	茨城	愛友酒造株式会社	愛友 （あいゆう）
		岡部合名会社	松盛 （まつざかり）
		合資会社椎名酒造店	富久心 （ふくごころ）
		根本酒造株式会社	久慈の山 （くじやま）
		合資会社廣瀬商店	白菊 （しらぎく）
	栃木	株式会社虎屋本店	菊 （きく）
		惣譽酒造株式会社	惣譽 （そうほまれ）
		池島酒造株式会社	池錦 （いけにしき）
		渡邉酒造株式会社	旭興 （きょっこう）
		菊の里酒造株式会社	大那 （だいな）
		第一酒造株式会社	開華 （かいか）
		北関酒造株式会社	北冠 （ほっかん）
	群馬	聖徳銘醸株式会社	鳳凰聖徳 （ほうおうせいとく）
		柴崎酒造株式会社	船尾瀧 （ふなおたき）
		近藤酒造株式会社	赤城山 （あかぎさん）
		貴娘酒造株式会社	貴娘 （きむすめ）
		土田酒造株式会社	誉国光 （ほまれこっこう）
		永井酒造株式会社	水芭蕉 （みずばしょう）
	埼玉	横田酒造株式会社	日本橋 （にほんばし）
		川端酒造株式会社	桝川 （ますかわ）
		滝澤酒造株式会社	菊泉 （きくいずみ）
		株式会社矢尾本店	秩父錦 （ちちぶにしき）
	新潟	美の川酒造株式会社	美の川 越の雄町 （みがわ こしおまち）
		越銘醸株式会社	越の鶴 （こしつる）
		田原酒造株式会社	雪鶴 （ゆきつる）
		池田屋酒造株式会社	謙信 （けんしん）
		株式会社丸山酒造場	雪中梅 （せっちゅうばい）
		妙高酒造株式会社	妙高山 （みょうこうざん）
		千代の光酒造株式会社	千代の光 （ちよ ひかり）
		原酒造株式会社 清澄蔵	越の誉 （こし ほまれ）
		原酒造株式会社 和醸蔵	越の誉
		株式会社松乃井酒造場	松乃井 （まつのい）
		頚城酒造株式会社	越路乃紅梅 （こしじのこうばい）
		久須美酒造株式会社	清泉 （きよいずみ）
		津南醸造株式会社	霧の塔 （きり とう）
		石本酒造株式会社	越乃寒梅 （こしのかんばい）
		有限会社加藤酒造店	金鶴 （きんつる）
		笹祝酒造株式会社	笹祝 （ささいわい）
		福顔酒造株式会社	越後五十嵐川 （えちごいがらしがわ）
		菊水酒造株式会社 本蔵	菊水 （きくすい）

国税局	都道府県	製造場名	商標名
関東信越	新潟	頚城酒造株式会社	越路乃紅梅
		久須美酒造株式会社	清泉
		津南醸造株式会社	霧の塔
		石本酒造株式会社	越乃寒梅
		有限会社加藤酒造店	金鶴
		笹祝酒造株式会社	笹祝
		福顔酒造株式会社	越後五十嵐川
		菊水酒造株式会社　本蔵	菊水
		ふじの井酒造株式会社	ふじの井
		宮尾酒造株式会社	〆張鶴
		雪椿酒造株式会社	越乃雪椿
		金鵄盃酒造株式会社	越後杜氏
		下越酒造株式会社	誉麒麟
		麒麟山酒造株式会社	麒麟山
	長野	株式会社遠藤酒造場	渓流
		黒澤酒造株式会社	井筒長
		大信州酒造株式会社	大信州
		株式会社田中屋酒造店	水尾
		宮坂醸造株式会社	真澄
		七笑酒造株式会社	七笑
		宮坂醸造株式会社　真澄　富士見蔵	真澄
		合資会社丸永酒造場	髙波
		美寿々酒造株式会社	美寿々
		大雪渓酒造株式会社	大雪渓
東京	千葉	株式会社飯沼本家	甲子正宗
		合資会社寒菊銘醸	寒菊夢の又夢
		小泉酒造合資会社	東魁盛
	東京	野崎酒造株式会社	喜正
		中村八郎右衛門	千代鶴
	山梨	山梨銘醸株式会社	七賢
金沢	富山	若鶴酒造株式会社　鶴庫	若鶴
	石川	鹿野酒造株式会社	常きげん
		株式会社車多酒造	天狗舞
		宗玄酒造株式会社　平成蔵	宗玄
		御祖酒造株式会社	ほまれ
	福井	常山酒造合資会社	常山
		黒龍酒造株式会社	黒龍
		三宅彦右衛門酒造有限会社	早瀬浦
名古屋	岐阜	池田屋酒造株式会社	富久若松
		合資会社山田商店	玉柏

国税局	都道府県	製造場名	商標名
名古屋	岐阜	有限会社平瀬酒造店	久壽玉正宗
		天領酒造株式会社	天領
	静岡	三和酒造株式会社	臥龍梅
		磯自慢酒造株式会社	磯自慢
		株式会社志太泉酒造	志太泉
		株式会社土井酒造場	開運
	愛知	福井酒造株式会社	四海王
		神の井酒造株式会社	神の井
		丸一酒造株式会社	ほしいずみ
		盛田株式会社　小鈴谷工場	金紋ねのひ
	三重	株式会社油正	初日
		木屋正酒造合資会社	而今
		橋本勝誠	俳聖芭蕉
大阪	滋賀	竹内酒造株式会社	香の泉
		多賀株式会社	多賀
		喜多酒造株式会社	喜楽長
	京都	月桂冠株式会社　内蔵	月桂冠
		伏見銘酒協同組合	白菊水仕込み伏見銘酒
		東山酒造有限会社	坤滴
		株式会社小山本家酒造　京都伏見工場	世界鷹
		黄桜株式会社　三栖蔵	黄桜
		月桂冠株式会社　昭和蔵	月桂冠
		宝酒造株式会社　伏見工場	松竹梅
		月桂冠株式会社　大手一号蔵	月桂冠
		木下酒造有限会社	玉川
		株式会社北川本家	富翁
	大阪	寿酒造株式会社　本社工場	國乃長
		清鶴酒造株式会社	清鶴
		有限会社北庄司酒造店	荘の郷
	兵庫	千年一酒造株式会社	千年一
		沢の鶴株式会社　乾蔵	沢の鶴
		沢の鶴株式会社　瑞宝蔵	沢の鶴
		櫻正宗株式会社　櫻喜蔵	櫻正宗
		宝酒造株式会社　白壁蔵	松竹梅
		白鶴酒造株式会社　旭蔵	白鶴
		白鶴酒造株式会社　本店三号工場	白鶴
		白鶴酒造株式会社　本店二号蔵	白鶴
		株式会社神戸酒心館　福寿蔵	福寿
		辰馬本家酒造株式会社　六光蔵	黒松白鹿
		日本盛株式会社　本蔵	日本盛

国税局	都道府県	製造場名	商標名
大阪	兵庫	大関株式会社　恒和蔵	大関
		小西酒造株式会社　富士山蔵	白雪
		黄桜株式会社　丹波工場	黄桜
		鳳鳴酒造株式会社　味間工場	鳳鳴
		田中康博	白鷺の城
		株式会社本田商店　尚龍蔵	龍力　米のささやき
		三宅酒造株式会社	菊の日本
		奥藤商事株式会社	忠臣蔵
		神結酒造株式会社	神結
	奈良	奈良豊澤酒造株式会社	豊祝
		中谷酒造株式会社	萬穣
		千代酒造株式会社	吟和
広島	鳥取	千代むすび酒造株式会社	千代むすび
	島根	李白酒造有限会社	李白
	岡山	宮下酒造株式会社	極聖
		難波酒造株式会社	作州武蔵
		菊池酒造株式会社	燦然
	広島	株式会社酔心山根本店　沼田東工場	酔心
		株式会社酔心山根本店　沼田東工場　三年蔵	酔心
		八幡川酒造株式会社	八幡川
		相原酒造株式会社	雨後の月
		賀茂泉酒造株式会社	賀茂泉
		賀茂鶴酒造株式会社　２号蔵	特製金紋　賀茂鶴
		白牡丹酒造株式会社　千寿庫	芳華金紋　白牡丹
	山口	酒井酒造株式会社	五橋
		株式会社中島屋酒造場	金紋　寿
		有限会社岡崎酒造場	長門峡
		株式会社澄川酒造場	東洋美人
高松	徳島	株式会社本家松浦酒造場　文化蔵	鳴門鯛
	香川	西野金陵株式会社　多度津蔵	金陵
		西野金陵株式会社　八幡蔵	金陵
		西野金陵株式会社　琴平蔵	金陵
	愛媛	藏本屋本店	行光
		株式会社八木酒造部	山丹正宗
		川亀酒造合資会社	川亀
		武田酒造株式会社	日本心
	高知	酔鯨酒造株式会社	酔鯨
		亀泉酒造株式会社	亀泉
		有限会社濵川商店	濵乃鶴　美丈夫
		土佐鶴酒造株式会社　北大野工場　天平蔵	土佐鶴

国税局	都道府県	製造場名	商標名
高松	高知	司牡丹酒造株式会社　第一製造場	司牡丹 (つかさぼたん)
福岡	福岡	池亀酒造株式会社	池亀 (いけかめ)
		井上合名会社	三井の寿 (みいことぶき)
		株式会社喜多屋	喜多屋 (きたや)
		株式会社篠崎	国菊 (くにぎく)
		旭菊酒造株式会社	旭菊 (あさひきく)
	佐賀	大和酒造株式会社	肥前杜氏 (ひぜんとうじ)
		天山酒造株式会社	天山 (てんざん)
		天吹酒造合資会社	天吹 (あまぶき)
	長崎	合資会社山崎本店酒造場	まが玉 (たま)
		潜龍酒造株式会社	∴ 本陣ふるさと讃歌 (みつぼしほんじん さんか)
熊本	熊本	千代の園酒造株式会社	千代の園 (ちよ その)
	大分	株式会社久家本店	一の井手 (いち いで)
		藤居酒造株式会社	龍梅 (りゅうばい)
		クンチョウ酒造株式会社	薫長 (くんちょう)
		亀の井酒造合資会社	玄亀 (げんかめ)
		八鹿酒造株式会社　笑門蔵	八鹿 (やつしか)

平成24酒造年度全国新酒鑑評会　金賞酒

国税局	都道府県	製造場名	商標名
札幌	北海道	国稀酒造株式会社	国稀
		合同酒精株式会社　旭川工場　大雪乃蔵	大雪乃蔵　鳳雪
		福司酒造株式会社	福司
		男山株式会社	男山
		北の誉株式会社　小樽工場	北の誉
仙台	青森	八戸酒類株式会社　八鶴工場	八鶴
		鳩正宗株式会社	鳩正宗　吟麗
		株式会社カネタ玉田酒造店	津軽じょんから
		三浦酒造株式会社	豊盃
		株式会社斎藤酒造店	松緑
		株式会社西田酒造店	金冠喜久泉
		尾崎酒造株式会社	安東水軍
		八戸酒類株式会社　五戸工場	如空
		桃川株式会社	桃川
	秋田	秋田酒類製造株式会社　本社蔵	髙清水
		秋田酒類製造株式会社　御所野蔵	髙清水
		両関酒造株式会社　第一工場	両関
		ナショナル物産株式会社　秋田木村酒造工場	福小町
		秋田県醗酵工業株式会社	一滴千両
		阿桜酒造株式会社	阿櫻
		合名会社鈴木酒造店	秀よし
		株式会社齋彌酒造店	雪の茅舎
		喜久水酒造合資会社	喜久水
		株式会社北鹿	北鹿
		株式会社飛良泉本舗	飛良泉
		小玉醸造株式会社	太平山
		福禄寿酒造株式会社	福禄寿
		山本合名会社	白瀑
		日の丸醸造株式会社	まんさくの花
	山形	出羽桜酒造株式会社　山形工場	出羽桜
		株式会社小嶋総本店	東光
		後藤康太郎	羽陽錦爛
		米鶴酒造株式会社	米鶴
		東の麓酒造有限会社	東の麓
		出羽桜酒造株式会社	出羽桜
		高木酒造株式会社	十四代
		亀の井酒造株式会社	くどき上手
		菊勇株式会社	栄冠菊勇

国税局	都道府県	製造場名	商標名
仙台	山形	東北銘醸株式会社	初孫 (はつまご)
		和田酒造合資会社	あら玉月山丸 (たまがっさんまる)
		鯉川酒造株式会社	鯉川 (こいかわ)
		麓井酒造株式会社	麓井 (ふもとい)
		合資会社高橋酒造店	東北泉 (とうほくいずみ)
	岩手	株式会社あさ開	あさ開 (びらき)
		菊の司酒造株式会社	菊の司 (きく つかさ)
		両磐酒造株式会社	関山 (かんざん)
		株式会社浜千鳥	浜千鳥 (はまちどり)
		株式会社菱屋酒造店	千両男山 (せんりょうおとこやま)
		高橋　久	堀の井 (ほり い)
		株式会社南部美人	南部美人 (なんぶびじん)
		株式会社わしの尾	鷲の尾 (わし お)
	宮城	株式会社佐浦　矢本蔵	浦霞 (うらかすみ)
		大和蔵酒造株式会社	雪の松島 (ゆき まつしま)
		株式会社山和酒造店	わしが国・瞑想水 (くに めいそうすい)
		株式会社中勇酒造店	天上夢幻 (てんじょう むげん)
		株式会社平孝酒造	新関 (しんぜき)
		株式会社一ノ蔵　金龍蔵	一ノ蔵 (いちのくら)
		金の井酒造株式会社	寿禮春 (じゅれいしゅん)
		株式会社男山本店	蒼天伝　大吟醸 (そうてんでん)
		有限会社大沼酒造店	乾坤一 (けんこんいち)
		合名会社川敬商店	黄金澤 (こがねさわ)
		石越醸造株式会社	澤乃泉 (さわのいずみ)
		千田酒造株式会社	栗駒山 (くりこまやま)
	福島	有限会社金水晶酒造店	金水晶 (きんすいしょう)
		松崎酒造店	廣戸川 (ひろとがわ)
		有限会社渡辺酒造本店	雪小町 (ゆきこまち)
		有限会社仁井田本家	穏 (おだやか)
		たに川酒造株式会社	さかみずき
		佐藤酒造株式会社	三春駒 (みはるこま)
		豊国酒造合資会社	東豊国 (あずまとよくに)
		東日本酒造協業組合	奥の松 (おく まつ)
		山口合名会社	会州一 (かいしゅういち)
		合資会社辰泉酒造	京の華 (きょう はな)
		鶴乃江酒造株式会社	会津中将 (あいづちゅうじょう)
		花春酒造株式会社	花春 (はなはる)
		名倉山酒造株式会社	名倉山 (なぐらやま)
		宮泉銘醸株式会社	会津宮泉 (あいづみやいずみ)
		小原酒造株式会社	蔵粋 (くらしっく)

国税局	都道府県	製造場名	商標名
仙台	福島	合資会社大和川酒造店	弥右衛門
		合資会社吉の川酒造店	会津吉の川
		ほまれ酒造株式会社	会津ほまれ
		國権酒造株式会社	國権
		合資会社稲川酒造店	七重郎
		榮川酒造株式会社　磐梯工場	榮四郎
		合資会社白井酒造店	萬代芳
		豊国酒造合資会社	學十郎
		曙酒造合資会社	一生青春
		合資会社廣木酒造本店	飛露喜
		合名会社四家酒造店	又兵衛
関東信越	茨城	森島酒造株式会社	大観
		根本酒造株式会社	久慈の山
	栃木	株式会社虎屋本店	菊
		惣誉酒造株式会社	惣誉
		小林酒造株式会社	鳳凰美田
		渡邉酒造株式会社	旭興
		天鷹酒造株式会社	天鷹
		第一酒造株式会社	開華
		株式会社井上清吉商店	澤姫
	群馬	浅間酒造株式会社　第二工場	秘幻
		株式会社町田酒造店	清嘹
	埼玉	株式会社小山本家酒造	金紋世界鷹
		大瀧酒造株式会社	九重桜
		鈴木酒造株式会社	万両
		清龍酒造株式会社	清龍
		横田酒造株式会社	日本橋
		株式会社文楽	文楽
		滝澤酒造株式会社	菊泉
	新潟	美の川酒造株式会社	美の川　越の雄町
		お福酒造株式会社	お福正宗
		河忠酒造株式会社	想天坊
		池田屋酒造株式会社	謙信
		千代の光酒造株式会社	千代の光
		原酒造株式会社　和醸蔵	越の誉
		新潟銘醸株式会社	長者盛
		久須美酒造株式会社	清泉
		白瀧酒造株式会社	上善如水
		青木酒造株式会社	鶴齢
		津南醸造株式会社	霧の塔

国税局	都道府県	製造場名	商標名
関東信越	新潟	株式会社越後酒造場	越乃八豊
		尾畑酒造株式会社	真野鶴
		菊水酒造株式会社　本蔵	菊水
		越後桜酒造株式会社	越後桜
	長野	志賀泉酒造株式会社	志賀泉
		合名会社戸塚酒造店	寒竹
		信州銘醸株式会社	秀峰喜久盛
		大信州酒造株式会社	大信州
		宮坂醸造株式会社	真澄
		高天酒造株式会社	高天
		株式会社薄井商店	白馬錦
		宮坂醸造株式会社　真澄　富士見蔵	真澄
		合資会社丸永酒造場	髙波
		ＥＨ酒造株式会社	鬼かん
東京	千葉	株式会社馬場本店酒造	海舟散人
		東薫酒造株式会社	東薫
		鍋店酒造株式会社　神崎酒造蔵	不動
		小泉酒造合資会社	東魁盛
	東京	野崎酒造株式会社	喜正
		小澤酒造株式会社	澤乃井
金沢	富山	富美菊酒造株式会社	羽根屋
		皇国晴酒造株式会社	幻の瀧
	石川	株式会社加越	加賀ノ月
		宗玄酒造株式会社　明和蔵	宗玄
	福井	常山酒造合資会社	常山
		株式会社一本義久保本店	一本義
		三宅彦右衛門酒造有限会社	早瀬浦
名古屋	岐阜	平野醸造合資会社	母情
		株式会社三輪酒造	道三 吟雪花
		天領酒造株式会社	天領
	愛知	福井酒造株式会社	四海王
		浦野合資会社	菊石
		丸一酒造株式会社	ほしいずみ
		盛田株式会社　小鈴谷工場	金紋ねのひ
		内藤醸造株式会社	木曽三川　大吟醸
名古屋	三重	株式会社宮﨑本店	宮の雪
		若戎酒造株式会社	若戎
		橋本勝誠	俳聖 芭蕉
大阪	滋賀	喜多酒造株式会社	喜楽長
		美冨久酒造株式会社	美冨久　大吟極醸

国税局	都道府県	製造場名	商標名
大阪	京都	月桂冠株式会社　内蔵	月桂冠
		東山酒造有限会社	坤滴
		齊藤酒造株式会社　本蔵	英勲
		月桂冠株式会社　昭和蔵	月桂冠
		宝酒造株式会社　伏見工場	松竹梅
		月桂冠株式会社　大手一号蔵	月桂冠
		月桂冠株式会社　大手二号蔵	月桂冠
	大阪	山野酒造株式会社	片野桜
		西條合資会社	天野酒
	兵庫	沢の鶴株式会社　乾蔵	沢の鶴
		沢の鶴株式会社　瑞宝蔵	沢の鶴
		櫻正宗株式会社　櫻喜蔵	櫻正宗
		宝酒造株式会社　白壁蔵	松竹梅
		白鶴酒造株式会社　旭蔵	白鶴
		白鶴酒造株式会社　本店三号工場	白鶴
		白鶴酒造株式会社　本店二号蔵	白鶴
		白鷹株式会社　本蔵	白鷹
		日本盛株式会社　本蔵	日本盛
		大関株式会社　恒和蔵	大関
		大関株式会社　寿蔵	大関
		黄桜株式会社　丹波工場	黄桜
		株式会社西山酒造場	小鼓
		田中康博	白鷺の城
		株式会社本田商店　尚龍蔵	龍力　米のささやき
		山陽盃酒造株式会社	播州一献
		奥藤商事株式会社	忠臣蔵
	奈良	梅乃宿酒造株式会社	梅乃宿
		北村酒造株式会社	猩々
	和歌山	株式会社世界一統	大吟醸　極撰　〈南方〉
広島	鳥取	千代むすび酒造株式会社	千代むすび
	島根	株式会社右田本店	宗味
		日本海酒造株式会社	環日本海
	岡山	宮下酒造株式会社	極聖
		森田酒造株式会社	萬年雪
		菊池酒造株式会社	燦然
		嘉美心酒造株式会社	嘉美心
		芳烈酒造株式会社	櫻芳烈
	広島	久保田酒造株式会社	金松　菱正宗
		相原酒造株式会社	雨後の月
		賀茂鶴酒造株式会社　２号蔵	特製金紋　賀茂鶴

国税局	都道府県	製造場名	商標名
広島	広島	賀茂鶴酒造株式会社　8号蔵	特製金紋　賀茂鶴
		亀齢酒造株式会社　第5号蔵	亀齢
		西條鶴醸造株式会社　酒宝蔵	特製富士　西條鶴
		白牡丹酒造株式会社　天保庫	芳華金紋　白牡丹
		賀茂鶴酒造株式会社　御薗醸造蔵	特製金紋　賀茂鶴
		白牡丹酒造株式会社　万年庫	芳華金紋　白牡丹
		金光酒造合資会社	桜吹雪
	山口	酒井酒造株式会社	五橋
高松	香川	西野金陵株式会社　琴平蔵	金陵
	愛媛	石鎚酒造株式会社	石鎚
		株式会社八木酒造部	山丹正宗
		梅錦山川株式会社	梅錦
	高知	酔鯨酒造株式会社	酔鯨
		亀泉酒造株式会社	亀泉
		有限会社仙頭酒造場	土佐しらぎく
		有限会社濵川商店	濵乃鶴　美丈夫
		土佐鶴酒造株式会社　北大野工場　千寿蔵	土佐鶴
		土佐鶴酒造株式会社　北大野工場　天平蔵	土佐鶴
		株式会社アリサワ	文佳人
		有限会社西岡酒造店	純平
福岡	福岡	池亀酒造株式会社	池亀
		井上合名会社	三井の寿
		株式会社喜多屋	喜多屋
		株式会社篠崎	国菊
		株式会社いそのさわ	磯乃澤
	佐賀	大和酒造株式会社	肥前杜氏
		天山酒造株式会社	天山
		天吹酒造合資会社	天吹
		窓乃梅酒造株式会社	窓乃梅
熊本	大分	藤居酒造株式会社	龍梅
		クンチョウ酒造株式会社	薫長
		佐藤酒造株式会社	久住千羽鶴
		三和酒類株式会社	和香牡丹
		八鹿酒造株式会社　笑門蔵	八鹿
	宮崎	雲海酒造株式会社　綾工場	綾錦

平成25酒造年度全国新酒鑑評会　金賞酒

国税局	都道府県	製造場名	商標名
札幌	北海道	国稀酒造株式会社	国稀
		合同酒精株式会社　旭川工場　大雪乃蔵	大雪乃蔵　鳳雪
		男山株式会社	男山
		福司酒造株式会社	福司
仙台	青森	有限会社関乃井酒造	関乃井
		六花酒造株式会社	じょっぱり
		三浦酒造株式会社	豊盃
		桃川株式会社	桃川
	秋田	秋田酒類製造株式会社　本社蔵	髙清水
		秋田酒類製造株式会社　御所野蔵	髙清水
		両関酒造株式会社　第一工場	両関
		株式会社木村酒造	福小町
		合名会社鈴木酒造店	秀よし
		株式会社齋彌酒造店	雪の茅舎
		株式会社北鹿	北鹿
		小玉醸造株式会社	太平山
		日の丸醸造株式会社	まんさくの花
		刈穂酒造株式会社	刈穂
	山形	鈴木酒造合資会社　豊龍蔵	銀嶺月山
		出羽桜酒造株式会社　山形工場	出羽桜
		株式会社小嶋総本店	東光
		後藤康太郎	羽陽錦爛
		米鶴酒造株式会社	米鶴
		東の麓酒造有限会社	東の麓
		出羽桜酒造株式会社	出羽桜
		六歌仙酒造協業組合	手間暇
		高木酒造株式会社	十四代
		亀の井酒造株式会社	くどき上手
		株式会社渡會本店	出羽ノ雪　酒のいのち
		酒田酒造株式会社	上喜元
		東北銘醸株式会社	初孫
		合資会社後藤酒造店	辯天
		和田酒造合資会社	あら玉月山丸
		合名会社佐藤佐治右衛門	やまと桜
		合資会社杉勇蕨岡酒造場	杉勇
	岩手	株式会社あさ開	あさ開
		菊の司酒造株式会社	菊の司

国税局	都道府県	製造場名	商標名
仙台	岩手	両磐酒造株式会社	関山（かんざん）
		株式会社浜千鳥	浜千鳥（はまちどり）
		泉金酒造株式会社	龍泉八重桜（りゅうせんやえざくら）
		合資会社川村酒造店	南部関（なんぶぜき）
		有限会社月の輪酒造店	月の輪（つきのわ）
		高橋　久	堀の井（ほりのい）
		株式会社南部美人	南部美人（なんぶびじん）
		株式会社わしの尾	鷲の尾　結の香（わしのお　ゆいか）
	宮城	株式会社佐浦　矢本蔵	浦霞（うらかすみ）
		合資会社内ケ崎酒造店	鳳陽（ほうよう）
		株式会社山和酒造店	わしが国・瞑想水（くに・めいそうすい）
		株式会社中勇酒造店	天上夢幻（てんじょうむげん）
		株式会社田中酒造店	金紋 真鶴（きんもん まなづる）
		株式会社佐浦	浦霞
		阿部勘酒造店　阿部勘九郎	阿部勘（あべかん）
		墨廼江酒造株式会社	墨廼江（すみのえ）
		株式会社一ノ蔵　本社蔵	一ノ蔵（いちのくら）
		株式会社一ノ蔵　金龍蔵	一ノ蔵
		金の井酒造株式会社	寿禮春（じゅれいしゅん）
		株式会社男山本店	蒼天伝　大吟醸（そうてんでん）
		有限会社大沼酒造店	乾坤一（けんこんいち）
		合名会社川敬商店	黄金澤（こがねざわ）
		石越醸造株式会社	澤乃泉（さわのいずみ）
		千田酒造株式会社	栗駒山（くりこまやま）
	福島	有限会社金水晶酒造店	金水晶（きんすいしょう）
		松崎酒造店	廣戸川（ひろとがわ）
		有限会社玄葉本店	あぶくま
		豊国酒造合資会社	東豊国（あずまとよくに）
		人気酒造株式会社	人気一（にんきいち）
		東日本酒造協業組合	奥の松（おくのまつ）
		山口合名会社	会州一（かいしゅういち）
		鶴乃江酒造株式会社	会津中将（あいづちゅうじょう）
		名倉山酒造株式会社	名倉山（なぐらやま）
		末廣酒造株式会社　嘉永蔵	嘉永蔵 大吟醸（かえいぐら）
		合資会社大和川酒造店	弥右衛門（やうえもん）
		合資会社吉の川酒造店	会津吉の川（あいづよし かわ）
		國権酒造株式会社	國権（こっけん）
		末廣酒造株式会社　博士蔵	玄宰（げんさい）
		合資会社白井酒造店	萬代芳（ばんだいほう）
		豊国酒造合資会社	學十郎（がくじゅうろう）

国税局	都道府県	製造場名	商標名
仙台	福島	曙酒造合資会社	一生青春
関東信越	茨城	来福酒造株式会社	来福
		青木酒造株式会社	御慶事
		磯蔵酒造有限会社	稲里
		吉久保酒造株式会社	一品
		明利酒類株式会社	副将軍
		府中誉株式会社	府中誉　渡舟
		石岡酒造株式会社	筑波
		合資会社廣瀬商店	白菊
		株式会社宏和商工　日立酒造工場	二人舞台
		森島酒造株式会社	大観
		根本酒造株式会社	久慈の山
	栃木	惣譽酒造株式会社	惣譽
		株式会社外池酒造店	燦爛
		株式会社辻善兵衛商店	桜川
		池島酒造株式会社	池錦
		北関酒造株式会社	北冠
		株式会社富川酒造店	富美川
	群馬	聖徳銘醸株式会社	鳳凰聖徳
		近藤酒造株式会社	赤城山
		貴娘酒造株式会社	貴娘
		大利根酒造有限会社	左大臣
		株式会社町田酒造店	清嘹
	埼玉	小江戸鏡山酒造株式会社	鏡山
		松岡醸造株式会社	帝松
		横田酒造株式会社	日本橋
		滝澤酒造株式会社	菊泉
		株式会社矢尾本店	秩父錦
	新潟	池田屋酒造株式会社	謙信
		株式会社松乃井酒造場	松乃井
		朝日酒造株式会社　朝日蔵	朝日山
		青木酒造株式会社	鶴齢
		髙千代酒造株式会社	髙千代
		越の華酒造株式会社	越の華
		樋木酒造株式会社	鶴の友
		尾畑酒造株式会社	真野鶴
		福井酒造株式会社	峰乃白梅
		菊水酒造株式会社　節五郎蔵	菊水源流
		市島酒造株式会社	王紋
		金鵄盃酒造株式会社	越後杜氏

国税局	都道府県	製造場名	商標名
関東信越	新潟	白龍酒造株式会社	白龍 (はくりゅう)
		麒麟山酒造株式会社	麒麟山 (きりんざん)
		瀧澤酒造株式会社	苗場山 (なえばさん)
	長野	株式会社玉村本店	縁喜 (えんぎ)
		千曲錦酒造株式会社	千曲錦 (ちくまにしき)
		大信州酒造株式会社	大信州 (だいしんしゅう)
		宮坂醸造株式会社	真澄 (ますみ)
		株式会社小野酒造店	夜明け前 (よ あ まえ)
		合資会社丸永酒造場	髙波 (たかなみ)
東京	千葉	株式会社馬場本店酒造	海舟散人 (かいしゅうさんじん)
		東薫酒造株式会社	東薫 (とうくん)
		鍋店株式会社　神崎酒造蔵	不動 (ふどう)
		合資会社寒菊銘醸	寒菊夢の又夢 (かんぎくゆめ またゆめ)
		小泉酒造合資会社	東魁盛 (とうかいざかり)
	東京	野崎酒造株式会社	喜正 (きしょう)
		小澤酒造株式会社	澤乃井 (さわ の い)
	山梨	山梨銘醸株式会社	七賢 (しちけん)
金沢	富山	若鶴酒造株式会社　鶴庫	若鶴 (わかつる)
	石川	鹿野酒造株式会社	常きげん (じょう)
	福井	舟木酒造合資会社	北の庄 (きた しょう)
		黒龍酒造株式会社	黒龍 (こくりゅう)
		株式会社宇野酒造場	一乃谷 (いちのたに)
名古屋	静岡	株式会社駿河酒造場	天虹 (てんこう)
		株式会社志太泉酒造	志太泉 (し だ いずみ)
		花の舞酒造株式会社	花の舞 (はな まい)
		株式会社土井酒造場	開運 (かいうん)
	愛知	関谷醸造株式会社　本社工場	蓬莱泉 (ほうらいせん)
		相生ユニビオ株式会社	相生乃松 (あいおいのまつ)
		清洲桜醸造株式会社	大吟醸 楽園 (らくえん)
		東春酒造株式会社	東龍 (あずまりゅう)
		丸一酒造株式会社	ほしいずみ
		中埜酒造株式会社　國盛蔵	國盛 (くにざかり)
		盛田株式会社　小鈴谷工場	金紋ねのひ (きんもん)
		澤田酒造株式会社	白老 (はくろう)
	三重	清水清三郎商店株式会社	鈴鹿川 (すずかがわ)
		株式会社油正	初日 (はつひ)
		瀧自慢酒造株式会社	瀧自慢 (たき じ まん)
		木屋正酒造合資会社	而今 (じこん)
		橋本勝誠	俳聖　芭蕉 (はいせい ばしょう)

国税局	都道府県	製造場名	商標名
大阪	滋賀	株式会社福井弥平商店	萩乃露 (はぎのつゆ)
		多賀株式会社	多賀 (たが)
	京都	佐々木酒造株式会社	聚樂第 (じゅらくだい)
		伏見銘酒協同組合	白菊水仕込み伏見銘酒 (しらぎくすいじこ ふしみめいしゅ)
		黄桜株式会社　本店蔵	黄桜 (きざくら)
		黄桜株式会社　三栖蔵	黄桜
		株式会社北川本家	富翁 (とみおう)
		宝酒造株式会社　伏見工場	松竹梅 (しょうちくばい)
		月桂冠株式会社　大手一号蔵	月桂冠 (げっけいかん)
		月桂冠株式会社　大手二号蔵	月桂冠
	大阪	山野酒造株式会社	片野桜 (かたのざくら)
	兵庫	沢の鶴株式会社　乾蔵	沢の鶴 (さわ つる)
		沢の鶴株式会社　瑞宝蔵	沢の鶴
		宝酒造株式会社　白壁蔵	松竹梅 (しょうちくばい)
		白鶴酒造株式会社　旭蔵	白鶴 (はくつる)
		白鶴酒造株式会社　本店二号蔵	白鶴
		白鷹株式会社　本蔵	白鷹 (はくたか)
		日本盛株式会社　本蔵	日本盛 (にほんざかり)
		大関株式会社　恒和蔵	大関 (おおぜき)
		小西酒造株式会社　富士山蔵	白雪 (しらゆき)
		此の友酒造株式会社	但馬 (たじま)
		株式会社本田商店　尚龍蔵	龍力 米のささやき (たつりき こめ)
		株式会社本田商店　親龍蔵	龍力 米のささやき
		壺坂酒造株式会社	雪彦山 (せっぴこさん)
		ヤヱガキ酒造株式会社	八重垣 (やえがき)
	奈良	株式会社今西清兵衛商店	春鹿 (はるしか)
		奈良豊澤酒造株式会社	豊祝 (ほうしゅく)
		長龍酒造株式会社　広陵蔵	長龍 (ちょうりょう)
		中谷酒造株式会社	萬穣 (ばんじょう)
	和歌山	株式会社名手酒造店	一掴 (ひとつかみ)
		髙垣酒造株式会社	大吟醸　紀勢鶴 (きせいつる)
広島	鳥取	株式会社稲田本店	稲田姫 (いなたひめ)
	島根	吉田酒造株式会社	月山 (がっさん)
	岡山	宮下酒造株式会社	極聖 (きわみひじり)
		十八盛酒造株式会社	十八盛 (じゅうはちざかり)
		菊池酒造株式会社	燦然 (さんぜん)
	広島	久保田酒造株式会社	金松　菱正宗 (きんしょう ひしまさむね)
		株式会社小泉本店	御幸 (みゆき)
		株式会社三宅本店　呉宝庫	黒松 千福 (くろまつ せんぷく)

国税局	都道府県	製造場名	商標名
広島	広島	株式会社三宅本店　吾妻庫	黒松 千福
		相原酒造株式会社	雨後の月 (うごのつき)
		宝剣酒造株式会社	宝剣 (ほうけん)
		中国醸造株式会社	酒将　一代　弥山 (しゅしょう　いちだい　みせん)
		賀茂鶴酒造株式会社　8号蔵	特製金紋　賀茂鶴 (とくせいきんもん　かもつる)
		福美人酒造株式会社　大黒蔵	天使　福美人 (てんし　ふくびじん)
		賀茂鶴酒造株式会社　御薗醸造蔵	特製金紋　賀茂鶴
		白牡丹酒造株式会社　万年庫	芳華金紋　白牡丹 (ほうか きんもん　はくぼたん)
		向原酒造株式会社	向井櫻 (むかいざくら)
	山口	酒井酒造株式会社	五橋 (ごきょう)
		株式会社山縣本店	毛利公 (もうりこう)
		永山酒造合名会社	山猿 (やまざる)
高松	香川	西野金陵株式会社　多度津蔵	金陵 (きんりょう)
		西野金陵株式会社　八幡蔵	金陵
	愛媛	水口酒造株式会社	仁喜多津 (にきたつ)
		株式会社八木酒造部	山丹正宗 (やまたんまさむね)
	高知	酔鯨酒造株式会社	酔鯨 (すいげい)
		有限会社仙頭酒造場	土佐しらぎく (とさ)
		有限会社濵川商店	濵乃鶴　美丈夫 (はまのつる　びじょうふ)
		土佐鶴酒造株式会社　北大野工場　千寿蔵	土佐鶴 (とさつる)
		有限会社南酒造場	南 (みなみ)
		株式会社アリサワ	文佳人 (ぶんかじん)
		司牡丹酒造株式会社　第一製造場	司牡丹 (つかさぼたん)
		有限会社西岡酒造店	純平 (じゅんぺい)
福岡	福岡	株式会社小林酒造本店	萬代 (ばんだい)
		旭菊酒造株式会社	旭菊 (あさひぎく)
		井上合名会社	三井の寿 (みい ことぶき)
		株式会社いそのさわ	磯乃澤 (いそのさわ)
	佐賀	鳴滝酒造株式会社	聚楽太閤 (じゅらくたいこう)
		天吹酒造合資会社	天吹 (あまぶき)
		五町田酒造株式会社	東一 (あづまいち)
		瀬頭酒造株式会社	東長 (あづちょう)
熊本	熊本	千代の園酒造株式会社	千代の園 (ちよ その)
		瑞鷹株式会社　川尻本蔵	瑞鷹 (ずいよう)
	大分	藤居酒造株式会社	龍梅 (りゅうばい)
		佐藤酒造株式会社	久住千羽鶴 (くじゅうせんばづる)
		八鹿酒造株式会社　笑門蔵	八鹿 (やつしか)
	宮崎	雲海酒造株式会社　綾蔵	綾錦 (あやにしき)

平成26酒造年度全国新酒鑑評会　金賞酒

国税局	都道府県	製造場名	商標名
札幌	北海道	北の誉酒造株式会社　小樽工場	北の誉
		合同酒精株式会社　旭川工場　大雪乃蔵	大雪乃蔵　鳳雪
		男山株式会社	男山
		福司酒造株式会社	福司
仙台	青森	八戸酒類株式会社　八鶴工場	八鶴
		有限会社関乃井酒造	北勇
		株式会社鳴海醸造店	稲村屋文四郎
		六花酒造株式会社	じょっぱり
		三浦酒造株式会社	豊盃
		株式会社西田酒造店	金冠喜久泉
		尾崎酒造株式会社	安東水軍
		八戸酒類株式会社　五戸工場	如空
		桃川株式会社	桃川
	岩手	菊の司酒造株式会社	菊の司
		株式会社浜千鳥	浜千鳥
		泉金酒造株式会社	龍泉八重桜
		高橋　久	堀の井
		株式会社南部美人	南部美人
		株式会社南部美人　下斗米工場	南部美人
	宮城	合資会社内ケ崎酒造店	鳳陽
		株式会社中勇酒造店	天上夢幻
		株式会社佐浦	浦霞
		阿部勘酒造店　阿部勘九郎	阿部勘
		株式会社平孝酒造	日高見
		金の井酒造株式会社	綿屋
		蔵王酒造株式会社	蔵王
		有限会社大沼酒造店	乾坤一
		合名会社川敬商店	黄金澤
		萩野酒造株式会社	萩の鶴
	秋田	新政酒造株式会社	新政
		秋田酒類製造株式会社　本社蔵	髙清水
		秋田酒類製造株式会社　御所野蔵	髙清水
		株式会社那波商店	銀鱗
		秋田銘醸株式会社　本社工場	爛漫
		株式会社木村酒造	福小町
		阿桜酒造株式会社	阿櫻
		合名会社鈴木酒造店	秀よし
		株式会社飛良泉本舗	飛良泉

国税局	都道府県	製造場名	商標名
仙台	秋田	福禄寿酒造株式会社	一白水成 （いっぱくすいせい）
		山本合名会社	白瀑 （しらたき）
		日の丸醸造株式会社	まんさくの花 （はな）
		刈穂酒造株式会社	刈穂 （かりほ）
	山形	男山酒造株式会社	壺天 （こてん）
		鈴木酒造合資会社　豊龍蔵	銀嶺月山 （ぎんれいがっさん）
		出羽桜酒造株式会社　山形工場	出羽桜 （でわざくら）
		株式会社小嶋総本店	東光 （とうこう）
		有限会社新藤酒造店	九郎左衛門 （くろうざえもん）
		米鶴酒造株式会社	米鶴 （よねつる）
		出羽桜酒造株式会社	出羽桜
		高木酒造株式会社	十四代 （じゅうよんだい）
		株式会社小屋酒造	花羽陽 （はなうよう）
		亀の井酒造株式会社	くどき上手 （じょうず）
		冨士酒造株式会社	栄光冨士 （えいこうふじ）
		酒田酒造株式会社	上喜元 （じょうきげん）
		合資会社後藤酒造店	辯天 （べんてん）
		合名会社佐藤佐治右衛門	やまと桜 （ざくら）
		菊勇株式会社	栄冠菊勇 （えいかんきくいさむ）
	福島	有限会社金水晶酒造店	金水晶 （きんすいしょう）
		松崎酒造店	廣戸川 （ひろとがわ）
		笹の川酒造株式会社	笹の川 （ささ　かわ）
		有限会社仁井田本家	穏 （おだやか）
		有限会社玄葉本店	あぶくま
		豊国酒造合資会社	東豊国 （あずまとよくに）
		人気酒造株式会社	人気一 （にんきいち）
		東日本酒造協業組合	奥の松 （おく　まつ）
		鶴乃江酒造株式会社	会津中将 （あいづちゅうじょう）
		名倉山酒造株式会社	名倉山 （なぐらやま）
		末廣酒造株式会社　嘉永蔵	嘉永蔵大吟醸 （かえいぐら）
		夢心酒造株式会社	夢心 （ゆめごころ）
		合資会社大和川酒造店	弥右衛門 （やうえもん）
		合資会社吉の川酒造店	会津吉の川 （あいづ　かわ）
		ほまれ酒造株式会社	会津ほまれ （あいづ）
		國権酒造株式会社	國権 （こっけん）
		合名会社大木代吉本店	自然郷 （しぜんごう）
		合資会社稲川酒造店	稲川 （いながわ）
		榮川酒造株式会社　磐梯工場	榮四郎 （えいしろう）
		末廣酒造株式会社　博士蔵	玄宰 （げんさい）
		合資会社白井酒造店	萬代芳 （ばんだいほう）

国税局	都道府県	製造場名	商標名
仙台	福島	豊国酒造合資会社	學十郎 (がくじゅうろう)
		合資会社廣木酒造本店	飛露喜 (ひろき)
		合名会社四家酒造店	又兵衛 (またべえ)
関東信越	茨城	野村醸造株式会社	紬美人 (つむぎびじん)
		青木酒造株式会社	御慶事 (ごけいじ)
		磯蔵酒造有限会社	稲里 (いなさと)
		吉久保酒造株式会社	一品 (いっぴん)
		株式会社月の井酒造店	月の井 (つきのい)
		岡部合名会社	松盛 (まつざかり)
		合資会社廣瀬商店	白菊 (しらぎく)
		株式会社宏和商工　日立酒造工場	二人舞台 (ふたりぶたい)
		根本酒造株式会社	久慈の山 (くじのやま)
		株式会社武勇	武勇 (ぶゆう)
	栃木	株式会社虎屋本店	菊 (きく)
		惣譽酒造株式会社	惣譽 (そうほまれ)
		株式会社外池酒造店	燦爛 (さんらん)
		株式会社辻善兵衛商店	桜川 (さくらがわ)
		杉田酒造株式会社	雄東正宗 (ゆうとうまさむね)
		渡邉酒造株式会社	旭興 (きょくこう)
		菊の里酒造株式会社	大那 (だいな)
		第一酒造株式会社	開華 (かいか)
		株式会社井上清吉商店	澤姫 (さわひめ)
		株式会社富川酒造店	富美川 (とみかわ)
		株式会社松井酒造店	松の寿 (まつことぶき)
	群馬	聖徳銘醸株式会社	鳳凰聖徳 (ほうおうせいとく)
		柴崎酒造株式会社	船尾瀧 (ふなおたき)
		聖酒造株式会社　赤城蔵	関東の華 (かんとうのはな)
		浅間酒造株式会社　第二工場	秘幻 (ひげん)
	埼玉	寒梅酒造株式会社	寒梅 (かんばい)
		横田酒造株式会社	日本橋 (にほんばし)
		株式会社文楽	文楽 (ぶんらく)
		株式会社藤﨑摠兵衛商店	白扇 (はくせん)
	新潟	越銘醸株式会社	越の鶴 (こしのつる)
		長谷川酒造株式会社	越後雪紅梅 (えちごせっこうばい)
		株式会社丸山酒造場	雪中梅 (せっちゅうばい)
		君の井酒造株式会社	君の井 (きみのい)
		緑川酒造株式会社	緑川 (みどりかわ)
		株式会社松乃井酒造場	松乃井 (まつのい)
		髙千代酒造株式会社	髙千代 (たかちよ)
		樋木酒造株式会社	鶴の友 (つるのとも)

国税局	都道府県	製造場名	商標名
関東信越	新潟	高野酒造株式会社	越路吹雪 (こしじふぶき)
		福井酒造株式会社	峰乃白梅 (みねのはくばい)
		市島酒造株式会社	王紋 (おうもん)
		宮尾酒造株式会社	〆張鶴 (しめはりつる)
		雪椿酒造株式会社	越乃雪椿 (こしのゆきつばき)
		越後桜酒造株式会社	越後桜 (えちごさくら)
		河忠酒造株式会社	想天坊 (そうてんぼう)
	長野	株式会社玉村本店	縁喜 (えんぎ)
		株式会社酒千蔵野	川中島幻舞 (かわなかじまげんぶ)
		株式会社西飯田酒造店	信濃光 (しなのひかり)
		株式会社遠藤酒造場	渓流 (けいりゅう)
		千曲錦酒造株式会社	千曲錦 (ちくまにしき)
		大信州酒造株式会社	大信州 (だいしんしゅう)
		株式会社角口酒造店	北光正宗 (ほっこうまさむね)
		宮坂醸造株式会社	真澄 (ますみ)
		高天酒造株式会社	高天 (こうてん)
		喜久水酒造株式会社	喜久水 (きくすい)
		合資会社宮島酒店	信濃錦 (しなのにしき)
		株式会社小野酒造店	夜明け前 (よあけまえ)
東京	千葉	株式会社馬場本店酒造	海舟散人 (かいしゅうさんじん)
		東薫酒造株式会社	東薫 (とうくん)
		吉野酒造株式会社	腰古井 (こしごい)
	東京	野崎酒造株式会社	喜正 (きしょう)
		小澤酒造株式会社	澤乃井 (さわのい)
	山梨	太冠酒造株式会社	太冠 (たいかん)
		山梨銘醸株式会社	七賢 (しちけん)
金沢	富山	富美菊酒造株式会社	羽根屋 (はねや)
		林酒造	林 (はやし)
	石川	株式会社車多酒造	天狗舞 (てんぐまい)
	福井	舟木酒造合資会社	北の庄 (きたのしょう)
		株式会社一本義久保本店	一本義 (いっぽんぎ)
		株式会社宇野酒造場	一乃谷 (いちのたに)
名古屋	岐阜	池田屋酒造株式会社	富久若松 (ふくわかまつ)
		岩村醸造株式会社	女城主 (おんなじょうしゅ)
		中島醸造株式会社	始禄 (しろく)
	静岡	三和酒造株式会社	臥龍梅 (がりゅうばい)
	愛知	丸石醸造株式会社	徳川家康 (とくがわいえやす)
		神の井酒造株式会社	神の井 (かみのい)
		丸一酒造株式会社	ほしいずみ
		中埜酒造株式会社　國盛蔵	國盛 (くにざかり)

国税局	都道府県	製造場名	商標名
名古屋	三重	清水清三郎商店株式会社	鈴鹿川
		丸彦酒造株式会社	三重の寒梅
大阪	滋賀	北島酒造株式会社	御代栄
		喜多酒造株式会社	喜楽長
		太田酒造株式会社　本社　不盡蔵	金紋道灌
	京都	羽田酒造有限会社	初日の出
		佐々木酒造株式会社	聚樂第
		月桂冠株式会社　内蔵	月桂冠
		黄桜株式会社　三栖蔵	黄桜
		黄桜株式会社　本店蔵	黄桜
		月桂冠株式会社　昭和蔵	月桂冠
		株式会社北川本家	富翁
		月桂冠株式会社　大手一号蔵	月桂冠
		月桂冠株式会社　大手二号蔵	月桂冠
	兵庫	千年一酒造株式会社	千年一
		沢の鶴株式会社　乾蔵	沢の鶴
		櫻正宗株式会社　櫻喜蔵	櫻正宗
		宝酒造株式会社　白壁蔵	松竹梅
		白鶴酒造株式会社　旭蔵	白鶴
		白鶴酒造株式会社　本店三号工場	白鶴
		株式会社神戸酒心館　福寿蔵	福壽
		大関株式会社　恒和蔵	大関
		小西酒造株式会社　富士山蔵	白雪
		此の友酒造株式会社	但馬
		株式会社本田商店　尚龍蔵	龍力　米のささやき
		茨木酒造合名会社	来楽
	奈良	今西酒造株式会社	三諸杉
		長龍酒造株式会社　広陵蔵	長龍
	和歌山	平和酒造株式会社	紀土
		株式会社名手酒造店	一掴
		髙垣酒造株式会社	紀勢鶴
		株式会社九重雑賀	大吟醸　雑賀孫市
広島	鳥取	千代むすび酒造株式会社	千代むすび
	島根	米田酒造株式会社	豊の秋
		吉田酒造株式会社	月山
	岡山	宮下酒造株式会社	極聖
		白菊酒造株式会社	大典　白菊
	広島	小野酒造株式会社	老亀
		株式会社三宅本店　吾妻庫	黒松　千福
		相原酒造株式会社	雨後の月

国税局	都道府県	製造場名	商標名
広島	広島	中国醸造株式会社	酒将 一代 弥山
		亀齢酒造株式会社 第5号蔵	亀齢
		賀茂鶴酒造株式会社 御薗醸造蔵	特製金紋 賀茂鶴
		向原酒造株式会社	向井櫻
		金光酒造合資会社	桜吹雪
高松	香川	西野金陵株式会社 八幡蔵	金陵
	愛媛	栄光酒造株式会社	酒仙 栄光
		近藤酒造株式会社	華姫桜
		株式会社八木酒造部	山丹正宗
	高知	有限会社仙頭酒造場	土佐しらぎく
		有限会社濵川商店	美丈夫
		土佐鶴酒造株式会社 北大野工場 千寿蔵	土佐鶴
		株式会社アリサワ	文佳人
		司牡丹酒造株式会社 第一製造場	司牡丹
		司牡丹酒造株式会社 第二製造場	司牡丹
福岡	福岡	大賀酒造株式会社	筑紫野
		合名会社山口酒造場	庭のうぐいす
	佐賀	古伊万里酒造有限会社	古伊万里
		天吹酒造合資会社	天吹
		瀬頭酒造株式会社	東長
		松浦一酒造株式会社	松浦一
熊本	熊本	千代の園酒造株式会社	千代の園
	大分	八鹿酒造株式会社 笑門蔵	八鹿
	宮崎	千徳酒造株式会社	千徳

平成27酒造年度全国新酒鑑評会　金賞酒

国税局	都道府県	製造場名	商標名
札幌	北海道	曲イ田中酒造株式会社	宝川 (たからがわ)
		男山株式会社	男山 (おとこやま)
		福司酒造株式会社	福司 (ふくつかさ)
		碓氷酒造場	北の勝 (きた かつ)
仙台	青森	八戸酒造株式会社	陸奥八仙 (むつ はっせん)
		株式会社鳴海醸造店	稲村屋文四郎 (いなむらやぶんしろう)
		三浦酒造株式会社	豊盃 (ほうはい)
		株式会社西田酒造店	金冠喜久泉 (きんかんきくいずみ)
		八戸酒類株式会社　五戸工場	如空 (じょくう)
		桃川株式会社	桃川 (ももかわ)
	岩手	株式会社桜顔酒造	桜顔 (さくらがお)
		株式会社あさ開	あさ開 (びらき)
		赤武酒造株式会社　復活蔵	浜娘 (はまむすめ)
		泉金酒造株式会社	龍泉八重桜 (りゅうせんやえざくら)
		有限会社月の輪酒造店	月の輪 (つき わ)
		高橋　久	堀の井 (ほり い)
		株式会社南部美人	南部美人 (なんぶびじん)
	宮城	株式会社佐浦　矢本蔵	浦霞 (うらかすみ)
		大和蔵酒造株式会社	雪の松島 (ゆき まつしま)
		株式会社山和酒造店	わしが国・瞑想水 (くに めいそうすい)
		株式会社中勇酒造店	天上夢幻 (てんじょうむげん)
		株式会社佐浦	浦霞
		阿部勘酒造店　阿部勘九郎	阿部勘 (あべかん)
		墨廼江酒造株式会社	墨廼江 (すみのえ)
		株式会社平孝酒造	日高見 (ひたかみ)
		株式会社一ノ蔵　本社蔵	一ノ蔵 (いちのくら)
		株式会社一ノ蔵　金龍蔵	一ノ蔵
		金の井酒造株式会社	綿屋 (わたや)
		株式会社男山本店	蒼天伝　大吟醸 (そうてんでん)
		有限会社大沼酒造店	乾坤一 (けんこんいち)
		合名会社川敬商店	黄金澤 (こがねさわ)
		千田酒造株式会社	栗駒山 (くりこまやま)
	秋田	新政酒造株式会社	新政 (あらまさ)
		秋田酒類製造株式会社　御所野蔵	髙清水 (たかしみず)
		秋田酒造株式会社	秋田晴 (あきたばれ)
		株式会社那波商店	銀鱗 (ぎんりん)
		両関酒造株式会社　第一工場	両関 (りょうぜき)
		秋田銘醸株式会社　本社工場	爛漫 (らんまん)

国税局	都道府県	製造場名	商標名
仙台	秋田	株式会社木村酒造	福小町 （ふくこまち）
		阿桜酒造株式会社	阿櫻 （あざくら）
		合名会社鈴木酒造店	秀よし （ひで）
		株式会社齋彌酒造店	雪の茅舎 （ゆき ぼうしゃ）
		株式会社飛良泉本舗	飛良泉 （ひらいづみ）
		小玉醸造株式会社	太平山 （たいへいざん）
		福禄寿酒造株式会社	一白水成 （いっぱくすいせい）
		山本合名会社	山本 （やまもと）
	山形	男山酒造株式会社	壺天 （こてん）
		有限会社秀鳳酒造場	秀鳳 （しゅうほう）
		株式会社設楽酒造店	一声 （ひとこえ）
		出羽桜酒造株式会社　山形工場	出羽桜 （でわざくら）
		有限会社新藤酒造店	九郎左衛門 （くろうざえもん）
		米鶴酒造株式会社	米鶴 （よねつる）
		出羽桜酒造株式会社	出羽桜
		六歌仙酒造協業組合	手間暇 （てまひま）
		高木酒造株式会社	十四代 （じゅうよんだい）
		株式会社小屋酒造	花羽陽 （はなうよう）
		亀の井酒造株式会社	くどき上手 （じょうず）
		竹の露合資会社	白露垂珠 （はくろすいしゅ）
		酒田酒造株式会社	上喜元 （じょうきげん）
		東北銘醸株式会社	初孫 （はつまご）
		合資会社後藤酒造店	辯天 （べんてん）
		鯉川酒造株式会社	鯉川 （こいかわ）
		合資会社高橋酒造店	東北泉 （とうほくいずみ）
	福島	松崎酒造店	廣戸川 （ひろとがわ）
		有限会社仁井田本家	穏 （おだやか）
		有限会社玄葉本店	あぶくま
		佐藤酒造株式会社	三春駒 （みはるこま）
		東日本酒造協業組合	奥の松 （おく まつ）
		鶴乃江酒造株式会社	会津中将 （あいづちゅうじょう）
		名倉山酒造株式会社	名倉山 （なぐらやま）
		末廣酒造株式会社　嘉永蔵	嘉永蔵大吟醸 （かえいぐら）
		合資会社大和川酒造店	弥右衛門 （やうえもん）
		ほまれ酒造株式会社	会津ほまれ （あいづ）
		國権酒造株式会社	國権 （こっけん）
		榮川酒造株式会社　磐梯工場	榮四郎 （えいしろう）
		榮川酒造合資会社	会津栄川 （あいづさかえがわ）
		末廣酒造株式会社　博士蔵	玄宰 （げんさい）
		合資会社白井酒造店	萬代芳 （ばんだいほう）

国税局	都道府県	製造場名	商標名
仙台	福島	豊国酒造合資会社	學十郎 (がくじゅうろう)
		曙酒造合資会社	一生青春 (いっしょうせいしゅん)
		合資会社喜多の華酒造場	大吟醸　きたのはな
関東信越	茨城	来福酒造株式会社	来福 (らいふく)
		青木酒造株式会社	御慶事 (ごけいじ)
		萩原酒造株式会社	徳正宗 (とくまさむね)
		磯蔵酒造有限会社	稲里 (いなさと)
		吉久保酒造株式会社	一品 (いっぴん)
		株式会社月の井酒造店	月の井 (つきのい)
		府中誉株式会社	府中誉 (ふちゅうほまれ)　渡舟 (わたりぶね)
		森島酒造株式会社	大観 (たいかん)
	栃木	惣譽酒造株式会社	惣譽 (そうほまれ)
		株式会社外池酒造店	燦爛 (さんらん)
		株式会社辻善兵衛商店	桜川 (さくらがわ)
		飯沼銘醸株式会社	杉並木 (すぎなみき)
		小林酒造株式会社	鳳凰美田 (ほうおうびでん)
		渡邉酒造株式会社	旭興 (きょくこう)
		菊の里酒造株式会社	大那 (だいな)
		第一酒造株式会社	開華 (かいか)
		西堀酒造株式会社	若盛 (わかざかり)　門外不出 (もんがいふしゅつ)
		株式会社松井酒造店	松の寿 (まつのことぶき)
	群馬	聖徳銘醸株式会社	鳳凰聖徳 (ほうおうせいとく)
		牧野酒造株式会社	大盃 (おおさかずき)
		浅間酒造株式会社　本社工場	浅間山 (あさまやま)
	埼玉	寒梅酒造株式会社	寒梅 (かんばい)
		株式会社釜屋	力士 (りきし)
		株式会社東亜酒造　平成蔵	晴菊 (はれぎく)
		株式会社文楽	文楽 (ぶんらく)
	新潟	越銘醸株式会社	越の鶴 (こしのつる)
		柏露酒造株式会社	柏露 (はくろ)
		池田屋酒造株式会社	謙信 (けんしん)
		千代の光酒造株式会社	千代の光 (ちよのひかり)
		原酒造株式会社　清澄蔵	越の誉 (こしのほまれ)
		原酒造株式会社　和醸蔵	越の誉
		新潟銘醸株式会社	長者盛 (ちょうじゃざかり)
		朝日酒造株式会社　朝日蔵	朝日山 (あさひやま)
		青木酒造株式会社	鶴齢 (かくれい)
		苗場酒造株式会社	苗場山 (なえばさん)
		樋木酒造株式会社	鶴の友 (つるのとも)
		株式会社越後酒造場	越乃八豊 (こしのはっぽう)

国税局	都道府県	製造場名	商標名
関東信越	新潟	峰乃白梅酒造株式会社	峰乃白梅 (みねのはくばい)
		菊水酒造株式会社　二王子蔵	菊水 (きくすい)
		株式会社マスカガミ	萬寿鏡 (ますかがみ)
		麒麟山酒造株式会社	麒麟山 (きりんざん)
	長野	株式会社酒千蔵野	川中島幻舞 (かわなかじまげんぶ)
		株式会社西飯田酒造店	信濃光 (しなのひかり)
		佐久の花酒造株式会社	佐久の花 (さくのはな)
		株式会社古屋酒造店	深山桜 (みやまざくら)
		諏訪大津屋本家酒造株式会社	ダイヤ菊 (きく)
		株式会社舞姫	信州舞姫 (しんしゅうまいひめ)
		宮坂醸造株式会社	真澄 (ますみ)
		喜久水酒造株式会社	喜久水 (きくすい)
		七笑酒造株式会社	七笑 (ななわらい)
		株式会社小野酒造店	夜明け前 (よあけまえ)
		美寿々酒造株式会社	美寿々 (みすず)
東京	千葉	東薫酒造株式会社	東薫 (とうくん)
		小泉酒造合資会社	東魁盛 (とうかいざかり)
	東京	野崎酒造株式会社	喜正 (きしょう)
		田村 半十郎	嘉泉 (かせん)
		小澤酒造株式会社	澤乃井 (さわのい)
	山梨	山梨銘醸株式会社	七賢 (しちけん)
金沢	富山	林酒造	林 (はやし)
	石川	株式会社小堀酒造店　森の吟醸蔵　白山	萬歳楽 (まんざいらく)
		宗玄酒造株式会社　平成蔵	宗玄 (そうげん)
		宗玄酒造株式会社　明和蔵	宗玄
	福井	株式会社一本義久保本店	一本義 (いっぽんぎ)
		三宅彦右衛門酒造有限会社	早瀬浦 (はやせうら)
名古屋	岐阜	株式会社小坂酒造場	百春 (ひゃくしゅん)
		中島醸造株式会社	始禄 (しろく)
	静岡	英君酒造株式会社	英君 (えいくん)
	愛知	金虎酒造株式会社	虎変 (こへん)
		丸一酒造株式会社	ほしいずみ
		中埜酒造株式会社　國盛蔵	國盛 (くにざかり)
		盛田株式会社　小鈴谷工場	金紋ねのひ (きんもん)
	三重	清水清三郎商店株式会社	鈴鹿川 (すずかがわ)
大阪	滋賀	竹内酒造株式会社	香の泉 (かのいづみ)
		多賀株式会社	多賀 (たが)
		喜多酒造株式会社	喜楽長 (きらくちょう)
		美冨久酒造株式会社	美冨久 (みふく)　大吟極醸 (だいぎんごくじょう)
	京都	佐々木酒造株式会社	聚樂第 (じゅらくだい)

国税局	都道府県	製造場名	商標名
大阪	京都	株式会社小山本家酒造　京都伏見工場	世界鷹
		月桂冠株式会社　昭和蔵	月桂冠
		株式会社北川本家	富翁
		月桂冠株式会社　大手二号蔵	月桂冠
	大阪	山野酒造株式会社	片野桜
		西條合資会社	天野酒
		有限会社北庄司酒造店	荘の郷
	兵庫	沢の鶴株式会社　乾蔵	沢の鶴
		沢の鶴株式会社　瑞宝蔵	沢の鶴
		宝酒造株式会社　白壁蔵	松竹梅
		白鶴酒造株式会社　旭蔵	白鶴
		白鶴酒造株式会社　本店三号工場	白鶴
		白鶴酒造株式会社　本店二号蔵	白鶴
		株式会社神戸酒心館　福寿蔵	福壽
		白鷹株式会社	白鷹
		辰馬本家酒造株式会社　六光蔵	黒松白鹿
		大関株式会社　恒和蔵	大関
		此の友酒造株式会社	但馬
		田中　康博	白鷺の城
		株式会社本田商店　尚龍蔵	龍力　米のささやき
		株式会社本田商店　親龍蔵	龍力　米のささやき
		山陽盃酒造株式会社	播州一献
		三宅酒造株式会社	菊の日本
		菊正宗酒造株式会社　菊栄蔵	菊正宗
	奈良	株式会社今西清兵衛商店	春鹿
		奈良豊澤酒造株式会社	豊祝
		今西酒造株式会社	三諸杉
		株式会社北岡本店	八咫烏
	和歌山	平和酒造株式会社	紀土
		株式会社世界一統	南方
広島	鳥取	株式会社稲田本店	稲田姫
	島根	隠岐酒造株式会社	隠岐誉
		吉田酒造株式会社	月山
		富士酒造合資会社	出雲富士
		簸上清酒合名会社	玉鋼
	岡山	宮下酒造株式会社	極聖
		菊池酒造株式会社	燦然
		白菊酒造株式会社	大典　白菊
		平喜酒造株式会社	喜平
	広島	三輪酒造株式会社	神雷

国税局	都道府県	製造場名	商標名
広島	広島	美和桜酒造有限会社	美和桜 (みわざくら)
		小野酒造株式会社	老亀 (おいがめ)
		株式会社三宅本店　呉宝庫	黒松　千福 (くろまつ　せんぷく)
		相原酒造株式会社	雨後の月 (うごのつき)
		中国醸造株式会社	酒将　一代　弥山 (しゅしょう　いちだい　みせん)
		亀齢酒造株式会社　第5号蔵	亀齢 (きれい)
		賀茂鶴酒造株式会社　御薗醸造蔵	特製金紋　賀茂鶴 (とくせいきんもん　かもつる)
		金光酒造合資会社	桜吹雪 (さくらふぶき)
	山口	酒井酒造株式会社	五橋 (ごきょう)
		金分銅酒造株式会社	金分銅 (きんふんどう)
高松	愛媛	酒六酒造株式会社	京ひな (きょう)
		石鎚酒造株式会社	石鎚 (いしづち)
		梅錦山川株式会社	梅錦 (うめにしき)
	高知	有限会社仙頭酒造場	土佐しらぎく (とさ)
		有限会社濵川商店	美丈夫 (びじょうふ)
		土佐鶴酒造株式会社　北大野工場　千寿蔵	土佐鶴 (とさつる)
		株式会社アリサワ	文佳人 (ぶんかじん)
		司牡丹酒造株式会社　第一製造場	司牡丹 (つかさぼたん)
		司牡丹酒造株式会社　第二製造場	司牡丹
福岡	福岡	大賀酒造株式会社	筑紫野 (ちくしの)
		合名会社山口酒造場	庭のうぐいす (にわ)
		株式会社みいの寿	三井の寿 (みい　ことぶき)
福岡	福岡	株式会社喜多屋	極醸　喜多屋 (ごくじょう　きたや)
		株式会社いそのさわ	磯乃澤 (いそのさわ)
	佐賀	有限会社馬場酒造場	能古見 (のごみ)
		瀬頭酒造株式会社	東長 (あずまちょう)
熊本	熊本	株式会社熊本県酒造研究所	香露 (こうろ)
	大分	株式会社久家本店	一の井手 (いち　いで)
	宮崎	雲海酒造株式会社　綾蔵	綾錦 (あやにしき)

平成28酒造年度全国新酒鑑評会　金賞酒

国税局	都道府県	製造場名	商標名
札幌	北海道	日本清酒株式会社　千歳鶴醸造所	千歳鶴
		国稀酒造株式会社	国稀
仙台	青森	株式会社西田酒造店	金冠喜久泉
		八戸酒類株式会社　五戸工場	如空
		桃川株式会社	桃川
	岩手	菊の司酒造株式会社	菊の司
		酔仙酒造株式会社　大船渡蔵	酔仙
		泉金酒造株式会社	龍泉八重桜
		有限会社月の輪酒造店	月の輪
		髙橋　良司	堀の井
		株式会社南部美人	南部美人
		株式会社南部美人　馬仙峡蔵	南部美人
		株式会社わしの尾	鷲の尾　結の香
		磐乃井酒造株式会社	磐乃井
	宮城	株式会社佐浦　矢本蔵	浦霞
		合資会社内ケ崎酒造店	鳳陽
		大和蔵酒造株式会社	雪の松島
		株式会社山和酒造店	わしが国・瞑想水
		株式会社中勇酒造店	天上夢幻
		株式会社佐浦	浦霞
		墨廼江酒造株式会社	墨廼江
		株式会社平孝酒造	日高見
		株式会社一ノ蔵　本社蔵	一ノ蔵
		株式会社一ノ蔵　金龍蔵	一ノ蔵
		金の井酒造株式会社	綿屋
		株式会社男山本店	蒼天伝　大吟醸
		株式会社角星	金紋両國　喜祥
		蔵王酒造株式会社	蔵王
		有限会社大沼酒造店	乾坤一
		合名会社川敬商店	黄金澤
		石越醸造株式会社	澤乃泉
		萩野酒造株式会社	萩の鶴
		千田酒造株式会社	栗駒山
		合名会社寒梅酒造	宮寒梅
	秋田	秋田醸造株式会社	ゆきの美人
		秋田酒類製造株式会社　御所野蔵	髙清水
		秋田酒造株式会社	酔楽天

国税局	都道府県	製造場名	商標名
仙台	秋田	株式会社那波商店	銀鱗 (ぎんりん)
		株式会社木村酒造	福小町 (ふくこまち)
		阿桜酒造株式会社	阿櫻 (あざくら)
		浅舞酒造株式会社	天の戸 (あまのと)
		株式会社齋彌酒造店	雪の茅舎 (ゆきのぼうしゃ)
		株式会社飛良泉本舗	飛良泉 (ひらいずみ)
		小玉醸造株式会社	太平山 (たいへいざん)
		福禄寿酒造株式会社	一白水成 (いっぱくすいせい)
		かづの銘酒株式会社	千歳盛 (ちとせざかり)
		日の丸醸造株式会社	まんさくの花 (はな)
		福乃友酒造株式会社	福乃友 (ふくのとも)
		出羽鶴酒造株式会社	出羽鶴 (でわつる)
		喜久水酒造合資会社	喜久水 (きくすい)
	山形	男山酒造株式会社	壺天 (こてん)
		有限会社秀鳳酒造場	秀鳳 (しゅうほう)
		鈴木酒造合資会社　豊龍蔵	銀嶺月山 (ぎんれいがっさん)
		出羽桜酒造株式会社　山形工場	出羽桜 (でわざくら)
		後藤　康太郎	羽陽錦爛 (うようきんらん)
		株式会社鈴木酒造店　長井蔵	一生幸福 (いっしょうこうふく)
		高木酒造株式会社	十四代 (じゅうよんだい)
		竹の露合資会社	白露垂珠 (はくろすいしゅ)
		加藤嘉八郎酒造株式会社	大山 (おおやま)
		冨士酒造株式会社	栄光冨士 (えいこうふじ)
		酒田酒造株式会社	上喜元 (じょうきげん)
		朝日川酒造株式会社	朝日川 (あさひかわ)
		和田酒造合資会社	あら玉月山丸 (たまがっさんまる)
		合名会社佐藤佐治右衛門	やまと桜 (ざくら)
		合資会社高橋酒造店	東北泉 (とうほくいずみ)
	福島	有限会社金水晶酒造店	金水晶 (きんすいしょう)
		松崎酒造店	廣戸川 (ひろとがわ)
		有限会社渡辺酒造本店	雪小町 (ゆきこまち)
		有限会社玄葉本店	あぶくま
		佐藤酒造株式会社	三春駒 (みはるごま)
		豊国酒造合資会社	東豊国 (あづまとよくに)
		人気酒造株式会社	人気一 (にんきいち)
		東日本酒造協業組合	奥の松 (おくのまつ)
		鶴乃江酒造株式会社	会津中将 (あいづちゅうじょう)
		名倉山酒造株式会社	名倉山 (なぐらやま)
		夢心酒造株式会社	夢心 (ゆめごころ)
		合資会社大和川酒造店	弥右衛門 (やうえもん)

国税局	都道府県	製造場名	商標名
仙台	福島	合資会社吉の川酒造店	会津吉の川
		合資会社喜多の華酒造場	大吟醸　きたのはな
		ほまれ酒造株式会社	会津ほまれ
		國権酒造株式会社	國権
		合資会社稲川酒造店	稲川
		榮川酒造株式会社　磐梯工場	榮四郎
		末廣酒造株式会社　博士蔵	玄宰
		合資会社白井酒造店	萬代芳
		曙酒造合資会社	一生青春
		合名会社四家酒造店	又兵衛
関東信越	茨城	来福酒造株式会社	来福
		青木酒造株式会社	御慶事
		結城酒造株式会社	結ゆい
		吉久保酒造株式会社	一品
		岡部合名会社	松盛
		府中誉株式会社	府中誉　渡舟
		合資会社廣瀬商店	白菊
		根本酒造株式会社	久慈の山
	栃木	株式会社島崎酒造	東力士
		片山酒造株式会社	柏盛
		惣譽酒造株式会社	惣譽
		株式会社外池酒造店	燦爛
		株式会社辻善兵衛商店	桜川
		飯沼銘醸株式会社	杉並木
		小林酒造株式会社	鳳凰美田
		渡邉酒造株式会社	旭興
		天鷹酒造株式会社	天鷹
		菊の里酒造株式会社	大那
		北関酒造株式会社	北冠
	群馬	土田酒造株式会社	誉国光
		株式会社町田酒造店	清嘹
	埼玉	石井酒造株式会社	富士初緑
		寒梅酒造株式会社	寒梅
		株式会社釜屋	力士
		松岡醸造株式会社	帝松
		横田酒造株式会社	日本橋
		株式会社文楽	文楽
	新潟	越銘醸株式会社	越の鶴
		柏露酒造株式会社	柏露
		河忠酒造株式会社	想天坊

国税局	都道府県	製造場名	商標名
関東信越	新潟	鮎正宗酒造株式会社	鮎正宗 (あゆまさむね)
		朝日酒造株式会社　松籟蔵	朝日山 (あさひやま)
		朝日酒造株式会社　朝日蔵	朝日山
		津南醸造株式会社	霧の塔 (きり とう)
		石本酒造株式会社	越乃寒梅 (こしのかんばい)
		尾畑酒造株式会社	真野鶴 (まのつる)
		大洋酒造株式会社	大洋盛 (たいようざかり)
		宮尾酒造株式会社	〆張鶴 (しめはりつる)
		雪椿酒造株式会社	越乃雪椿 (こしのゆきつばき)
		越後桜酒造株式会社	越後桜 (えちござくら)
		麒麟山酒造株式会社	麒麟山 (きりんざん)
	長野	株式会社酒千蔵野	川中島幻舞 (かわなかじまげんぶ)
		信州銘醸株式会社	秀峰喜久盛 (しゅうほうきくざかり)
		株式会社角口酒造店	北光正宗 (ほっこうまさむね)
		岩波酒造合資会社	岩波 (いわなみ)
		合名会社亀田屋酒造店	秀峰 (しゅうほう)　アルプス正宗 (まさむね)
		宮坂醸造株式会社　真澄　諏訪蔵	真澄 (ますみ)
		高天酒造株式会社	高天 (こうてん)
		株式会社豊島屋	神渡 (みわたり)
		喜久水酒造株式会社	喜久水 (きくすい)
		株式会社湯川酒造店	木曽路 (き そ じ)
東京	千葉	株式会社飯沼本家	甲子正宗 (きのえねまさむね)
		株式会社馬場本店酒造	海舟散人 (かいしゅうさんじん)
		小泉酒造合資会社	東魁盛 (とうかいざかり)
	東京	田村　半十郎	嘉泉 (かせん)
	山梨	井出　與五右衞門	甲斐の開運 (か い かいうん)
金沢	石川	株式会社加越	加賀ノ月 (か が の つき)
		数馬酒造株式会社	竹葉 (ちくは)
		宗玄酒造株式会社　平成蔵	宗玄 (そうげん)
	福井	常山酒造合資会社	常山 (じょうざん)
		黒龍酒造株式会社	黒龍 (こくりゅう)
		株式会社一本義久保本店	一本義 (いっぽんぎ)
名古屋	岐阜	有限会社舩坂酒造店	深山菊 (みやまぎく)
		天領酒造株式会社	天領 (てんりょう)
		中島醸造株式会社	始禄 (しろく)
	静岡	英君酒造株式会社	英君 (えいくん)
		三和酒造株式会社	臥龍梅 (がりゅうばい)
		株式会社志太泉酒造	志太泉 (しだいずみ)
		花の舞酒造株式会社	花の舞 (はな まい)
		株式会社土井酒造場	開運 (かいうん)

国税局	都道府県	製造場名	商標名
名古屋	愛知	丸石醸造株式会社	徳川家康
		金虎酒造株式会社	虎変
		浦野合資会社	菊石
		丸一酒造株式会社	ほしいずみ
		盛田金しゃち酒造株式会社	金鯱
		中埜酒造株式会社　國盛蔵	國盛
		内藤醸造株式会社	木曽三川
	三重	清水清三郎商店株式会社	鈴鹿川
		株式会社伊勢萬	おかげさま
		若戎酒造株式会社	若戎
		木屋正酒造合資会社	而今
		橋本 勝誠	俳聖　芭蕉
大阪	滋賀	浪乃音酒造株式会社	浪乃音
		松瀬酒造株式会社	松の司
		竹内酒造株式会社	香の泉
		多賀株式会社	多賀
		喜多酒造株式会社	喜楽長
		美冨久酒造株式会社	美冨久　大吟極醸
	京都	佐々木酒造株式会社	聚樂第
		月桂冠株式会社　内蔵	月桂冠
		株式会社小山本家酒造　京都伏見工場	世界鷹
		月桂冠株式会社　昭和蔵	月桂冠
		株式会社北川本家	富翁
		宝酒造株式会社　伏見工場	松竹梅
		月桂冠株式会社　大手一号蔵	月桂冠
		月桂冠株式会社　大手二号蔵	月桂冠
	大阪	寿酒造株式会社　本社工場	國乃長
		山野酒造株式会社	片野桜
		西條合資会社	天野酒
	兵庫	沢の鶴株式会社　乾蔵	沢の鶴
		沢の鶴株式会社　瑞宝蔵	沢の鶴
		菊正宗酒造株式会社　菊栄蔵	菊正宗
		白鶴酒造株式会社　旭蔵	白鶴
		白鶴酒造株式会社　本店二号蔵	白鶴
		株式会社神戸酒心館　福寿蔵	福壽
		大関株式会社　恒和蔵	大関
		大関株式会社　寿蔵	大関
		黄桜株式会社　丹波工場	黄桜
		鳳鳴酒造株式会社　味間工場	鳳鳴
		此の友酒造株式会社	但馬

国税局	都道府県	製造場名	商標名
大阪	兵庫	壹坂酒造株式会社	雪彦山 (せっぴこざん)
		山陽盃酒造株式会社	播州一献 (ばんしゅういっこん)
	奈良	今西酒造株式会社	三諸杉 (みむろすぎ)
		長龍酒造株式会社　広陵蔵	長龍 (ちょうりょう)
		中谷酒造株式会社	萬穣 (ばんじょう)
		北村酒造株式会社	猩々 (しょうじょう)
	和歌山	平和酒造株式会社	紀土 (きっど)
		株式会社名手酒造店	一掴 (ひとつかみ)
広島	島根	吉田酒造株式会社	月山 (がっさん)
	岡山	宮下酒造株式会社	極聖 (きわみひじり)
		白菊酒造株式会社	大典 白菊 (たいてん しらぎく)
		平喜酒造株式会社	喜平 (きへい)
	広島	三輪酒造株式会社	神雷 (しんらい)
		株式会社三宅本店　呉宝庫	黒松 千福 (くろまつ せんぷく)
		株式会社三宅本店　吾妻庫	黒松 千福
		相原酒造株式会社	雨後の月 (うごのつき)
		賀茂鶴酒造株式会社　2号蔵	特製金紋 賀茂鶴 (とくせいきんもん かもつる)
		賀茂鶴酒造株式会社　御薗醸造蔵	特製金紋 賀茂鶴
		白牡丹酒造株式会社　万年庫	芳華金紋 白牡丹 (ほうかきんもん はくぼたん)
		金光酒造合資会社	桜吹雪 (さくらふぶき)
	山口	酒井酒造株式会社	五橋 (ごきょう)
		株式会社中島屋酒造場	金紋 寿 (きんもん ことぶき)
高松	徳島	日新酒類株式会社太閤酒造場	瓢太閤 (ひさごたいこう)
	香川	綾菊酒造株式会社	綾菊 (あやぎく)
		西野金陵株式会社　多度津蔵	金陵 (きんりょう)
		川鶴酒造株式会社	川鶴 (かわつる)
	愛媛	酒六酒造株式会社	京ひな (きょうひな)
		石鎚酒造株式会社	石鎚 (いしづち)
		株式会社八木酒造部	山丹正宗 (やまたんまさむね)
	高知	有限会社濵川商店	美丈夫 (びじょうふ)
		土佐鶴酒造株式会社　北大野工場　千寿蔵	土佐鶴 (とさつる)
		土佐鶴酒造株式会社　北大野工場　天平蔵	土佐鶴
		株式会社アリサワ	文佳人 (ぶんかじん)
		司牡丹酒造株式会社　第一製造場	司牡丹 (つかさぼたん)
福岡	福岡	合名会社山口酒造場	庭のうぐいす (にわ)
		株式会社みいの寿	三井の寿 (みい ことぶき)
	佐賀	富久千代酒造有限会社	鍋島 (なべしま)
		瀬頭酒造株式会社	東長 (あずまちょう)
		小松酒造株式会社	万齢 (まんれい)
熊本	大分	株式会社久家本店	一の井手 (いち いで)

国税局	都道府県	製造場名	商標名
熊本	大分	藤居酒造株式会社	龍梅
		老松酒造株式会社	山水
		佐藤酒造株式会社	久住千羽鶴
		八鹿酒造株式会社　笑門蔵	八鹿
	宮崎	千徳酒造株式会社	千徳

平成29酒造年度全国新酒鑑評会　金賞酒

国税局	都道府県	製造場名	商標名
札幌	北海道	日本清酒株式会社　千歳鶴醸造所	千歳鶴
		国稀酒造株式会社	国稀
		合同酒精株式会社 旭川工場 大雪乃蔵	大雪乃蔵 鳳雪
		男山株式会社	男山
仙台	青森	鳩正宗株式会社	鳩正宗 吟麗
		六花酒造株式会社	じょっぱり
		株式会社西田酒造店	金冠喜久泉
		八戸酒類株式会社 五戸工場	如空
		桃川株式会社	桃川
	岩手	酔仙酒造株式会社 大船渡蔵	酔仙
		株式会社浜千鳥	浜千鳥
		泉金酒造株式会社	龍泉八重桜
		有限会社月の輪酒造店	月の輪
		株式会社南部美人	南部美人
		株式会社南部美人 馬仙峡蔵	南部美人
		株式会社福来	福来
		岩手銘醸株式会社	岩手誉
		株式会社あさ開	あさ開
	宮城	株式会社佐浦 矢本蔵	浦霞
		大和蔵酒造株式会社	雪の松島
		株式会社山和酒造店	わしが国・瞑想水
		株式会社中勇酒造店	天上夢幻
		阿部勘酒造株式会社	阿部勘
		墨廼江酒造株式会社	墨廼江
		株式会社平孝酒造	日高見
		株式会社一ノ蔵 金龍蔵	一ノ蔵
		株式会社男山本店	蒼天伝 大吟醸
		株式会社角星	金紋両國 喜祥
		合名会社川敬商店	黄金澤
		千田酒造株式会社	栗駒山
		合名会社寒梅酒造	宮寒梅
	秋田	秋田醸造株式会社	ゆきの美人
		秋田酒類製造株式会社 御所野蔵	髙清水
		秋田酒造株式会社	酔楽天
		両関酒造株式会社	両関
		秋田銘醸株式会社 本社工場	爛漫
		株式会社木村酒造	福小町
		阿桜酒造株式会社	阿櫻

国税局	都道府県	製造場名	商標名
仙台	秋田	株式会社齋彌酒造店	雪の茅舎
		天寿酒造株式会社	天壽
		喜久水	喜久水
		株式会社飛良泉本舗	飛良泉
		福禄寿酒造株式会社	一白水成
		刈穂酒造株式会社	刈穂
	山形	男山酒造株式会社	壺天
		寿虎屋酒造株式会社 寿久蔵	寿久蔵
		高木酒造株式会社	十四代
		株式会社小屋酒造	花羽陽
		竹の露合資会社	白露垂珠
		冨士酒造株式会社	栄光冨士
		酒田酒造株式会社	上喜元
		菊勇株式会社	栄冠菊勇
		鯉川酒造株式会社	鯉川
		合資会社杉勇蕨岡酒造場	杉勇
		合資会社高橋酒造店	東北泉
	福島	有限会社金水晶酒造店	金水晶
		松崎酒造店	廣戸川
		有限会社渡辺酒造本店	雪小町
		佐藤酒造株式会社	三春駒
		豊国酒造合資会社	東豊国
		人気酒造株式会社	人気一
		東日本酒造協業組合	奥の松
		鶴乃江酒造株式会社	会津中将
		名倉山酒造株式会社	名倉山
		宮泉銘醸株式会社	会津宮泉
		合資会社大和川酒造店	弥右衛門
		笹正宗酒造株式会社	笹正宗
		國権酒造株式会社	國権
		会津酒造株式会社	田島
		榮川酒造株式会社 磐梯工場	榮四郎
		合資会社白井酒造店	萬代芳
		豊国酒造合資会社	學十郎
		曙酒造合資会社	一生青春
		合名会社四家酒造店	又兵衛
関東信越	茨城	結城酒造株式会社	結ゆい
		株式会社月の井酒造店	月の井
		岡部合名会社	松盛
		府中誉株式会社	府中誉 渡舟

国税局	都道府県	製造場名	商標名
関東信越	茨城	株式会社宏和商工 日立酒造工場	二人舞台 （ふたりぶたい）
		根本酒造株式会社	久慈の山 （くじのやま）
		稲葉酒造	すてら
	栃木	株式会社虎屋本店	菊 （きく）
		惣譽酒造株式会社	惣譽 （そうほまれ）
		株式会社外池酒造店	燦爛 （さんらん）
		株式会社辻善兵衛商店	桜川 （さくらがわ）
		渡邉酒造株式会社	旭興 （きょくこう）
		北関酒造株式会社	北冠 （ほっかん）
		株式会社井上清吉商店	澤姫 （さわひめ）
		株式会社富川酒造店	富美川 （とみかわ）
		株式会社松井酒造店	松の寿 （まつのことぶき）
	群馬	聖徳銘醸株式会社	鳳凰聖徳 （ほうおうせいとく）
		近藤酒造株式会社	赤城山 （あかぎさん）
		浅間酒造株式会社 第二工場	秘幻 （ひげん）
		永井酒造株式会社	水芭蕉 （みずばしょう）
		株式会社町田酒造店	清嘹 （せいりょう）
	埼玉	株式会社釜屋	力士 （りきし）
		横田酒造株式会社	日本橋 （にほんばし）
		北西酒造株式会社	文楽 （ぶんらく）
	新潟	河忠酒造株式会社	想天坊 （そうてんぼう）
		鮎正宗酒造株式会社	鮎正宗 （あゆまさむね）
		原酒造株式会社 和醸蔵	越の誉 （こしのほまれ）
		高の井酒造株式会社	たかの井 （い）
		頚城酒造株式会社	越路乃紅梅 （こしじのこうばい）
		八海醸造株式会社	八海山 （はっかいさん）
		苗場酒造株式会社	苗場山 （なえばさん）
		石本酒造株式会社	越乃寒梅 （こしのかんばい）
		株式会社DHC酒造	越乃梅里 大吟醸 （こしのばいり）
		尾畑酒造株式会社	真野鶴 （まのつる）
		大洋酒造株式会社	大洋盛 （たいようざかり）
		雪椿酒造株式会社	越乃雪椿 （こしのゆきつばき）
		越後桜酒造株式会社	越後桜 （えちござくら）
		麒麟山酒造株式会社	麒麟山 （きりんざん）
	長野	株式会社よしのや	西之門 （にしのもん）
		株式会社古屋酒造店	深山桜 （みやまざくら）
		株式会社土屋酒造店	亀の海 （かめのうみ）
		岡崎酒造株式会社	亀齢 （きれい）
		信州銘醸株式会社	秀峰喜久盛 （しゅうほうきくざかり）
		株式会社高橋助作酒造店	松尾 （まつお）

国税局	都道府県	製造場名	商標名
関東信越	長野	株式会社田中屋酒造店	水尾
		宮坂醸造株式会社 真澄 諏訪蔵	真澄
		高天酒造株式会社	高天
		漆戸醸造株式会社	井乃頭
		西尾酒造株式会社	木曽の桟
		大雪渓酒造株式会社	大雪渓
東京	千葉	株式会社馬場本店酒造	海舟散人
		亀田酒造株式会社	寿萬亀
		小泉酒造合資会社	東魁盛
		吉野酒造株式会社	腰古井
		東灘醸造株式会社	東灘
	神奈川	黄金井酒造株式会社	盛升
		井上酒造株式会社	箱根山
	山梨	山梨銘醸株式会社	七賢
金沢	富山	立山酒造株式会社 第一工場	立山
		立山酒造株式会社 第三工場	立山
	石川	中村酒造株式会社	日榮
		宗玄酒造株式会社 平成蔵	宗玄
		宗玄酒造株式会社 明和蔵	宗玄
	福井	黒龍酒造株式会社 正龍蔵	黒龍
名古屋	岐阜	恵那醸造株式会社	鯨波
		奥飛騨酒造株式会社	奥飛騨
		中島醸造株式会社	始禄
	静岡	株式会社志太泉酒造	志太泉
		花の舞酒造株式会社	花の舞
		株式会社土井酒造場	開運
	愛知	金虎酒造株式会社	虎変
		東春酒造株式会社	東龍
		浦野合資会社	菊石
		中埜酒造株式会社 國盛蔵	國盛
		澤田酒造株式会社	白老
		勲碧酒造株式会社	勲碧
	三重	株式会社宮﨑本店	宮の雪
		清水清三郎商店株式会社	鈴鹿川
		丸彦酒造株式会社	三重の寒梅
		若戎酒造株式会社	若戎
大阪	滋賀	松瀬酒造株式会社	松の司
		竹内酒造株式会社	香の泉
		喜多酒造株式会社	喜楽長
	京都	月桂冠株式会社 内蔵	月桂冠

国税局	都道府県	製造場名	商標名
大阪	京都	株式会社小山本家酒造 京都伏見工場	世界鷹
		黄桜株式会社 三栖蔵	黄桜
		黄桜株式会社 伏水蔵	黄桜
		月桂冠株式会社 昭和蔵	月桂冠
		宝酒造株式会社 伏見工場	松竹梅
		月桂冠株式会社 大手一号蔵	月桂冠
		月桂冠株式会社 大手二号蔵	月桂冠
	大阪	寿酒造株式会社 本社工場	國乃長
		西條合資会社	天野酒
		浪花酒造有限会社	浪花正宗
	兵庫	沢の鶴株式会社 乾蔵	沢の鶴
		沢の鶴株式会社 瑞宝蔵	沢の鶴
		菊正宗酒造株式会社 嘉宝蔵五番	菊正宗
		菊正宗酒造株式会社 菊栄蔵	菊正宗
		宝酒造株式会社 白壁蔵	松竹梅
		白鶴酒造株式会社 旭蔵	白鶴
		白鶴酒造株式会社 本店三号工場	白鶴
		株式会社神戸酒心館 福寿蔵	福壽
		泉酒造株式会社 喜卯蔵	仙介
		日本盛株式会社 本蔵	日本盛
		大関株式会社 恒和蔵	大関
		大関株式会社 寿蔵	大関
		小西酒造株式会社 富士山蔵	白雪
		黄桜株式会社 丹波工場	黄桜
		株式会社西山酒造場	小鼓
		此の友酒造株式会社	但馬
		株式会社本田商店 尚龍蔵	龍力　米のささやき
		壺坂酒造株式会社	雪彦山
		江井ヶ嶋酒造株式会社	神鷹
	奈良	奈良豊澤酒造株式会社	豊祝
		今西酒造株式会社	三諸杉
		梅乃宿酒造株式会社	梅乃宿
		北村酒造株式会社	猩々
	和歌山	平和酒造株式会社	紀土
		株式会社名手酒造店	一掴
広島	島根	隠岐酒造株式会社	隠岐誉
		李白酒造有限会社	李白
		吉田酒造株式会社	月山
		富士酒造合資会社	出雲富士
		株式会社右田本店	宗味

国税局	都道府県	製造場名	商標名
広島	岡山	利守酒造株式会社	酒一筋
		宮下酒造株式会社	極聖
		白菊酒造株式会社	大典　白菊
		平喜酒造株式会社	喜平
	広島	美和桜酒造有限会社	美和桜
		相原酒造株式会社	雨後の月
		賀茂鶴酒造株式会社 2号蔵	特製金紋　賀茂鶴
		賀茂鶴酒造株式会社 8号蔵	特製金紋　賀茂鶴
		亀齢酒造株式会社 第5号蔵	亀齢
		白牡丹酒造株式会社 千寿庫	芳華金紋　白牡丹
		金光酒造合資会社	桜吹雪
高松	徳島	日新酒類株式会社太閤酒造場	瓢太閤
	香川	西野金陵株式会社 多度津蔵	金陵
		西野金陵株式会社 八幡蔵	金陵
	愛媛	栄光酒造株式会社	酒仙　栄光
		石鎚酒造株式会社	石鎚
		株式会社八木酒造部	山丹正宗
		梅錦山川株式会社	梅錦
	高知	高木酒造株式会社	豊能梅
		有限会社濱川商店	美丈夫
		土佐鶴酒造株式会社 北大野工場 千寿蔵	土佐鶴
		土佐鶴酒造株式会社 北大野工場 天平蔵	土佐鶴
		株式会社アリサワ	文佳人
		司牡丹酒造株式会社 第一製造場	司牡丹
		有限会社西岡酒造店	純平
福岡	福岡	株式会社小林酒造本店	萬代
		大賀酒造株式会社	筑紫野
		合名会社山口酒造場	庭のうぐいす
		株式会社喜多屋	極醸　喜多屋
		菊美人酒造株式会社	菊美人
	佐賀	大和酒造株式会社	肥前杜氏
		瀬頭酒造株式会社	東長
	長崎	河内酒造合名会社	白嶽
熊本	宮崎	雲海酒造株式会社 綾蔵	登喜一

平成30酒造年度全国新酒鑑評会　金賞酒

国税局	都道府県	製造場名	商標名
札幌	北海道	日本清酒株式会社　千歳鶴醸造所	千歳鶴 (ちとせつる)
		男山株式会社	男山 (おとこやま)
		福司酒造株式会社	福司 (ふくつかさ)
仙台	青森	鳩正宗株式会社	鳩正宗　吟麗 (はとまさむね　ぎんれい)
		株式会社鳴海醸造店	稲村屋文四郎 (いなむらやぶんしろう)
		株式会社西田酒造店	金冠喜久泉 (きんかんきくいずみ)
		八戸酒類株式会社　五戸工場	如空 (じょくう)
		桃川株式会社	桃川 (ももかわ)
	岩手	株式会社浜千鳥	浜千鳥 (はまちどり)
		有限会社月の輪酒造店	月の輪 (つきのわ)
		高橋　良司	堀の井 (ほりのい)
		株式会社南部美人　馬仙峡蔵	南部美人 (なんぶびじん)
		株式会社わしの尾	鷲の尾　結の香 (わしのお　ゆいのか)
		株式会社あさ開	あさ開 (びらき)
	宮城	株式会社佐浦　矢本蔵	浦霞 (うらかすみ)
		株式会社山和酒造店	わしが国・瞑想水 (くに・めいそうすい)
		株式会社中勇酒造店	天上夢幻 (てんじょうむげん)
		株式会社佐浦	浦霞 (うらかすみ)
		阿部勘酒造株式会社	阿部勘 (あべかん)
		株式会社平孝酒造	日高見 (ひたかみ)
		株式会社一ノ蔵　本社蔵	一ノ蔵 (いちのくら)
		有限会社大沼酒造店	乾坤一
		合名会社川敬商店	黄金澤 (けんこんいち)
		石越醸造株式会社	澤乃泉 (さわのいずみ)
		千田酒造株式会社	栗駒山 (くりこまやま)
		合名会社寒梅酒造	宮寒梅 (みやかんばい)
		株式会社　新澤醸造店　川崎蔵	あたごのまつ
	秋田	秋田酒類製造株式会社　本社蔵	髙清水 (たかしみず)
		秋田酒類製造株式会社　御所野蔵	髙清水 (たかしみず)
		秋田酒造株式会社	酔楽天 (すいらくてん)
		株式会社那波商店	銀鱗 (ぎんりん)
		両関酒造株式会社	両関 (りょうぜき)
		秋田銘醸株式会社　本社工場	爛漫 (らんまん)
		株式会社木村酒造	福小町 (ふくこまち)
		秋田県醗酵工業株式会社	一滴千両 (いってきせんりょう)
		阿桜酒造株式会社	阿櫻 (あざくら)
		浅舞酒造株式会社	天の戸 (あまのと)
		合名会社鈴木酒造店	秀よし (ひで)

国税局	都道府県	製造場名	商標名
仙台	秋田	株式会社齋彌酒造店	雪の茅舎 ゆきのぼうしゃ
		天寿酒造株式会社	天壽 てんじゅ
		株式会社北鹿	北鹿 ほくしか
		小玉醸造株式会社	太平山 たいへいざん
		福禄寿酒造株式会社	一白水成 いっぱくすいせい
		合名会社栗林酒造店	春霞 はるかすみ
		福乃友酒造株式会社	福乃友 ふくのとも
	山形	出羽桜酒造株式会社　山形蔵	出羽桜 でわざくら
		株式会社小嶋総本店	東光 とうこう
		東の麓酒造有限会社	東の麓 あづまふもと
		高木酒造株式会社	十四代 じゅうよんだい
		亀の井酒造株式会社	くどき上手 くどきじょうず
		竹の露合資会社	白露垂珠 はくろすいしゅ
		株式会社渡會本店	出羽ノ雪　酒のいのち でわのゆき　ささ
		酒田酒造株式会社	上喜元 じょうきげん
		菊勇株式会社	栄冠菊勇 えいかんきくいさみ
		東北銘醸株式会社	初孫 はつまご
		朝日川酒造株式会社	朝日川 あさひかわ
		和田酒造合資会社	あら玉月山丸 たまがっさんまる
		松山酒造株式会社	松嶺の富士 まつみね　ふじ
	福島	有限会社金水晶酒造店	金水晶 きんすいしょう
		株式会社寿々乃井酒造店	寿々乃井 すずのい
		松崎酒造株式会社	廣戸川 ひろとがわ
		有限会社渡辺酒造本店	雪小町 ゆきこまち
		たに川酒造株式会社	さかみずき
		有限会社玄葉本店	あぶくま
		佐藤酒造株式会社	三春駒 みはるこま
		豊国酒造合資会社	東豊国 あづまとよくに
		東日本酒造協業組合	奥の松 おくまつ
		鶴乃江酒造株式会社	会津中将 あいづちゅうじょう
		名倉山酒造株式会社	名倉山 なぐらやま
		末廣酒造株式会社　嘉永蔵	嘉永蔵大吟醸 かえいくらだいぎんじょう
		宮泉銘醸株式会社	会津宮泉 あいずみやいずみ
		合資会社吉の川酒造店	会津吉の川 あいづよしかわ
		合資会社喜多の華酒造場	大吟醸　きたのはな だいぎんじょう
		國権酒造株式会社	國権 こっけん
		渡部　謙一	開當男山 かいとうおとこやま
		会津酒造株式会社	田島 たじま
		合資会社稲川酒造店	稲川 いながわ
		榮川酒造株式会社　磐梯工場	榮四郎 えいしろう

国税局	都道府県	製造場名	商標名
仙台	福島	合資会社白井酒造店	萬代芳 ばんだいほう
		豊国酒造合資会社	學十郎 がくじゅうろう
関東信越	茨城	合資会社浦里酒造店	霧筑波 きりつくば
		稲葉酒造	すてら
		青木酒造株式会社	御慶事 ごけいじ
		磯蔵酒造有限会社	稲里 いなさと
		明利酒類株式会社	副将軍 ふくしょうぐん
		愛友酒造株式会社	愛友 あいゆう
		岡部合名会社	松盛 まつざかり
		府中誉株式会社	渡舟 わたりぶね
		合資会社廣瀬商店	白菊 しらぎく
		合資会社椎名酒造店	富久心 ふくごころ
		森島酒造株式会社	富士大観 ふじたいかん
		根本酒造株式会社	久慈の山 くじのやま
	栃木	株式会社虎屋本店	七水 しちすい
		惣譽酒造株式会社	惣譽 そうほまれ
		株式会社外池酒造店	燦爛 さんらん
		株式会社辻善兵衛商店	桜川 さくらがわ
		小林酒造株式会社	鳳凰美田 ほうおうびでん
		渡邉酒造株式会社	旭興 きょくこう
		第一酒造株式会社	開華 かいか
		北関酒造株式会社	北冠 ほっかん
		西堀酒造株式会社	若盛 わかざかり　門外不出 もんがいふしゅつ
		株式会社井上清吉商店	澤姫 さわひめ
		株式会社富川酒造店	忠愛 ちゅうあい
	群馬	聖徳銘醸株式会社	鳳凰聖徳 ほうおうせいとく
		島岡酒造株式会社	群馬泉 ぐんまいずみ
		近藤酒造株式会社	赤城山 あかぎさん
		貴娘酒造株式会社	貴娘 きむすめ
		浅間酒造株式会社　第二工場	秘幻 ひげん
		永井酒造株式会社	水芭蕉 みずばしょう
		株式会社町田酒造店	清嘹 せいりょう
	埼玉	株式会社釜屋	力士 りきし
		小江戸鏡山酒造株式会社	鏡山 かがみやま
		松岡醸造株式会社	帝松 みかどまつ
		五十嵐酒造株式会社	天覧山 てんらんざん
		北西酒造株式会社	文楽 ぶんらく
	新潟	河忠酒造株式会社	想天坊 そうてんぼう
		株式会社丸山酒造場	雪中梅 せっちゅうばい
		妙高酒造株式会社	妙高山 みょうこうざん

国税局	都道府県	製造場名	商標名
関東信越	新潟	原酒造株式会社	越の誉
		頚城酒造株式会社	越路乃紅梅
		朝日酒造株式会社　朝日蔵	久保田
		高千代酒造株式会社	高千代
		苗場酒造株式会社	苗場山
		石本酒造株式会社	越乃寒梅
		株式会社越後酒造場	越乃八豊
		尾畑酒造株式会社	真野鶴
		宮尾酒造株式会社	〆張鶴
		雪椿酒造株式会社	越乃雪椿
		越後桜酒造株式会社	越後桜
		麒麟山酒造株式会社	麒麟山
	長野	株式会社酒千蔵野	川中島幻舞
		佐久の花酒造株式会社	佐久の花
		千曲錦酒造株式会社	千曲錦
		株式会社古屋酒造店	深山桜
		信州銘醸株式会社	秀峰喜久盛
		株式会社田中屋酒造店	水尾
		宮坂醸造株式会社　真澄　諏訪蔵	真澄
		高天酒造株式会社	高天
		株式会社豊島屋	神渡
		喜久水酒造株式会社	喜久水
		合資会社丸永酒造場	高波
		株式会社湯川酒造店	木曽路
		ＥＨ酒造株式会社	酔園
		大雪渓酒造株式会社	大雪渓
東京	千葉	株式会社飯沼本家	甲子正宗
		東薫酒造株式会社	東薫
		小泉酒造合資会社	東魁盛
	東京	豊島屋酒造株式会社	金婚正宗
		石川酒造株式会社	多満自慢
	山梨	井出　與五右衞門	甲斐の開運
金沢	富山	林酒造	林
		若鶴酒造株式会社　鶴庫	若鶴
		立山酒造株式会社　第三工場	立山
	石川	株式会社加越	加賀ノ月
		株式会社車多酒造	天狗舞
		宗玄酒造株式会社　平成蔵	宗玄
	福井	常山酒造合資会社	常山
		株式会社一本義久保本店	一本義

国税局	都道府県	製造場名	商標名
名古屋	岐阜	株式会社小坂酒造場	百春 （ひゃくしゅん）
		合資会社山田商店	玉柏 （たまかしわ）
		白扇酒造株式会社	花美蔵 （はなみくら）
		天領酒造株式会社	天領 （てんりょう）
	静岡	静岡平喜酒造株式会社	喜平　静岡蔵 （きへい　しずおかぐら）
		株式会社志太泉酒造	志太泉 （しだいずみ）
		花の舞酒造株式会社	花の舞 （はなまい）
		株式会社土井酒造場	開運 （かいうん）
	愛知	金虎酒造株式会社	虎変 （こへん）
		丸一酒造株式会社	ほしいずみ
		盛田金しゃち酒造株式会社	金鯱 （きんしゃち）
		中埜酒造株式会社　國盛蔵	國盛 （くにざかり）
		盛田株式会社　小鈴谷工場	金紋ねのひ （きんもん）
	三重	株式会社宮﨑本店	宮の雪 （みや ゆき）
		株式会社伊勢萬	おかげさま
		若戎酒造株式会社	若戎 （わかえびす）
大阪	滋賀	浪乃音酒造株式会社	浪乃音 （なみのおと）
		松瀬酒造株式会社	松の司 （まつ つかさ）
		竹内酒造株式会社	香の泉 （か いずみ）
		喜多酒造株式会社	喜楽長 （きらくちょう）
	京都	佐々木酒造株式会社	聚樂第 （じゅらくだい）
		月桂冠株式会社　内蔵	月桂冠 （げっけいかん）
		株式会社小山本家酒造　京都伏見工場	世界鷹 （せかいたか）
		黄桜株式会社　本店蔵	黄桜 （きざくら）
		月桂冠株式会社　昭和蔵	月桂冠 （げっけいかん）
		宝酒造株式会社　伏見工場	松竹梅 （しょうちくばい）
		月桂冠株式会社　大手一号蔵	月桂冠 （げっけいかん）
		月桂冠株式会社　大手二号蔵	月桂冠 （げっけいかん）
	大阪	山野酒造株式会社	片野桜 （かたのさくら）
		西條合資会社	天野酒 （あまのさけ）
		浪花酒造有限会社	浪花正宗 （なにわまさむね）
	兵庫	沢の鶴株式会社　瑞宝蔵	沢の鶴 （さわ つる）
		櫻正宗株式会社　櫻喜蔵	櫻正宗 （さくらまさむね）
		菊正宗酒造株式会社　嘉宝蔵五番	菊正宗 （きくまさむね）
		宝酒造株式会社　白壁蔵	松竹梅 （しょうちくばい）
		白鶴酒造株式会社　旭蔵	白鶴 （はくつる）
		株式会社神戸酒心館　福寿蔵	福壽 （ふくじゅ）
		辰馬本家酒造株式会社　六光蔵	黒松白鹿 （くろまつはくしか）
		大関株式会社　恒和蔵	大関 （おおぜき）
		大関株式会社　寿蔵	大関 （おおぜき）

国税局	都道府県	製造場名	商標名
大阪	兵庫	株式会社西山酒造場	小鼓
		此の友酒造株式会社	但馬
		灘菊酒造株式会社　甲蔵	酒造之助
		田中酒造場	白鷺の城
		株式会社本田商店　尚龍蔵	龍力　米のささやき
		江井ヶ嶋酒造株式会社	神鷹
		神結酒造株式会社	神結
	奈良	奈良豊澤酒造株式会社	豊祝
		稲田酒造合名会社	黒松稲天
		今西酒造株式会社	三諸杉
		長龍酒造株式会社　広陵蔵	長龍
	和歌山	株式会社名手酒造店	一掴
広島	島根	隠岐酒造株式会社	隠岐誉
		李白酒造有限会社	李白
	岡山	宮下酒造株式会社	極聖
		熊屋酒造有限会社	伊七
		平喜酒造株式会社	喜平
	広島	美和桜酒造有限会社	美和桜
		株式会社三宅本店　呉宝庫	黒松　千福
		株式会社三宅本店　吾妻庫	黒松　千福
		相原酒造株式会社	雨後の月
		林酒造株式会社	三谷春
		中国醸造株式会社	酒将　一代　弥山
		賀茂鶴酒造株式会社　2号蔵	特製金紋　賀茂鶴
		金光酒造合資会社	桜吹雪
高松	徳島	日新酒類株式会社太閤酒造場	瓢太閤
	愛媛	栄光酒造株式会社	酒仙　栄光
		石鎚酒造株式会社	石鎚
		株式会社八木酒造部	山丹正宗
	高知	土佐鶴酒造株式会社　北大野工場　千寿蔵	土佐鶴
		有限会社南酒造場	南
		株式会社アリサワ	文佳人
福岡	福岡	株式会社小林酒造本店	萬代
		合名会社山口酒造場	庭のうぐいす
		株式会社みいの寿	三井の寿
		山の壽酒造株式会社	山の壽
	長崎	福田酒造株式会社	福鶴・長﨑美人
熊本	熊本	瑞鷹株式会社　川尻本蔵	瑞鷹
	宮崎	千徳酒造株式会社	千徳

令和２酒造年度全国新酒鑑評会　金賞酒

国税局	都道府県	製造場名	商標名
札幌	北海道	日本清酒株式会社　千歳鶴醸造所	千歳鶴 ちとせつる
		国稀酒造株式会社	国稀 くにまれ
		男山株式会社	男山 おとこやま
		福司酒造株式会社	福司 ふくつかさ
仙台	青森	株式会社鳴海醸造店	稲村屋文四郎 いなむらやぶんしろう
		株式会社松緑酒造	六根 ろっこん
		株式会社西田酒造店	金冠喜久泉 きんかんきくいずみ
		八戸酒類株式会社　五戸工場	如空 じょくう
	岩手	株式会社桜顔酒造	桜顔 さくらがお
		赤武酒造株式会社　復活蔵	AKABU あかぶ
		泉金酒造株式会社	龍泉八重桜 りゅうせんやえざくら
		株式会社あさ開	あさ開 びらき
	宮城	株式会社佐浦　矢本蔵	浦霞 うらかすみ
		合資会社内ケ崎酒造店	鳳陽 ほうよう
		株式会社中勇酒造店	天上夢幻 てんじょうむげん
		株式会社平孝酒造	日高見 ひたかみ
		株式会社一ノ蔵　金龍蔵	一ノ蔵 いちのくら
		株式会社男山本店	蒼天伝　大吟醸 そうてんでん　だいぎんじょう
		蔵王酒造株式会社	蔵王 ざおう
		合名会社寒梅酒造	宮寒梅 みやかんばい
	秋田	秋田酒類製造株式会社　本社蔵	高清水 たかしみず
		秋田酒類製造株式会社　御所野蔵	高清水 たかしみず
		株式会社木村酒造	福小町 ふくこまち
		合名会社鈴木酒造店	秀よし ひで
		株式会社齋彌酒造店	雪の茅舎 ゆき　ぼうしゃ
		株式会社佐藤酒造店	出羽の冨士 でわ　ふじ
		天寿酒造株式会社	天壽 てんじゅ
		株式会社北鹿	北鹿 ほくしか
		株式会社飛良泉本舗	飛良泉 ひらいずみ
		福禄寿酒造株式会社	一白水成 いっぱくすいせい
		日の丸醸造株式会社	まんさくの花 はな
		刈穂酒造株式会社	刈穂 かりほ
		福乃友酒造株式会社	福乃友 ふくのとも
	山形	男山酒造株式会社	壺天 こてん
		寿虎屋酒造株式会社　寿久蔵	寿久蔵 じゅきゅうぐら
		浜田株式会社	Faucon ふぉこん
		株式会社小嶋総本店	東光 とうこう
		株式会社中沖酒造店	一献醸心 いっこんじょうしん

国税局	都道府県	製造場名	商標名
仙台	山形	竹の露合資会社	白露垂珠
		加藤嘉八郎酒造株式会社	大山
		酒田酒造株式会社	上喜元
		菊勇株式会社	栄冠菊勇
		和田酒造合資会社	あら玉月山丸
		松山酒造株式会社	松嶺の富士
		鯉川酒造株式会社	鯉川
	福島	有限会社金水晶酒造店	金水晶
		千駒酒造株式会社	千駒　大吟醸
		株式会社寿々乃井酒造店	寿々乃井
		松崎酒造株式会社	廣戸川
		有限会社玄葉本店	あぶくま
		豊国酒造合資会社	東豊国
		東日本酒造協業組合	奥の松
		花春酒造株式会社	花春
		名倉山酒造株式会社	名倉山
		合資会社吉の川酒造店	会津吉の川
		笹正宗酒造株式会社	笹正宗
		渡部　謙一	開当男山
		会津酒造株式会社	田島
		榮川酒造株式会社　磐梯工場	榮四郎
		末廣酒造株式会社　博士蔵	玄宰
		合資会社白井酒造店	萬代芳
		曙酒造株式会社	一生青春
関東信越	茨城	合資会社浦里酒造店	霧筑波
		稲葉酒造	すてら
		来福酒造株式会社	来福
		青木酒造株式会社	御慶事
		府中誉株式会社	渡舟
		合資会社廣瀬商店	白菊
		合資会社椎名酒造店	富久心
		森島酒造株式会社	富士大観
		根本酒造株式会社	久慈の山
	栃木	株式会社虎屋本店	七水
		株式会社島崎酒造	東力士
		惣譽酒造株式会社	惣譽
		株式会社外池酒造店	燦爛
		株式会社辻善兵衛商店	桜川
		渡邉酒造株式会社	旭興
		天鷹酒造株式会社	天鷹

国税局	都道府県	製造場名	商標名
関東信越	栃木	西堀酒造株式会社	若盛　門外不出
		株式会社松井酒造店	松の寿
		森戸酒造株式会社	十一正宗
	群馬	柴崎酒造株式会社	船尾瀧
		松屋酒造株式会社	流輝
		貴娘酒造株式会社	貴娘
		浅間酒造株式会社　第二工場	秘幻
	埼玉	株式会社小山本家酒造	金紋世界鷹
		株式会社釜屋	力士
		横田酒造株式会社	日本橋
		北西酒造株式会社	文楽
		武甲酒造株式会社	武甲正宗
	新潟	中川酒造株式会社	越乃白雁
		原酒造株式会社	越の誉
		高の井酒造株式会社	たかの井
		新潟銘醸株式会社	長者盛
		白瀧酒造株式会社	上善如水
		青木酒造株式会社	鶴齢
		石本酒造株式会社	越乃寒梅
		樋木酒造株式会社	鶴の友
		株式会社DHC酒造	越乃梅里　大吟醸
		大洋酒造株式会社	大洋盛
		宮尾酒造株式会社	〆張鶴
		白龍酒造株式会社	白龍
		麒麟山酒造株式会社	麒麟山
	長野	株式会社酒千蔵野	川中島幻舞
		株式会社遠藤酒造場	渓流
		千曲錦酒造株式会社	千曲錦
		戸塚酒造株式会社	寒竹
		岡崎酒造株式会社	亀齢
		株式会社高橋助作酒造店	松尾
		株式会社角口酒造店	北光正宗
		株式会社亀田屋酒造店	アルプス正宗
		宮坂醸造株式会社　真澄　諏訪蔵	真澄
		株式会社豊島屋	神渡
		株式会社中善酒造店	中乗さん
		七笑酒造株式会社	七笑
		北安醸造株式会社	北安大國
		合資会社丸永酒造場	髙波
		米澤酒造株式会社	今錦

国税局	都道府県	製造場名	商標名
関東信越	長野	株式会社湯川酒造店	木曽路
		大雪渓酒造株式会社	大雪渓
東京	千葉	株式会社馬場本店酒造	海舟散人
		梅一輪酒造株式会社	梅一輪
		小泉酒造合資会社	東魁盛
	東京	小澤酒造株式会社	澤乃井
	神奈川	黄金井酒造株式会社	盛升
	山梨	笹一酒造株式会社	笹一
		山梨銘醸株式会社	七賢
金沢	富山	立山酒造株式会社　第一工場	立山
		立山酒造株式会社　第三工場	立山
	石川	株式会社加越	加賀ノ月
	福井	田辺酒造有限会社	越前岬
		株式会社一本義久保本店	一本義
名古屋	岐阜	天領酒造株式会社	天領
	静岡	静岡平喜酒造株式会社	喜平　静岡蔵
		三和酒造株式会社	臥龍梅
		株式会社志太泉酒造	志太泉
		浜松酒造株式会社	出世城
		花の舞酒造株式会社	花の舞
	愛知	丸石醸造株式会社	徳川家康
		金虎酒造株式会社	虎変
		浦野合資会社	菊石
		丸一酒造株式会社	ほしいずみ
	三重	清水清三郎商店株式会社	鈴鹿川
		若戎酒造株式会社	義左衛門
		木屋正酒造合資会社	而今
		株式会社福持酒造場	天下錦
大阪	滋賀	浪乃音酒造株式会社	浪乃音
		喜多酒造株式会社	喜楽長
	京都	佐々木酒造株式会社	聚樂第
		東山酒造有限会社	坤滴
		玉乃光酒造株式会社	玉乃光
		齊藤酒造株式会社　本蔵	英勲
		黄桜株式会社　伏水蔵	黄桜
		株式会社北川本家	富翁
		宝酒造株式会社　伏見工場	松竹梅
		月桂冠株式会社　大手二号蔵	月桂冠
	大阪	寿酒造株式会社　本社工場	國乃長
		西條合資会社	天野酒

国税局	都道府県	製造場名	商標名
大阪	大阪	有限会社北庄司酒造店	荘の郷（しょうのさと）
		有限会社利休蔵	千利休（せんのりきゅう）
	兵庫	宝酒造株式会社　白壁蔵	松竹梅（しょうちくばい）
		白鶴酒造株式会社　旭蔵	白鶴（はくつる）
		白鶴酒造株式会社　本店三号工場	白鶴（はくつる）
		白鶴酒造株式会社　本店二号蔵	白鶴（はくつる）
		株式会社神戸酒心館　福寿蔵	福壽（ふくじゅ）
		小西酒造株式会社　富士山蔵	白雪（しらゆき）
		株式会社西山酒造場	小鼓（こつづみ）
		此の友酒造株式会社	但馬（たじま）
		株式会社本田商店　尚龍蔵	龍力（たつりき）　米のささやき（こめのささやき）
		株式会社本田商店　親龍蔵	龍力（たつりき）　米のささやき（こめのささやき）
	奈良	奈良豊澤酒造株式会社	豊祝（ほうしゅく）
		長龍酒造株式会社　広陵蔵	長龍（ちょうりょう）
	和歌山	平和酒造株式会社	紀土（きっど）
広島	島根	隠岐酒造株式会社	隠岐誉（おきほまれ）
		米田酒造株式会社	豊の秋（とよのあき）
		一宮酒造有限会社	石見銀山大吟醸（いわみぎんざんだいぎんじょう）
		簸上清酒合名会社	玉鋼（たまはがね）
	岡山	菊池酒造株式会社	燦然（さんぜん）
		白菊酒造株式会社	大典（たいてん）　白菊（しらぎく）
	広島	株式会社醉心山根本店　沼田東工場	醉心（すいしん）
		株式会社醉心山根本店　沼田東工場　三年蔵	醉心（すいしん）
		中尾醸造株式会社	誠鏡（せいきょう）
		株式会社三宅本店　吾妻庫	黒松（くろまつ）　千福（せんぷく）
		相原酒造株式会社	雨後の月（うごのつき）
		賀茂鶴酒造株式会社　２号蔵	特製金紋（とくせいきんもん）　賀茂鶴（かもつる）
		賀茂鶴酒造株式会社　四号蔵	特製金紋賀茂鶴（とくせいきんもんかもつる）
		白牡丹酒造株式会社　千寿庫	芳華金紋（ほうかきんもん）　白牡丹（はくぼたん）
		金光酒造合資会社	桜吹雪（さくらふぶき）
	山口	酒井酒造株式会社	五橋（ごきょう）
		新谷酒造株式会社	わかむすめ　燕子花（かきつばた）
		永山酒造合名会社	山猿（やまざる）
		有限会社岡崎酒造場	長門峡（ちょうもんきょう）
		株式会社澄川酒造場	東洋美人（とうようびじん）
高松	愛媛	栄光酒造株式会社	酒仙（しゅせん）　栄光（えいこう）
		石鎚酒造株式会社	石鎚（いしづち）
		株式会社八木酒造部	山丹正宗（やまたんまさむね）
	高知	有限会社仙頭酒造場	土佐しらぎく（とさしらぎく）
		有限会社濱川商店	美丈夫（びじょうふ）

国税局	都道府県	製造場名	商標名
高松	高知	土佐鶴酒造株式会社　北大野工場　千寿蔵	土佐鶴 (とさつる)
		土佐鶴酒造株式会社　北大野工場　天平蔵	土佐鶴 (とさつる)
		株式会社アリサワ	文佳人 (ぶんかじん)
		司牡丹酒造株式会社　第一製造場	司牡丹 (つかさぼたん)
福岡	福岡	山の壽酒造株式会社	山の壽 (やまことぶき)
		株式会社みいの寿	三井の寿 (みいことぶき)
		有限会社白糸酒造	白糸 (しらいと)
	長崎	河内酒造合名会社	白嶽 (しらたけ)
		福田酒造株式会社	福鶴・長崎美人 (ふくつる・ながさきびじん)

令和３酒造年度全国新酒鑑評会　金賞酒

国税局	都道府県	製造場名	商標名
札幌	北海道	高砂酒造株式会社	国士無双 こくしむそう
		碓水酒造場	北の勝 きた かつ
仙台	青森	株式会社鳴海醸造店	稲村屋文四郎 いなむらやぶんしろう
		三浦酒造株式会社	豊盃 ほうはい
		株式会社西田酒造店	金冠喜久泉 きんかんきくいずみ
		八戸酒類株式会社　五戸工場	如空 じょくう
	岩手	株式会社桜顔酒造	桜顔 さくらがお
		株式会社あさ開	あさ開 びらき
		株式会社浜千鳥	浜千鳥 はまちどり
		有限会社月の輪酒造店	月の輪 つき わ
		株式会社南部美人	南部美人 なんぶびじん
	宮城	株式会社佐浦　矢本蔵	浦霞 うらかすみ
		合資会社内ケ崎酒造店	鳳陽 ほうよう
		墨廼江酒造株式会社	墨廼江 すみのえ
		蔵王酒造株式会社	蔵王 ざおう
		萩野酒造株式会社	萩の鶴 はぎ つる
	秋田	秋田酒類製造株式会社　本社蔵	高清水 たかしみず
		秋田酒類製造株式会社　御所野蔵	高清水 たかしみず
		秋田銘醸株式会社　本社工場	爛漫 らんまん
		株式会社木村酒造	福小町 ふくこまち
		秋田県醗酵工業株式会社	一滴千両 いってきせんりょう
		合名会社鈴木酒造店	秀よし ひで
		株式会社齋彌酒造店	雪の茅舎 ゆき ぼうしゃ
		株式会社飛良泉本舗	飛良泉 ひらいずみ
		小玉醸造株式会社	太平山 たいへいざん
		福禄寿酒造株式会社	一白水成 いっぱくすいせい
		千歳盛酒造株式会社	千歳盛 ちとせざかり
		日の丸醸造株式会社	まんさくの花 はな
		刈穂酒造株式会社	刈穂 かりほ
	山形	出羽桜酒造株式会社　山形蔵	出羽桜 でわざくら
		錦爛酒造株式会社	羽陽錦爛 うようきんらん
		株式会社鈴木酒造店　長井蔵	一生幸福 いっしょうこうふく
		高木酒造株式会社	十四代 じゅうよんだい
		亀の井酒造株式会社	くどき上手 じょうず
		竹の露合資会社	白露垂珠 はくろすいしゅ
		加藤嘉八郎酒造株式会社	大山 おおやま
		冨士酒造株式会社	栄光冨士 えいこうふじ
		酒田酒造株式会社	上喜元 じょうきげん

国税局	都道府県	製造場名	商標名
仙台	山形	東北銘醸株式会社	初孫 はつまご
		松山酒造株式会社	松嶺の富士 まつみね　ふ　じ
	福島	有賀醸造合資会社	陣屋 じんや
		千駒酒造株式会社	千駒　大吟醸 せんこま　だいぎんじょう
		株式会社寿々乃井酒造店	寿々乃井 す　ず　の　い
		松崎酒造株式会社	廣戸川 ひろとがわ
		豊国酒造合資会社	東豊国 あづまとよくに
		人気酒造株式会社	人気一 にんきいち
		東日本酒造協業組合	奥の松 おく　　まつ
		鶴乃江酒造株式会社	会津中将 あいづちゅうじょう
		名倉山酒造株式会社	名倉山 なぐらやま
		笹正宗酒造株式会社	笹正宗 ささまさむね
		國権酒造株式会社	國権 こっけん
		会津酒造株式会社	田島 たじま
		末廣酒造株式会社　博士蔵	玄宰 げんさい
		合資会社男山酒造店	アイヅオトコヤマ　ワ
		合資会社白井酒造店	萬代芳 ばんだいほう
		豊国酒造合資会社	學十郎 がくじゅうろう
		合資会社稲川酒造店	七重郎 しちじゅうろう
関東信越	茨城	合資会社浦里酒造店	霧筑波 きりつくば
		来福酒造株式会社	来福 らいふく
		青木酒造株式会社	御慶事 ご　けい　じ
		結城酒造株式会社	結ゆい むすび
		明利酒類株式会社	副将軍 ふくしょうぐん
		森島酒造株式会社	富士大観 ふじたいかん
		根本酒造株式会社	久慈の山 く　じ　　やま
	栃木	株式会社虎屋本店	七水 しちすい
		惣譽酒造株式会社	惣譽 そうほまれ
		株式会社外池酒造店	燦爛 さんらん
		株式会社辻善兵衛商店	桜川 さくらがわ
		小林酒造株式会社	鳳凰美田 ほうおうびでん
		天鷹酒造株式会社	天鷹 てんたか
		第一酒造株式会社	開華 かいか
		株式会社井上清吉商店	澤姫 さわひめ
	群馬	牧野酒造株式会社	大盃 おおさかずき
		松屋酒造株式会社	流輝 る　か
		株式会社町田酒造店	清嘹 せいりょう
	埼玉	株式会社小山本家酒造	金紋世界鷹 きんもんせかいたか
		株式会社釜屋	力士 りきし
		五十嵐酒造株式会社	天覧山 てんらんざん

国税局	都道府県	製造場名	商標名
関東信越	埼玉	滝澤酒造株式会社	菊泉（きくいずみ）
		武甲酒造株式会社	武甲正宗（ぶこうまさむね）
		株式会社矢尾本店	秩父錦（ちちぶにしき）
	新潟	お福酒造株式会社	お福正宗（ふくまさむね）
		栃倉酒造株式会社	米百俵（こめひゃっぴょう）
		高の井酒造株式会社	たかの井（い）
		八海醸造株式会社	八海山（はっかいさん）
		苗場酒造株式会社	苗場山（なえばさん）
		樋木酒造株式会社	鶴の友（つるのとも）
		株式会社DHC酒造	越乃梅里（こしのばいり）　大吟醸（だいぎんじょう）
		峰乃白梅酒造株式会社	峰乃白梅（みねのはくばい）
		菊水酒造株式会社　節五郎蔵	菊水（きくすい）
		大洋酒造株式会社	大洋盛（たいようざかり）
		白龍酒造株式会社	白龍（はくりゅう）
		株式会社松乃井酒造場	松乃井（まつのい）
	長野	株式会社今井酒造店	若緑（わかみどり）
		株式会社酒千蔵野	川中島幻舞（かわなかじままげんぶ）
		株式会社高橋助作酒造店	松尾（まつを）
		株式会社田中屋酒造店	水尾（みずお）
		株式会社豊島屋	神渡（みわたり）
		春日酒造株式会社	龍游（りゅうゆう）
		株式会社仙醸	黒松仙醸（くろまつせんじょう）
		株式会社小野酒造店	夜明け前（よあけまえ）
		株式会社湯川酒造店	木曽路（きそじ）
		美寿々酒造株式会社	美寿々（みすず）
		ＥＨ酒造株式会社	酔園（すいえん）
		大雪渓酒造株式会社	大雪渓（だいせっけい）
東京	千葉	株式会社馬場本店酒造	海舟散人（かいしゅうさんじん）
		鍋店株式会社　神崎酒造蔵	不動（ふどう）
		小泉酒造合資会社	東魁盛（とうかいざかり）
	東京	中村　八郎右衛門	千代鶴（ちよつる）
		小澤酒造株式会社	澤乃井（さわのい）
	神奈川	黄金井酒造株式会社	盛升（さかります）
金沢	富山	株式会社髙澤酒造場	有磯　曙（ありそあけぼの）
		林酒造	林（はやし）
		立山酒造株式会社　第一工場	立山（たてやま）
	石川	やちや酒造株式会社	加賀鶴（かがつる）
		宗玄酒造株式会社　平成蔵	宗玄（そうげん）
		宗玄酒造株式会社　明和蔵	宗玄（そうげん）
	福井	株式会社宇野酒造場	一乃谷（いちのたに）

国税局	都道府県	製造場名	商標名
金沢	福井	吉田酒造有限会社	白龍 (はくりゅう)
名古屋	岐阜	合資会社山田商店	玉柏 (たまかしわ)
	静岡	初亀醸造株式会社	初亀 (はつかめ)
		磯自慢酒造株式会社	磯自慢 (いそじまん)
		浜松酒造株式会社	出世城 (しゅっせじょう)
		花の舞酒造株式会社	花の舞 (はなのまい)
	愛知	関谷醸造株式会社　稲武工場	一念不動 (いちねんふどう)
		浦野合資会社	菊石 (きくいし)
		盛田金しゃち酒造株式会社	金鯱 (きんしゃち)
		内藤醸造株式会社	桃源郷 (とうげんきょう)
		鶴見酒造株式会社	我山 (がざん)
	三重	清水清三郎商店株式会社	作 (ざく)
		株式会社伊勢萬	おかげさま
		株式会社大田酒造	半蔵 (はんぞう)
		瀧自慢酒造株式会社	瀧自慢 (たきじまん)
		株式会社福持酒造場	天下錦 (てんかにしき)
		元坂酒造株式会社	酒屋　八兵衛 (さかや　はちべえ)
大阪	滋賀	喜多酒造株式会社	喜楽長 (きらくちょう)
	京都	月桂冠株式会社　内蔵	月桂冠 (げっけいかん)
		東山酒造有限会社	坤滴 (こんてき)
		玉乃光酒造株式会社	玉乃光 (たまのひかり)
		黄桜株式会社　三栖蔵	黄桜 (きざくら)
		黄桜株式会社　伏水蔵	黄桜 (きざくら)
		株式会社北川本家	富翁 (とみおう)
		宝酒造株式会社　伏見工場	松竹梅 (しょうちくばい)
	大阪	寿酒造株式会社　本社工場	國乃長 (くにのちょう)
		山野酒造株式会社	片野桜 (かたのさくら)
	兵庫	白鶴酒造株式会社　旭蔵	白鶴 (はくつる)
		白鶴酒造株式会社　本店三号工場	白鶴 (はくつる)
		白鶴酒造株式会社　本店二号蔵	白鶴 (はくつる)
		泉酒造株式会社　喜卯蔵	仙介 (せんすけ)
		辰馬本家酒造株式会社　六光蔵	黒松白鹿 (くろまつはくしか)
		大関株式会社　恒和蔵	大関 (おおぜき)
		黄桜株式会社　丹波工場	黄桜 (きざくら)
		株式会社西山酒造場	小鼓 (こつづみ)
		此の友酒造株式会社	但馬 (たじま)
		株式会社本田商店　尚龍蔵	龍力　米のささやき (たつりき　こめ)
		株式会社本田商店　親龍蔵	龍力　米のささやき (たつりき　こめ)
		江井ヶ嶋酒造株式会社	神鷹 (かみたか)
		茨木酒造合名会社	来楽 (らいらく)

国税局	都道府県	製造場名	商標名
大阪	奈良	喜多酒造株式会社	御代菊
		長龍酒造株式会社　広陵蔵	長龍
広島	鳥取	元帥酒造株式会社	元帥
		千代むすび酒造株式会社	千代むすび
	島根	隠岐酒造株式会社	隠岐誉
		米田酒造株式会社	豊の秋
		吉田酒造株式会社	月山
		一宮酒造有限会社	石見銀山
		池月酒造株式会社	誉　池月
		簸上清酒合名会社	玉鋼
	岡山	宮下酒造株式会社	極聖
		熊屋酒造有限会社	伊七
		白菊酒造株式会社	大典　白菊
		三光正宗株式会社	三光正宗
	広島	株式会社醉心山根本店　沼田東工場　三年蔵	醉心
		中尾醸造株式会社	誠鏡
		株式会社三宅本店　呉宝庫	黒松　千福
		相原酒造株式会社	雨後の月
		株式会社サクラオブルワリーアンドディスティラリー	酒将　一代　弥山
		賀茂鶴酒造株式会社　8号蔵	特製金紋　賀茂鶴
		白牡丹酒造株式会社　千寿庫	芳華金紋　白牡丹
		白牡丹酒造株式会社　万年庫	芳華金紋　白牡丹
		柄酒造株式会社	於多福
		金光酒造合資会社	桜吹雪
	山口	新谷酒造株式会社	わかむすめ　燕子花
		有限会社岡崎酒造場	長門峡
高松	徳島	日新酒類株式会社　太閤酒造場	瓢太閤
	愛媛	栄光酒造株式会社	酒仙　栄光
		藏本屋本店	藏本屋市兵衛
	高知	有限会社濵川商店	美丈夫
		土佐鶴酒造株式会社　北大野工場　千寿蔵	土佐鶴
		土佐鶴酒造株式会社　北大野工場　天平蔵	土佐鶴
		有限会社南酒造場	南
		株式会社アリサワ	文佳人
		司牡丹酒造株式会社　第一製造場	司牡丹
		司牡丹酒造株式会社　第二製造場	司牡丹
		有限会社西岡酒造店	純平
福岡	福岡	有限会社白糸酒造	白糸
		株式会社みいの寿	三井の寿
		株式会社喜多屋	極醸　喜多屋

国税局	都道府県	製造場名	商標名
福岡	佐賀	富久千代酒造有限会社	鍋島
	長崎	河内酒造合名会社	白嶽
		株式会社杵の川	杵の川　大吟醸雫しぼり
		福田酒造株式会社	福鶴・長﨑美人
熊本	熊本	千代の園酒造株式会社	千代の園
	大分	萱島酒造有限会社	西の関
		八鹿酒造株式会社　笑門蔵	八鹿

令和4酒造年度全国新酒鑑評会　金賞酒

国税局	都道府県	製造場名	商標名
札幌	北海道	男山株式会社	男山 おとこやま
		福司酒造株式会社	福司 ふくつかさ
仙台	青森	株式会社鳴海醸造店	稲村屋文四郎 いなむらやぶんしろう
		三浦酒造株式会社	豊盃 ほうはい
		株式会社松緑酒造	六根 ろっこん
		株式会社西田酒造店	金冠喜久泉 きんかんきくいずみ
	岩手	株式会社あさ開	あさ開 びらき
		赤武酒造株式会社　復活蔵	AKABU あかぶ
		酔仙酒造株式会社　大船渡蔵	酔仙 すいせん
		泉金酒造株式会社	龍泉八重桜 りゅうせんやえざくら
		株式会社南部美人	南部美人 なんぶびじん
		株式会社わしの尾	鷲の尾 わし
		磐乃井酒造株式会社	磐乃井 いわのい
	宮城	株式会社佐浦　矢本蔵	浦霞 うらかすみ
		合資会社内ケ崎酒造店	鳳陽 ほうよう
		株式会社平孝酒造	日高見 ひたかみ
		株式会社一ノ蔵　本社蔵	一ノ蔵 いちのくら
		株式会社一ノ蔵　金龍蔵	一ノ蔵 いちのくら
		金の井酒造株式会社	綿屋 わたや
		株式会社男山本店	蒼天伝　大吟醸 そうてんでん　だいぎんじょう
		蔵王酒造株式会社	蔵王 ざおう
	秋田	秋田酒類製造株式会社　本社蔵	高清水 たかしみず
		秋田酒類製造株式会社　御所野蔵	高清水 たかしみず
		秋田酒造株式会社	酔楽天 すいらくてん
		株式会社那波商店	銀鱗 ぎんりん
		株式会社斎彌酒造店	雪の茅舎 ゆき　ぼうしゃ
		株式会社佐藤酒造店	出羽の冨士 でわ　ふじ
		天寿酒造株式会社	天壽 てんじゅ
		株式会社北鹿	北鹿 ほくしか
		福禄寿酒造株式会社	一白水成 いっぱくすいせい
		千歳盛酒造株式会社	千歳盛 ちとせざかり
		合名会社栗林酒造店	春霞 はるかすみ
	山形	男山酒造株式会社	壺天 こてん
		有限会社秀鳳酒造場	秀鳳 しゅうほう
		出羽桜酒造株式会社　山形蔵	出羽桜 でわざくら
		千代寿虎屋株式会社	千代寿 ちよことぶき
		錦爛酒造株式会社	羽陽錦爛 うようきんらん

国税局	都道府県	製造場名	商標名
仙台	山形	米鶴酒造株式会社	米鶴
		東の麓酒造有限会社	東の麓
		株式会社中沖酒造店	一献醸心
		株式会社小屋酒造	花羽陽
		竹の露合資会社	白露垂珠
		加藤嘉八郎酒造株式会社	大山
		冨士酒造株式会社	栄光冨士
		酒田酒造株式会社	上喜元
		東北銘醸株式会社	初孫
		和田酒造合資会社	あら玉月山丸
		株式会社六歌仙	手間暇
		松山酒造株式会社	松嶺の富士
		合名会社佐藤佐治右衛門	倭櫻
		合資会社杉勇蕨岡酒造場	杉勇
		菊勇株式会社	三十六人衆　飛天
	福島	有限会社金水晶酒造店	金水晶
		有賀醸造合資会社	陣屋
		千駒酒造株式会社	千駒　大吟醸
		有限会社玄葉本店	あぶくま
		有限会社佐藤酒造店	藤乃井
		豊國酒造合資会社	東豊国
		人気酒造株式会社	人気一
		東日本酒造協業組合	奥の松
		山口合名会社	会州一
		合資会社吉の川酒造店	会津吉の川
		ほまれ酒造株式会社	会津ほまれ
		渡部　謙一	開当男山
		合資会社男山酒造店	開当男山　回
		合資会社白井酒造店	萬代芳
関東信越	茨城	合資会社浦里酒造店	霧筑波
		青木酒造株式会社	御慶事
		明利酒類株式会社	副将軍
		合同会社廣瀬商店	白菊
	栃木	株式会社外池酒造店	燦爛
		株式会社辻善兵衛商店	桜川
		第一酒造株式会社	開華
		西堀酒造株式会社	若盛　門外不出
		株式会社井上清吉商店	澤姫
		株式会社せんきん	仙禽　醸
	群馬	聖徳銘醸株式会社	鳳凰聖徳

国税局	都道府県	製造場名	商標名
関東信越	群馬	柴崎酒造株式会社	船尾瀧 (ふなおたき)
		島岡酒造株式会社	群馬泉 (ぐんまいずみ)
		聖酒造株式会社　赤城蔵	関東の華 (かんとう はな)
		貴娘酒造株式会社	貴娘 (きむすめ)
		浅間酒造株式会社　第二工場	秘幻 (ひげん)
		株式会社町田酒造店	清嘹 (せいりょう)
		永井酒造株式会社	水芭蕉 (みずばしょう)
	埼玉	株式会社釜屋	力士 (りきし)
		松岡醸造株式会社	帝松 (みかどまつ)
		横田酒造株式会社	日本橋 (にほんばし)
		北西酒造株式会社	文楽 (ぶんらく)
		滝澤酒造株式会社	菊泉 (きくいずみ)
		武甲酒造株式会社	武甲正宗 (ぶこうまさむね)
		株式会社矢尾本店	秩父錦 (ちちぶにしき)
	新潟	河忠酒造株式会社	想天坊 (そうてんぼう)
		株式会社松乃井酒造場	松乃井 (まつのい)
		頚城酒造株式会社	越路乃紅梅 (こしじのこうばい)
		白瀧酒造株式会社	上善如水 (じょうぜんみずのごとし)
		高千代酒造株式会社	髙千代 (たかちよ)
		石本酒造株式会社	越乃寒梅 (こしのかんばい)
		尾畑酒造株式会社	真野鶴 (まのつる)
		有限会社加藤酒造店	金鶴 (きんつる)
		峰乃白梅酒造株式会社	峰乃白梅 (みねのはくばい)
		菊水酒造株式会社　節五郎蔵	菊水 (きくすい)
		宮尾酒造株式会社	〆張鶴 (しめはりつる)
		金鵄盃酒造株式会社	越後杜氏 (えちごとうじ)
		越後桜酒造株式会社	越後桜 (えちござくら)
		白龍酒造株式会社	白龍 (はくりゅう)
		天領盃酒造株式会社	天領盃 (てんりょうはい)
	長野	株式会社よしのや	西之門 (にしのもん)
		株式会社遠藤酒造場	渓流 (けいりゅう)
		武重本家酒造株式会社	御園竹 (みそのたけ)
		株式会社古屋酒造店	深山桜 (みやまざくら)
		株式会社土屋酒造店	亀の海 (かめ うみ)
		株式会社高橋助作酒造店	松尾 (まつを)
		株式会社亀田屋酒造店	アルプス正宗 (まさむね)
		大信州酒造株式会社	大信州 (だいしんしゅう)
		磐栄運送株式会社　諏訪御湖鶴酒造場	御湖鶴 (みこつる)
		高天酒造株式会社	高天 (こうてん)
		株式会社豊島屋	神渡 (みわたり)

国税局	都道府県	製造場名	商標名
関東信越	長野	株式会社仙醸	黒松仙醸
		七笑酒造株式会社	七笑
		米澤酒造株式会社	今錦
		酒造株式会社長生社	信濃鶴
		大雪渓酒造株式会社	大雪渓
東京	千葉	株式会社飯沼本家	甲子正宗
		鍋店株式会社　神崎酒造蔵	不動
		小泉酒造合資会社	東魁盛
	神奈川	黄金井酒造株式会社	盛升
	山梨	山梨銘醸株式会社	七賢
金沢	富山	林酒造	林
		立山酒造株式会社　第一工場	立山
	石川	株式会社福光屋	加賀鳶
		鹿野酒造株式会社	常きげん
	福井	田辺酒造有限会社	越前岬
		吉田酒造株式会社	白龍
		株式会社一本義久保本店	一本義
		三宅彦右衛門酒造有限会社	早瀬浦
名古屋	岐阜	奥飛騨酒造株式会社	奥飛騨
		有限会社渡辺酒造店	蓬莱
	静岡	株式会社神沢川酒造場	正雪
		三和酒造株式会社	臥龍梅
		株式会社志太泉酒造	志太泉
	愛知	金虎酒造株式会社	虎変
		浦野合資会社	菊石
		内藤醸造株式会社	木曽三川　大吟醸
		鶴見酒造株式会社	我山
	三重	株式会社宮﨑本店	宮の雪
		清水清三郎商店株式会社	作
		株式会社伊勢萬	おかげさま
		株式会社大田酒造	半蔵
		瀧自慢酒造株式会社	瀧自慢
		木屋正酒造株式会社	而今
		株式会社福持酒造場	天下錦
大阪	滋賀	松瀬酒造株式会社	松の司
		多賀株式会社	多賀
	京都	佐々木酒造株式会社	聚樂第
		月桂冠株式会社　内蔵	月桂冠
		黄桜株式会社　本店蔵	黄桜
		株式会社小山本家酒造　京都伏見工場	世界鷹

国税局	都道府県	製造場名	商標名
大阪	京都	黄桜株式会社　伏水蔵	黄桜 (きざくら)
		株式会社京姫酒造	京姫 (きょうひめ)
		株式会社北川本家	富翁 (とみおう)
		宝酒造株式会社　伏見工場	松竹梅 (しょうちくばい)
		月桂冠株式会社　大手一号蔵	月桂冠 (げっけいかん)
		熊野酒造有限会社	久美の浦 (くみのうら)
	大阪	西條合資会社	天野酒 (あまのさけ)
		有限会社北庄司酒造店	荘の郷 (しょうのさと)
		浪花酒造有限会社	浪花正宗 (なにわまさむね)
	兵庫	株式会社小山本家酒造　灘浜福鶴蔵	浜福鶴 (はまふくつる)
		櫻正宗株式会社　櫻喜蔵	櫻正宗 (さくらまさむね)
		菊正宗酒造株式会社　嘉宝蔵五番	菊正宗 (きくまさむね)
		菊正宗酒造株式会社　菊栄蔵	菊正宗 (きくまさむね)
		宝酒造株式会社　白壁蔵	松竹梅 (しょうちくばい)
		白鶴酒造株式会社　旭蔵	白鶴 (はくつる)
		白鶴酒造株式会社　本店三号工場	白鶴 (はくつる)
		白鶴酒造株式会社　本店二号蔵	白鶴 (はくつる)
		株式会社神戸酒心館　福寿蔵	福壽 (ふくじゅ)
		泉酒造株式会社　喜卯蔵	仙介 (せんすけ)
		辰馬本家酒造株式会社　六光蔵	黒松白鹿 (くろまつはくしか)
		日本盛株式会社　SAKARI Craft	日本盛 (にほんさかり)
		大関株式会社　恒和蔵	大関 (おおぜき)
		黄桜株式会社　丹波工場	黄桜 (きざくら)
		此の友酒造株式会社	但馬 (たじま)
		灘菊酒造株式会社　甲蔵	酒造之助 (みきのすけ)
		株式会社本田商店　尚龍蔵	龍力　米のささやき (たつりき こめ)
		株式会社本田商店　親龍蔵	龍力　米のささやき (たつりき こめ)
		茨木酒造合名会社	来楽 (らいらく)
	奈良	奈良豊澤酒造株式会社	豊祝 (ほうしゅく)
		北村酒造株式会社	猩々 (しょうじょう)
	和歌山	平和酒造株式会社	紀土 (きっど)
広島	鳥取	株式会社稲田本店	稲田姫 (いなたひめ)
	島根	隠岐酒造株式会社	隠岐誉 (おきほまれ)
		富士酒造合資会社	出雲富士 (いずもふじ)
	岡山	宮下酒造株式会社	極聖 (きわみひじり)
		熊屋酒造有限会社	伊七 (いしち)
		平喜酒造株式会社	喜平 (きへい)
		三光正宗株式会社	三光正宗 (さんこうまさむね)
	広島	三輪酒造株式会社	神雷 (しんらい)
		株式会社醉心山根本店　沼田東工場	醉心 (すいしん)

国税局	都道府県	製造場名	商標名
広島	広島	株式会社醉心山根本店　沼田東工場　三年蔵	醉心
		相原酒造株式会社	雨後の月
		林酒造株式会社	三谷春
		賀茂泉酒造株式会社	賀茂泉
		白牡丹酒造株式会社　千寿庫	芳華金紋　白牡丹
		金光酒造合資会社	桜吹雪
	山口	酒井酒造株式会社	五橋
		旭酒造株式会社	獺祭
		株式会社山縣本店	防長鶴
		岩崎酒造株式会社	長陽福娘
		株式会社澄川酒造場	東洋美人
高松	愛媛	榮光酒造株式会社	酒仙　栄光
	高知	土佐鶴酒造株式会社　北大野工場　千寿蔵	土佐鶴
		土佐鶴酒造株式会社　北大野工場　天平蔵	土佐鶴
		有限会社南酒造場	南
		株式会社アリサワ	文佳人
		司牡丹酒造株式会社　第一製造場	司牡丹
福岡	佐賀	天山酒造株式会社	天山
		富久千代酒造有限会社	鍋島
	長崎	河内酒造合名会社	白嶽
熊本	大分	藤居酒造株式会社	龍梅

第Ⅲ部

お酒のQ&A

お酒のQ＆A（目次）

Q1	清酒造りの特徴は何ですか。

　第一の特徴は、香りや味に際だった特徴のない米を使って、様々な香りと味を持つ清酒を造り出していることです。清酒の原料は基本的に米ですが、ワインの原料であるブドウなどと異なり、品種特有の香りや味は持っていません。蔵ごとに商品の特徴を出すためには、熟練した杜氏さんの技により製造工程を厳密に管理することが非常に重要です。

　第二は、麹の酵素により蒸米のデンプンが糖分に分解される工程（糖化）と、酵母により糖分がアルコールに変化する工程（発酵）とが、同時に進行することです（"並行複発酵"といいます）。糖化の速度が変化すると糖分などの濃度が過剰になったり、逆に不足したりして、酵母の発酵、栄養環境が変わります。酵母は自分が生きるためにアルコール発酵をしていますので、環境の変化は、清酒の香りや味の違いに大きな影響を与えることになります。清酒醸造では、このバランスを適正に保つのが杜氏さんの熟練した技術です。

　第三は、清酒醸造は蒸した米を空気で冷やし、上部が開いたタンクで発酵が行われていることです（"開放醱酵"といいます）。清酒造りでは、"醪"が外部の空気と触れあっているにもかかわらず、有害雑菌に汚染されることなく発酵が行われています。これは、酵母を純粋に培養するための酒母を育成する技術や、醪では蒸米と麹を3回に分けて加える3段仕込などの伝統的な技術があるからです。

Q2	清酒造りの麹や酵母の役割を簡潔に教えてください。

　麹は蒸米に麹菌を生やしたものです。麹には、蒸米のデンプンを分解して糖分をつくる酵素や、タンパク質を分解してアミノ酸をつくる酵素など、色々な働きをする酵素が含まれています。このほかにも、酵母の栄養分になるビタミンなども含まれています。東洋では、温暖多湿のためカビが繁殖しやすい風土のもとで、カビを利用した醸造技術が発達しましたが、西洋では、麹に相当するものとして、ビールやウイスキーなどの醸造では麦芽が用いられてきました。西洋の"麦芽の文化"に対し、東洋の"麹の文化"といわれています。

　また、酵母は、麹の酵素でデンプンから分解された糖分を食べてアルコール発酵

を行います。この時、麹に含まれていた多くの栄養素を利用するとともに、自らも多くの物質を合成します。このように、清酒とは酵母の活動でできたエタノール等の物質の集まりともいえます。でも、酵母の働いた汗の結晶と言った方が分かりやすいかもしれません。

Q3	**主な酒造好適米の両親の品種を教えてください。**

　酒造好適米とは、その名のとおり"お酒造りに適した米"です（農林水産省の農産物規格では「醸造用玄米」といいます）。主な品種としては、山田錦、五百万石、美山錦、雄町などが知られています。

　現在、最も有名で一番多く栽培されている山田錦は、「山田穂」を母、「短桿渡船」（さらに親をたどれば「雄町」になります）を父として大正12（1923）年に交配され、昭和11（1936）年に「山田錦」として兵庫県農業試験場において育成されたものです。兵庫県で一番多く栽培されていますが、現在は北は宮城、山形県から南は熊本、鹿児島県まで全国各地で栽培されています。

　また、雄町は、岡山県高島村雄町の岸本甚蔵が慶応年間に育種したものです。明治初めには岡山県で栽培が始まり、現在の雄町は大正11（1922）年に岡山県農業試験場で純系分離されたもので、実に100年以上の栽培の歴史があります。

　五百万石は、昭和32（1957）年、「菊水」を母、「新200号」を父として、新潟県農業試験場で育成されました。心白率が高く、日本海側の新潟、富山、石川、福井などで多く栽培されています。

　一方、山田錦に代わる新しい酒造好適米を目指し、各地で育種が行われ、最近では、千本錦（広島）、越淡麗（新潟）、秋田酒こまち（秋田）などの品種を使用したお酒が、全国新酒鑑評会において金賞を受賞するなど優秀な成績を修めています。

　なお、もっと昔の酒造好適米のルーツがどこにあるのかは、興味のあるところです。調べてみると"酒造りに適した米"として、すでに鎌倉、室町時代には酒造りに適した品種として「こひずみわせ」、「しゃうがひげ」があったと記されています。また、江戸時代には、酒造り用の品種について明確な記述はないものの、「摂津米」、「播州米」、「鳥居米」、「金谷米」など産地別に酒造り用の米が選択されていたようです。ちなみに、「雄町」は栽培された地域の名称がそのまま品種名となっています。

最近育成された酒米の品種

品種	育成年	育成場所	母	父
ぎんおとめ	2000	岩手県	秋田酒44号	こころまち
夢の香	2000	福島県	八反錦1号	出羽燦々
秋田酒こまち	2001	秋田県	秋系酒251号	秋系酒306号
華想い	2004	青森県	山田錦	華吹雪
出羽の里	2004	山形県	吟吹雪	出羽燦々
越淡麗	2004	新潟県	山田錦	五百万石
西都の雫	2004	山口県	穀良都	西海222号
彗星	2006	北海道	初雫	吟風
きたしずく	2013	北海道	雄町／ほしのゆめ	吟風
雪女神	2015	山形県	出羽の里	蔵の華
山恵錦	2017	長野県	信交509号	出羽の里

Q4 「精米歩合」と「精白度」とは、どう違うのですか。

　白米の精米歩合は、精米してできた白米の玄米に対する重量比率で表しています。100kgの玄米を精米して60kgの白米ができたら、精米歩合は60％となります。したがって、精米歩合が高い（数字が大きくなる）米ほど玄米に近くなりますので、いわゆる「くろい米」になります。

　一方で、精白度という表現も使われています。精白度が高い米というと、高度に精白した米（高精白米）との意味で、精米歩合が低い「白い米」をいいます。紛らわしいですね。

　精米歩合の話が出たので、精米について話します。精米は、お酒の品質に良くないとされるタンパク質や脂肪などの成分を多く含む米粒の外側部分を削り取ることが目的です。米粒はやや扁平な楕円型ですので、有害成分を除くにはそのまま外側を均等に削っていくことが大切で、そうするとやや扁平な白米となるはずです。

　ところが、普通に精米すると、米粒の出っ張った部分や柔らかい部分から先に削られるために、高精白の米はまん丸い球形の白米になってしまいます。これでは、精米の目的を達したとはいえません。そこで、杜氏さんは精米する方法を工夫して、扁平の形を保ったままで外側部分を削り取っています。これを「扁平精米」と呼んでいます。

Q5	清酒の発酵管理はどのようにしているのですか。

　お酒の発酵を順調に進めるために、醪の温度を調節することで管理しています。温度を何度にするかは、醪成分の変化を基に決められています。管理のために測定している成分は、「アルコール分」、「比重（「ボーメ」または「日本酒度」）」、「酸度」、「アミノ酸度」です。

　「アルコール分」は、発酵の進行とともに増加していきます。アルコール分の増加が予定より早ければ発酵が進みすぎていることが分かります。

　「比重」は、醪のアルコール分と糖分とのバランスを表したもので、発酵の初期は麹による糖化が進むので、比重（ボーメ）は高くなります。値はだいたい7から9くらいでしょうか。発酵が進むとアルコール（比重は水よりも軽い）が生成し糖分もだんだん少なくなるため、ボーメは5、3、2、0.5のように小さくなってきます。この比重の変化とアルコール分の生成量から発酵状況を判断し、醪の発酵温度を少し上げたり、下げたり、保温したりして管理しています。

　なお、ボーメでは数値が小さくなると測定や表示に不便です。そこで、醪の後半では「日本酒度」という単位を用いています。日本酒度は、ボーメの値を10倍して正負の符号を逆にしたものです。例えば、ボーメ0.5は、日本酒度では－5と表示します。また、日本酒度は、製品の甘辛の目安にも使われています。清酒で、日本酒度がプラスの方向に数値が大きくなれば糖分が少なく、マイナスの方向に数値が大きくなれば糖分の多いお酒になります。ちなみに15℃の水の日本酒度は、+1.26です。

　「酸度」は、醪中の有機酸の量を示していますが、使用している酵母によって標準的な値があり、この値と違ってくれば異常と判断できます。

「アミノ酸度」は、蒸米のタンパク質が分解されて増えてきますが、醪の後半では一定の値となります。しかし、アルコールが増えて酵母が弱って死滅してくるとまた増加してくるので、酵母の活性の判断に用いられます。

Q6	「吟醸造り」とはどのようなものですか。

　吟醸造りとは、「吟味して醸造することをいい、伝統的に、よりよく精米した白米を低温でゆっくり発酵させ、かすの割合を高くして、特有な芳香（吟香）を有するように醸造する」ことをいいます。

　吟醸酒は、吟醸造り専用の優良酵母、原料米の処理、発酵の管理から瓶詰め・出荷に至るまでの高度に完成された吟醸造り技術の開発普及により商品化が可能となったものです（『酒のしおり』国税庁課税部酒税課）。

　具体的には、原料米として山田錦などの酒造好適米を主に使用し、精米歩合を60％以下にして製造されます。大吟醸酒と呼ばれるものは、精米歩合50％以下でなければなりません。全国新酒鑑評会には、30〜40％の白米を使用したものが多く出品されています。35％とは、玄米の外側65％を糠として削り取り、米の芯の部分を使っていることを意味します。

　発酵温度は最高10℃程度の低温で、発酵期間も普通酒の醪の20日前後に対して35日前後かかります。吟醸造りには、酵母は吟醸酵母と呼ばれる吟醸香を良く造る酵母、麹は普通の麹とは異なる酵素バランスの"突き破精型"のものを使います。搾った後の酒粕の量も普通では使った白米の量の20〜30％程度であるのに対し、50〜60％程度と大変多くなります。大変に贅沢な製造方法ですが、製造された吟醸酒は香りの高い上品な味わいの清酒です。また、吟醸造りは、酒造りの職人である杜氏の酒造り技術の極みといえます。

Q7	「泡なし酵母」と「泡あり酵母」は、どこが違うのですか。

　清酒酵母の中には、泡に集まる性質を持たないものもあります。この酵母は泡を安定にしないため、この酵母だけで発酵させると泡はすぐに消えていき、醪の上に溢れることがないので、「泡なし酵母」と呼ばれています。

　泡なし酵母は、泡消しをする必要がなく、タンクも清浄に保てるため大変重宝します。そこで、優秀な清酒酵母から泡なしの性質を持つ酵母を選び出す方法が考え出され、これによって優秀な泡なし酵母が分離されました。現在では多くの酒造場がこの泡なし酵母を使用しています。

　泡なし清酒酵母の泡が立たない訳は、酵母の細胞表層にあるタンパク質（Awa1p）の一部が欠損して、炭酸ガスの泡に吸着できないために起こることが、酵母の泡遺伝子を調べることで明らかになっています。

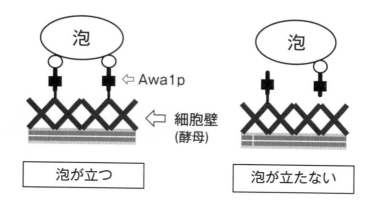

　　　　　　　泡が立つ　　　　　　　　　　泡が立たない

Q8　清酒の甘辛は、どのように決まるのですか。

　清酒には色々な成分が含まれていますが、甘い、辛いは有機酸と糖分の量でほぼ決まることが分かりました。同じ糖分でも、有機酸の量を表す酸度が少ないと、多いものより甘く感じるのです。この関係を利用して清酒の甘味を甘辛度として数字で表すことができます。

　糖分の中で特に甘さに関係するブドウ糖に注目すると、

$$甘辛度＝ブドウ糖濃度（％）－酸度$$

という簡単な式で計算できます。

　この式を基に、清酒の甘辛4段階表示が提案されています。甘辛度の値で辛口：0.2以下、やや辛口：0.3～1.0、やや甘口：1.1～1.8、甘口：1.9以上となります。平成18年の平均的な清酒の甘辛度は1.0でしたので、やや辛口となります。

　清酒の甘辛に日本酒度を使うこともあります。糖分が多いお酒ほど日本酒度はマイナスの値が大きくなることを基に、日本酒度の大小で甘辛を判定するのです。この方法は、酸度の影響を考慮していないこと、さらに、同じ糖分でもその中のブドウ糖の比率はお酒によって異なりますので、大まかな目安と考えてください。

清酒の甘辛表示（酸度とブドウ糖濃度を指標とした４段階表示）

甘辛推定式：ＡＶ＝Ｇ－Ａ

G：清酒中のブドウ糖濃度含量（ｇ／100mℓ）
A：清酒の酸度（mℓ）

ＡＶの値			
0.2以下	0.3～1.0	1.1～1.8	1.9以上
辛口	やや辛口	やや甘口	甘口

Q9 本格焼酎製造のポイントは、どこにあるのですか。

　本格焼酎製造では、発酵が健全に行われることと蒸留がきちんと行われることが重要かと思います。主なポイントをまとめると、次のとおりです。

① 醪での雑菌の増殖防止に必要な麹の酸が充分生産できるように、麹造りの後半の品温が高くならない（36℃以下を保つ）ようにします。また、酸の少ない麹ができてしまった場合は、一次仕込みの際には補酸することです。

② 製造場の設備、器具を清潔に保つため、洗浄は入念に行うとともに、必要に応じて殺菌剤や市販の洗剤を使用し、雑菌の汚染を防止します。
　麹や醪の香味、状貌、品温を常に注意し適切に管理するとともに変調の早期発見に努めます。

③ 醪の成分（特に酸度）を分析し状況を把握します。二次醪の酸度は仕込後３日目頃までは増加しますが、それ以後はほとんど増加しません。異常な増加は、有害菌の増殖と考えられます。

④ 蒸留では、冷却缶の能力が充分でないと欠減が大きくなります。特に、減圧蒸留装置では、装置内が減圧下に保たれることが大事です。また、蒸留温度が低いので冷却水を多量に使用することなどの問題が生じる場合があります。

Q10	泡盛の「仕次ぎ」とは何ですか。

　沖縄では昔から泡盛の長期間熟成が行われていました。泡盛の熟成には南蛮甕あるいは沖縄甕と呼ばれる素焼の陶器を使います。この容器に木目の荒い梯梧（真紅な花を付けるマメ科の植物で、沖縄県の県花に指定されています）の幹でつくった蓋をし、密封して地中に埋めて熟成させます。定期的に開封して熟成具合を賞味し、甕肌及び木蓋から揮散して減った分は「仕次ぎ法」で補充して満量にしています。

　沖縄では「百年もの」といった古酒（クース）をつくる製法として、「仕次ぎ」と称する技法が採られています。製造主は、王族関係など限られた階層でした。

　その概要は、下図に示すように最も古い泡盛（これを「親酒」といいます）をまず用意し、以下、一定の年数間隔で2番手から5番手までの泡盛を準備します。祝い事など特別な場合には、親酒を汲み出して酒を振舞い、賓客をもてなします。その量は小形の盃でせいぜい1～2杯までで、後は通常の古酒に切りかえます。熟成中の甕からの揮散による欠減分も含めて、親酒が減った分量を次に古い2番手の古酒で補充し、2番手の減った分量は3番手でという具合に順次、補充し、最後の5番手は新酒で補充します。

　このような方法を「仕次ぎ」といいます。

「仕次ぎ」

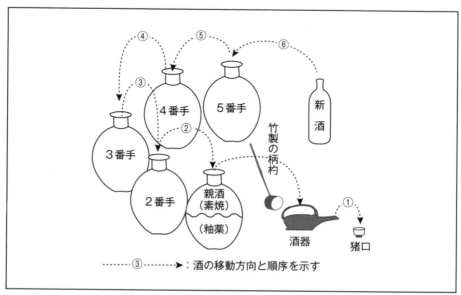

------ ③ ------▶：酒の移動方向と順序を示す

Q11 | 本みりんにはどのような調味効果がありますか。

　本みりんの調味料としての特徴は、アルコール、糖分、アミノ酸などの色々な成分が調和して効果を示すことです。本みりんは料理の隠し味としても大切なものです。本みりんを使う時、火にかけて煮立たせアルコールを蒸発させることがありますが、これを"煮切る"といいます。煮切ると、加熱によって本みりんの成分からさらに好ましい香味ができます。

　本みりんには、次のような調味効果があります。

○　上品な甘味をつけ、料理の材料の味や他の調味料と良く調和します。
○　料理の材料の味にこくをつけてうま味を引き立たせます。
○　加熱すると糖分とアミノ酸が作用して、テリとつやをつけます。
○　材料の煮くずれを防ぎ、味が良くしみ込みます。
○　良い香りがつき、料理の材料や調味料の香りを引き立たせます。また、魚の生臭さが消えます。

ところで、みりんの消費量日本一の県はどこか分かりますか？
　実は香川県なのです。国税庁の酒類消費資料によりますと、令和2年度の成人1人当たりの消費量は、東京都が1.3ℓであるのに対して、香川県は1.7ℓとなっています。
　これは、讃岐うどんのつゆにみりんが使われているからだそうです。

Q12 | ^{やなぎかげ}柳陰とは何ですか。

　柳陰は、"本直し"または"直し"などと呼ばれ、江戸時代から昭和の高度経済成長期までは庶民の酒として広く親しまれてきたお酒です。酒税法上は、平成18（2006）年の改正以降は"みりん"ではなく"リキュール"に分類されます。
　もともとは、焼酎をみりんの仕込みよりも多く使って仕込んだみりんで、本格焼酎とみりんの中間的な味わいのお酒です。簡便に飲むなら、みりんと焼酎を1：2ぐらいに混ぜ合わせても造れます。暑い日に柳の木陰でちびちびと飲んだことから

付いた名前のようです。

　落語「青菜」では、昼下がりの暑い時分に植木屋さんが一服していると、お屋敷の旦那がでてきて、鯉の洗いや冷やした柳陰をご馳走する場面が出てきます。今ではほんのり甘いもち米のリキュールといった感じです。アルコール分が約22度と高いので、ロックや水で割って飲んでもいいでしょう。

Q13	ビールの保存管理のポイントを詳しく教えてください。

　ビールの賞味期限は、品質（風味、外観、成分）が充分保たれ、美味しく飲める期限をいい、大手ビールメーカーの通常製品については９カ月、地ビール製造場では各会社が決めています。

　ビールの賞味期限は、各社が保存試験の結果を元にして、充分な余裕をもたせて設定しているので、賞味期限を過ぎたらすぐに飲めなくなるわけではありません。しかし、一般に新鮮なビールほど美味しいわけですから、できる限り早く飲むことが望まれます。やむを得ずビールを保存する場合には、ビールの品質が変化する要因を念頭にして、ビールの新鮮さをできる限り保つことに配慮します。

ビール保存中における香味変化（Dalgleishプロット）

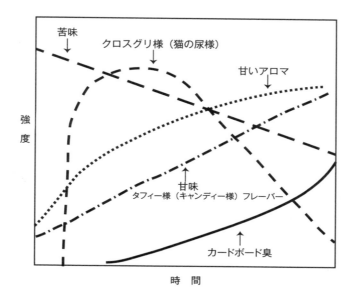

　ビールの品質を変化させる四つの要因は、①時間、②温度、③光、④振動と衝撃、⑤酸素です。

① 時間——できるだけ早く新鮮なうちに飲む

　ビールの品質は、前ページの図に示したように、時間の経過とともに香味の変化（劣化）が進みます。常に美味しくビールを飲むためには、保存管理がしっかりした新鮮なビールを販売しているお店で買うことも一つの方法です。家庭でのビールの良い保管場所は、冷蔵庫や風通しの良い冷暗所です。

② 温度——高温の所には置かない、一定の低温に保つ

　高温になる場所（特に車の内やトランクなど）や保存中に温度変化がある場所では、ビールの香味劣化は急激に進みます。また、低温にしすぎても、成分の凝固や濁りが発生して泡持ちが悪くなったりします。低温で温度変化の少ない場所で保存することが、品質維持に繋がります。

　ビールが凍結しない0℃程度の低温で長期間保存した場合には、「寒冷混濁」が起こることがあります。寒冷混濁は、ビール中に溶けていたタンパク質がポリフェノールと結合して一時的に微粒子となったもので、「一時混濁」ともいい、この微粒子は沈殿するまでには大きくならず、かすかな濁りになっています。この濁りは、常温（20℃）に戻すと、消えて透明になります。家庭でも冷蔵庫で長期間保存する場合に、その温度が0℃に近いと寒冷混濁が生じる危険があるので、低すぎる温度は好ましくありません。

　また、寒冷混濁が一度起こったビールを保存する際に、保存温度が高かったり、光が当たったり、振動が与えられた場合には、タンパク質とポリフェノールが結合した混濁が発生して容器の底に沈殿を生じることがあります。この混濁は「永久混濁」といわれていて、常温（20℃）にしても消えません。永久混濁を防ぐには、寒冷混濁を生じさせないように注意しなくてはなりません。

　ビールを誤って凍結させてしまった場合には、解凍して常温に戻しても混濁が残る「凍結混濁」が起こります。この濁りの本体は多糖類（β−グルカン）という物質で、瓶や缶の底部に沈殿を生じさせることが多く、異物混入と間違われることもあります。ビールを凍結すると外観上の問題ばかりではなく香味も変わるので、凍らないよう注意しなくてはいけません。ビールの凍結温度は、含まれるアルコール分によって変わりますが、通常の製品はマイナス2℃で凍り始めます。また、ビールが凍結すると体積が増えるため、瓶や缶が破裂する危険があります。ビールを早く冷やそうとして冷凍庫に入れることは、危険なのでやめましょう。

③　光——瓶ビールは光を当てない

　　直射日光や長い間照明に当たったビールには、日光臭（Light struck）と呼ばれる臭いが発生します。日光臭は、スカンク臭（Skunky）ともいわれる匂いです。日光臭は、ビール中のイソα酸が光によって分解されて生じます。ビール瓶が茶色である理由は、茶瓶は光を通し難く、光を遮断してビールの品質を保持するためです。

　　アメリカやメキシコには、透明瓶に入ったビールがありますが、これらの製品には通常のホップは使用されておらず、イソα酸の構造を化学的に変えた還元イソα酸という物質が使用されています。還元イソα酸は、日光が当たっても分解しないので、日光臭は生じません。

④　振動と衝撃——振動と衝撃を与えない、静かに取り扱う

　　ビールには炭酸ガスが過飽和の状態で含まれていて、静かに開栓すれば、炭酸ガスは静かに遊離して泡立ちます。しかし、ビールに振動や衝撃を与えたり、瓶をひっくり返してから開栓すると、過剰に泡が生じて激しくビールが噴出し、グラスに注げないことがあります。この現象を噴き（Gushing）といいます。この噴きの現象は、ビールへの振動と衝撃のほか、過剰な炭酸ガス、微量含まれる空気、容器内表面の傷等が複合的に原因となって誘発されます。

　　昔、泡立ちを良くするための習慣としてあった、ビールを注ぐ前に栓抜きで栓をコンコンと叩くようなことは、ビール中に溶け込んでいる炭酸ガスを分離させるので禁物です。ビールには、通常、重量で約0.5％の炭酸ガスが含まれ、圧力計を瓶や缶に入れて圧力を測定すると、20℃では約2.5kg/㎠になります。高い温度のビールに過剰な振動を与えると、破瓶の危険もあるので注意が必要です。

　　また、缶製品の缶は一見硬く頑丈に見えますが、落としたり突起物にぶつけるといった衝撃で缶が破損して、中身が噴き出すことがあります。ビールの瓶や缶製品の運搬時には、振動と衝撃を与えないように注意を払う必要があります。

⑤　酸素——ビールの大敵、開栓後はすぐに飲み切る

　　酸素（空気）は、ビールの酸化を進め、味や香りを劣化させるビールの大敵です。瓶や缶に詰められたビールは、最近の技術の進歩によって、酸素量が極微量となるように厳重に管理されています。しかし、ビールは開栓して空気に触れると、急激に酸化して風味が損なわれます。開栓したビールは、できるだけ早く飲みましょう。

Q14	ビールの官能評価はどのように行いますか。

　ビールの醸造技術の研究や品質管理には、品質を定量的に把握することが必要であり、そのためには官能評価が必要です。官能評価は、言語を介して意思疎通（情報交換）されるため、評価者が共通の認識を持つ香味用語が不可欠です。1979年にMeilgaardらの国際ワーキンググループが、ビールの香味用語を体系化しました。体系化された香味用語のシンボルがフレーバーホイール（Flavor wheel）です（下図）。

ビールのフレーバーホイール

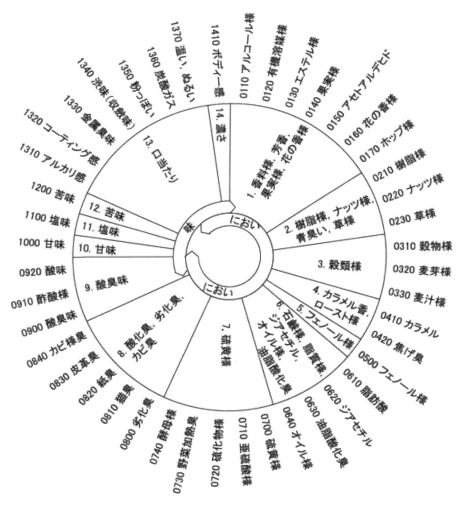

（BCOJ官能評価法、ビール酒造組合国際技術委員会（分析委員会）編、㈶日本醸造協会、2002）

このホイールの内側には、基本用語として14、外側には44種類の香味用語が類似する順に並べられています。さらに、このフレーバーホイールには記載されていませんが、香味用語は更に細かく分けられ、全部で122の香味用語が定められています。

① 色・色沢

一般に、透明で光沢のあるものが良いとされていますが、黒ビールやスタウトのような濃色ビールでは判定が困難ですし、酵母を含むビールは濁っています。本来、透明で光沢があるべき琥珀色の淡色ビールにおいて、褐色を帯びたり、色がくすんでいるものは劣化（酸化）が進んでいます。

② 香味

ビールの香味は、原料である麦芽やホップに由来する成分や、発酵中に酵母によって生成される香味成分によって形成されます。ビールの品質を特徴付けている香味は、特定の成分ではなく、多数の成分が渾然一体となって穏やかな調和を形成していることによります。ビールの官能評価においては、全体的な香味がビールの美味しさの条件に合致しているかどうか、香味の調和、香味がそのビールのタイプに合致しているかどうか、フレーバーとオフフレーバー（欠点となる香味）等の評価を行います。

Q15 最近のワインに関するトピックスは何ですか。

ワインの香りとブドウの香りが違うのはなぜでしょう？　一つには、生食用のブドウと醸造用のブドウの品種が異なることが理由ですが、発酵の作用も重要です。酵母が発酵中に造る香りのほか、品種によっては、ワインの香りの元になる成分（前駆体）がブドウに含まれ、発酵中に変化して香り成分になることが知られています。

その代表例がマスカットの香り（モノテルペンアルコール類）と柑橘類を連想するソーヴィニヨン・ブランの香り（チオール類）です。最近の研究では、日本の甲州にもソーヴィニヨン・ブランと共通の香りの前駆体が含まれていることが分かり、柑橘系の香りのある甲州ワインが造られるようになっています。

また、親子鑑定や犯罪捜査などに利用されているDNA解析技術が、ブドウ品種のルーツを明らかにしています。カベルネ・ソーヴィニヨンやシャルドネなどのワイン

用ブドウ品種の多くは、長いワイン造りのなかで選ばれてきた品種で、交配して育種された品種ではありませんが、実は有名な品種同士が親子関係にあることが、最近のDNA解析で明らかになっています。

　代表例としては、カベルネ・ソーヴィニヨンは、カベルネ・フランとソーヴィニヨン・ブランの子であることが分かりました。シャルドネ、ガメイ、ムロンなどは、ピノ・ノワールと無名の品種グーエ・ブランの子だとの報告があります。シャルドネ、ガメイ、ムロンは兄弟になります。

Q16	梅酒はどのくらい売れているのでしょうか。

　近年、梅酒の出荷量は増加傾向にあります。日本洋酒酒造組合の調べでは、令和3（2021）年の出荷数量は約27,700kℓと、引き続き堅調に推移しています。

　これは、梅が持つ健康に対するイメージと、梅酒の飲みやすさから、人気となっているものと考えられます。

梅酒出荷数量の推移

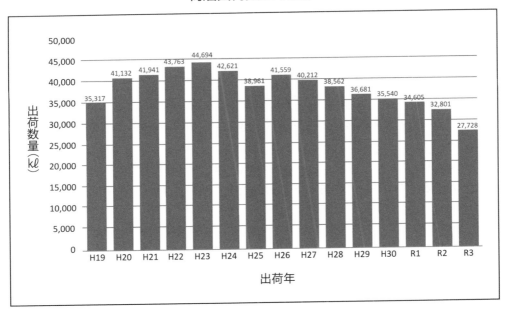

（日本洋酒酒造組合調べ）

　なお、最近、市場にはさまざまな種類の梅酒が見られますが、商品ラベルの「原材料表示」を見ると、梅以外の原材料を使用している梅酒も多くあります。

　こうした多種・多様な梅酒について何らかの基準が必要ではないかとの指摘を受けて、日本洋酒酒造組合では平成27年1月23日付で「梅酒の特定の事項の表示に関する自主基準」（いわゆる「本格梅酒の基準」といいます。）を制定しました。事業者は、梅、糖類及び酒類のみを原料とし、酸味料、着色料、香料を使用していない梅酒に「本格梅酒」と表示することができます。

Q17　アルコール分の表示はパーセントですか。

　お酒に含まれるアルコールの濃度は、アルコール分で表します。これは、お酒に含まれるアルコールの容量をパーセントで表したものです。

　アルコール分25%の焼酎とは、焼酎100㎖にアルコールが25㎖含まれるお酒です。お酒の法律である酒税法では、「度」で表しています。アルコール分15%とアルコール分15度とは同じです。

　アルコール分の基準温度は、酒税法では15℃と決められています。また、アルコール分はお酒の容量に対してのアルコールの容量割合ですので、容量／容量%による表し方です。塩水などは、100㎖の塩水に3gの食塩が溶けている場合、3%の塩水といいますが、この場合は重量／容量%で表されています。

　外国の酒類には、ときどきProof（プルーフ）というアルコール分表示があります。これにはアメリカプルーフとイギリスプルーフがありますが、アメリカプルーフは100%アルコールを200で表していますので、2で割った数がアルコール分になります。

　例えば、80プルーフはアルコール分40%です。イギリスプルーフはちょっと複雑ですが、表示プルーフに0.571を掛けるとアルコール分になります。

Q18　酒税法のはじまりはいつごろですか。

　お酒（清酒）の税金は、室町時代にお酒を造る権利に課税されたのが始まりとい

われていますが、江戸時代の1697年には適正飲酒と税収の確保を理由に酒税が課せられた記録があります。また、酒税の徴収は役人のみならず酒造家の代表も行っていました。

明治維新後、明治4（1871）年に「清酒、濁酒、醤油醸造鑑札収与並収税法規則」が制定されたのが近代日本の酒税法のはじめです。以後種々の改正が行われ、明治11（1878）年の価格変動による酒税の増減をなくすための造石税の導入、明治13（1880）年の「酒造税則」の制定による検査体制の整備、などが行われ、明治29（1896）年に「酒造税法」が制定され、昭和15（1940）年の「酒税法」となります。戦後の昭和28（1953）年に現在の酒税法が制定されています。

お酒の種類の面から見ると、昭和37（1962）年には、それまでの分類が酒類の消費実態と合わなくなっていること等からの大改正が行われ、雑酒に分類されていたウイスキー、ブランデー、スピリッツ、リキュールなどが独立して今日に至っています。

| Q19 | 酒類の「糖質ゼロ」「カロリーオフ」とは何ですか。 |

発泡酒や新ジャンルの製品には、「糖質ゼロ」や「糖質オフ」、「カロリーオフ」などの表示を見かけます。このように特定の栄養成分が含まれていないことや少ないことを強調した表示をするには、健康増進法（平成14年法律第103号）に基づいて厚生労働省が平成15（2003）年に定めた栄養表示基準を満たしていることが必要になります。

この栄養表示基準によると、「糖質ゼロ」や「無糖」など「無、ゼロ、ノン、レス」を用いて糖質を含まない旨の表示ができるのは、100ml当たり糖質が0.5gに満たない場合です。また、「低、ひかえめ、小、ライト、ダイエット、オフ」を用いて「糖質オフ」等の低い旨の表示は100ml当たり糖質が2.5g以下、「カロリーオフ」等についはカロリーが20kcal以下の場合です。

お酒の場合は、アルコールそのものにカロリーがある（アルコール1gは約7kcal）ので、カロリーをゼロにするのは難しいことですが、カロリーの過剰摂取などを心配されている方には役立つ情報でしょう。

なお、食品のカロリー（熱量）は、栄養表示基準によって、タンパク質は4kcal/g、脂質は9kcal/g、糖質は4kcal/g、アルコールは7kcal/gとして計算します。

Q20　朝にはアルコールが抜けているお酒の量はどのくらいですか。

　お酒を飲むと、付き合いからなかなか自分だけ止めるわけにもいきません。でも、翌日の仕事に響くのも困ります。朝起きたときにアルコールの血中濃度がゼロとなっているお酒の飲む量は、計算で求めることもできます。下の計算のとおり、日本酒で700㎖になります。これは、酩酊度では酩酊状態で多すぎですね。また、毎日では体を壊しそうです。

　しかし、計算して飲酒するよりも、自身の適量や自身の状態を考えて心身に良い飲み方をする方がより大切ですね。

１時間に体内で代謝されるアルコールと酒類の量

体重 (kg)	100% アルコール量 (g)	日本酒 アルコール分 15.5%	ビール アルコール分 4.5%	ウイスキー アルコール分 43%	ぶどう酒 アルコール分 12%
90	13.5	87㎖	300㎖	31㎖	113㎖
80	12	77	267	28	100
70	10.5	68	233	24	88
60	9	58	200	21	75
50	7.5	48	167	17	63
40	6	39	133	14	50

起床時にアルコール血中濃度を０とするための飲酒量（㎖）

$$\frac{15 \times 体重（kg）\times 飲み始めてから起床までの時間}{アルコール分 \times 0.833} = 飲酒量（㎖）$$

【例】明朝６時に起床したい体重60kgの人が午後8時から日本酒を飲み始めた場合

$$\frac{15 \times 60 \times 10}{15.5 \times 0.833} = 697㎖ = 3.9合$$

……約700㎖飲酒した時に眠るとよい。

（佐藤信「酒を楽しむ本」より）

Q21	アルコールの血中濃度などは、計算で求められますか。

　お酒を飲んだときの血液中のアルコール濃度や呼気中のアルコール濃度は、実際に測定しなければ正確には求められません。アルコールの代謝には個人差（体重・体質）があるからです。しかし、目安として、計算することができます。この方法は、飲んだアルコールの絶対量と実験データから求めた計算式です。アルコールに弱い人にはあてはまりません。

起床時にアルコール血中濃度を０とするための飲酒量（㎖）

① **アルコール最高血中濃度の求め方**

$$血中アルコール濃度（\%）=\frac{飲酒量（㎖）×アルコール分（\%）}{833×体重（kg）}$$

【例】清酒（アルコール分15％と仮定）を、体重60kgの人が180㎖飲酒した場合

$$\frac{180×15}{833×60}=0.05（\%）$$

ビール大びん（アルコール分4.5%と仮定）を　１本飲酒した場合

$$\frac{633×4.5}{833×60}=0.06（\%）$$

② **呼気中のアルコール濃度の求め方**

$$呼気中アルコール濃度（mg/\ell）=5×血中アルコール濃度（\%）$$

（佐藤信「酒を楽しむ本」及びアルコール健康医学協会資料より）

参考文献

1　倉野 憲司　校注：古事記（第76刷），岩波書店（2008）

2　坂本 太郎、家永 三郎、井上 光貞、大野 晋　校注：日本書紀（一），岩波書店（1994）

3　橋本 直樹：ビールのはなしPart 2　おいしさの科学，技報堂（1998）

4　大塚 謙一：ワイン博士の本，地球社（1973）

5　中村 喬編訳：中国の酒書平凡社（1991）

6　岩崎 亨：改正酒税法―技術関係事項について―：醸協，57，350-358（1962）

7　吉沢 淑ら編：醸造・発酵食品の事典，朝倉書店（2002）

8　国税庁酒税課編：酒のしおり，国税庁（2013）

9　稲 保幸：世界酒大事典，柴田書店（1995）

10　日本醸造協会編：最新酒造講本（6版），日本醸造協会（1994）

11　日本醸造協会編：新酒造技術，日本醸造協会（1970）

12　灘酒研究会：改訂 灘の酒用語集，灘酒研究会（1997）

13　税務大学校編：醸造法（平成18年度版），税務大学校（2006）

14　酒米の品種：国税庁醸造試験所酒米調査研究チーム（1993）

15　酒税法及び酒類行政関係法令等解釈通達：大蔵財務協会編（2008）

16　酒税法及び酒類行政関係法令通達集：法令出版編集部（2008）

17　日本醸造協会編：本格焼酎製造技術，日本醸造協会（1991）

18　関根 彰：世界のスピリッツ焼酎，技報堂（2005）

19　森田 日出男：みりんの知識，幸書房（2003）

20　村上 満：ビール世界史紀行，東洋経済新報社（2000）

21　Kunze：Technology and Brewing and Malting，VLB Berlin，（2004）

22　吉田 重厚：英独和ビール用語辞典，日本醸造協会，（2004）

23　ビール酒造組合、キリンビール株式会社、アサヒビール株式会社、サントリー株式会社及びサッポロビール株式会社のＨＰ

24　酒類総合研究所情報誌「お酒のはなし」第8号

25　おいしい洋酒の事典，成美堂出版

26　橋口 孝司：スピリッツ銘酒事典，神星出版社（2003）

27　橋口 孝司：リキュール銘酒事典，神星出版社（2003）

28　吉村 喜彦：リキュール＆スピリッツ通の本，小学館（2003）

29　リキュールとカクテルの事典：成美堂出版（2003）

30　平井 光雄：最近のモルトウイスキー製造技術について，醸協，82，5-10（1987）

31 興水 精一：最良の品質のウイスキー、ブランデーを提供するために，醸協，90，744-748（1995）

32 三鍋 昌春：日本におけるウイスキー製造の現状と将来，醸協，96，466-474（2001）

33 杉本 淳一：ウイスキーの製造技術，醸協，97，188-195（2002）

34 鰐川 彰：モルトウイスキーへの乳酸菌とビール酵母の関与，醸協，98，241-250（2003）

35 四方 秀子：酵母特性がウイスキー原酒特性に及ぼす影響，醸協，101，315-323（2006）

36 北垣 浩志：テネシーウイスキーの製造方法の特徴，醸協，101，850-854（2006）

37 冨岡 伸一：蒸留酒と微生物（I）ウイスキー・ブランデーの基礎知識と微生物，食品と容器，49，383-393（2008）

38 興水 精一：ウイスキーを創る，香料，238，27-34（2008）

39 マイケル・ジャクソン：モルトウイスキー・コンパニオン，小学館（2000）

40 加藤 定彦：樽とオークに魅せられて，ＴＢＳブリタニカ（2000）

41 土屋 守：スコッチ三昧，新潮社（2000）

42 嶋谷 幸雄：ウイスキーシンフオニー（増補改訂版），たる出版（2003）

43 ジョン・R・ヒューム＆マイケル・S・モス著、坂本 恭輝訳：スコッチウイスキーの歴史，国書刊行会（2004）

44 土屋 守：ウイスキー通，新潮社（2007）

45 マイケル・ジャクソン：ウイスキー・エンサイクロペディア，小学館（2007）

46 世界の名酒事典2008-2009年版：pp36-70，講談社（2008）

47 稲富 孝一：稲富博士のScotch Note，（http：//www.ballantines.ne.jp/enjoy/inatomi）

48 スコッチウイスキー協会（SWA）：（http：//www.scotch-whisky.org.uk/swa）

49 興水 精一：最良の品質のウイスキー、ブランデーを提供するために，醸協，90，744-748（1995）

50 冨岡 伸一：蒸留酒と微生物（I）ウイスキー・ブランデーの基礎知識と微生物，食品と容器，49，383-393（2008）

51 ワイン学：pp363-398，産調出版（1998）

52 世界の名酒事典2008-2009年版：pp72-103，講談社（2008）

53 フランス食品振興会（SOPEXA）フランスワイン産地マップ：（http：//franceshoku.com/pages/wine）

54 コニャック事務局（BNIC）：（http：//www.cognac.fr/cognac/_jp）

55 アルマニャック事務局（BNIA）：（http：//www.armagnac.fr）

56 大塚 謙一：きき酒の話，技報堂出版（1992）

57 日本味と匂い学会編：味のなんでも小事典，講談社（2004）

58 山野 善正他編：おいしさの科学事典，朝倉書店（2003）

59 塚原 正章訳：ジャンシス・ロビンソンの世界一ブリリアントなワイン講座（上・下），集英社文庫（1999）

60 古賀 守：ワインの世界史，中公新書（1975）

61 横塚 弘毅：ワインの製造技術，山梨日々新聞（1994）

62 山梨大学「ワインと宝石」編集委員会：ワインと宝石，山梨日々新聞社（1998）

63 日刊醸造産業速報：2009.1.27 p10

64 日刊醸造産業速報：2009.2.10 p10

65 関根 彰：「焼酎」技報堂（2003）

66 東 和男：「発酵（醸造Ⅰ）」光琳（2003）

〔編者紹介〕

　　独立行政法人 **酒類総合研究所**

初版（平成25年刊）執筆担当

　荒巻 功、家藤 治幸、岩田　博、宇都宮 仁、木崎 康造、小林 健、後藤 邦康、後藤 奈美、
　下飯　仁、橋口　知一、橋爪　克己、福田　央、三上　重明、水野　昭博、榊谷　光弘

改訂版（平成26年刊）改訂協力

　阿部 康博、山岡 洋、藤井 力

第三版（平成30年刊）改訂協力

　笠 秀則、向井 信彦、関 弘行、吉田 裕一、福田　央、伊豆 英恵、藤井 力、武藤 章宣

第四版 改訂協力

　大串 憲祐、江村 隆幸、長船 行雄、岸本 徹、小山 和哉、伊藤 伸一、奥田 将生、藤田 晃子

【第四版】新・酒の商品知識

令和5年12月13日　印　刷
令和5年12月22日　発　行

編　者：独立行政法人 酒類総合研究所
発行者：鎌田　順雄

発行所　法 令 出 版 株 式 会 社

〒 162-0822
東京都新宿区下宮比町 2 − 28 − 1114
TEL　03（6265）0826
FAX　03（6265）0827
http://e-hourei.com

乱丁・落丁はお取替えします。　　　　　　印刷：モリモト印刷㈱
ISBN978-4-909600-38-7　C0077